Word

排版技术大全

第2版

宋翔◎著

人民邮电出版社

北京

图书在版编目（CIP）数据

Word排版技术大全 / 宋翔著. -- 2版. -- 北京 ：
人民邮电出版社，2023.5
ISBN 978-7-115-60874-1

Ⅰ．①W… Ⅱ．①宋… Ⅲ．①文字处理系统 Ⅳ.
①TP391.12

中国国家版本馆CIP数据核字(2023)第009399号

内 容 提 要

本书全面、详细地介绍了 Word 排版的理论和技术，其内容适用于 Word 2003/2007/2010/2013/2016/2019/2021 等版本。本书共有 12 章和 5 个附录，主要内容包括 Word 排版中的 7 个重要原则，页面设置和版面设计的方法，模板和样式的创建、使用及管理的方法，不同类型文本的输入方法，文本的选择和编辑方法，字体格式和段落格式的设置方法，图片、图形、表格、图表等对象的插入和设置方法，使用查找和替换功能批量编辑和排版文档的方法，创建和使用多级编号的方法，为图片和表格添加题注的方法，脚注和尾注的设置方法，适合不同需求的页码、页眉和页脚的设置方法，书签和交叉引用的使用方法，域的基本知识和实际应用，目录和索引的创建及管理方法，使用主控文档和邮件合并功能处理长文档和多文档的方法，打印设置和文档安全等。

本书除了系统讲解 Word 排版的理论和技术之外，还提供了大量的排版应用案例，以及解决实际问题的方法和技巧，读者既能通过案例锻炼实战技能，又能通过排版高手的实战经验解决各类排版疑难问题。

本书内容全面、案例丰富，适合以 Word 为编辑和排版环境的用户阅读，既可以作为 Word 排版技术的系统学习教程，又可以作为提高 Word 操作效率及解决实际问题的速查手册。

◆ 著　　　　宋　翔
责任编辑　牟桂玲
责任印制　王　郁　胡　南
◆ 人民邮电出版社出版发行　北京市丰台区成寿寺路 11 号
邮编　100164　　电子邮件　315@ptpress.com.cn
网址　https://www.ptpress.com.cn
北京天宇星印刷厂印刷
◆ 开本：787×1092　1/16
印张：20.5　　　　　　　　2023 年 5 月第 2 版
字数：496 千字　　　　　　2025 年 4 月北京第 9 次印刷

定价：89.90 元

读者服务热线：(010)81055410　印装质量热线：(010)81055316
反盗版热线：(010)81055315

 **前 言**

感谢您选择《Word排版技术大全（第2版）》。2015年出版的《Word排版技术大全》受到了广大读者的好评和支持，本书在此基础上进行了全面更新，包括对一些章节进行了重组和调整，优化和新增了一些内容和案例，使其更加贴合实际的工作；还对一些冗余内容进行了精简，并将一些有利于提高学习效率的内容作为附赠资源提供给读者。

本书紧密围绕Word排版技术进行讲解，涵盖与Word排版相关的各方面知识，涉及大量的排版应用案例以及解决实际问题的方法和技巧。读者既可以从第1章开始系统地学习本书，也可以在遇到问题时直接查阅本书相关内容，从而快速解决实际问题。

⊙ 内容组织结构

本书共包括12章和5个附录，具体内容介绍见下表。

章名	简介
第1章 写在排版之前	介绍如何成为Word排版高手、Word具备哪些排版功能、Word操作界面和视图的使用及设置、Word排版中的7个重要原则等
第2章 模板——设置文档页面格式一劳永逸	介绍页面格式的设置方法和版面布局的设计思路，以及模板的创建、使用和管理等方法
第3章 样式——让排版规范、高效	介绍在Word中创建和修改样式，以及使用和管理样式的方法
第4章 文本——构建文档主体内容	介绍在Word文档中输入、选择和编辑文本的方法
第5章 字体格式和段落格式——文档排版基础格式	介绍字体格式和段落格式的设置方法，以及项目符号和编号的用法
第6章 图片和图形——文档图文并茂更吸引人	介绍在Word文档中插入与设置图片和图形等的方法
第7章 表格和图表——组织和呈现数据的利器	介绍在Word中创建和设置表格、使用表格辅助排版的方法，以及图表的使用方法
第8章 查找和替换——提高排版效率的法宝	介绍查找和替换功能的用法，包括基本内容和格式的查找和替换，以及使用通配符进行复杂的查找和替换
第9章 自动化和域——让文档更智能	介绍Word自动化功能在不同排版任务中的使用方法，以及域的相关知识及其在排版中的实际应用

续表

章名	简介
第10章 目录和索引——大型文档不可或缺的元素	介绍目录和索引创建及管理的方法
第11章 主控文档和邮件合并——轻松处理长文档和多文档	介绍使用主控文档和邮件合并功能处理长文档和多文档的方法
第12章 打印输出和文档安全	介绍打印设置和输出文档的方法，以及为文档加密保护文档安全的方法
附录1 Word快捷键	列出了Word中常用的快捷键
附录2 Word字号大小对照表	列出了Word中常用字号的大小对照效果
附录3 Word查找和替换中的特殊字符	列出了在【查找和替换】对话框中可以使用的特殊字符以及ASCⅡ字符集代码
附录4 排版印刷常用术语	列出了排版印刷中的一些常用术语
附录5 思考与练习参考答案	列出各章"思考与练习"的参考答案

为了让读者更有效率地阅读和学习本书内容，本书还包含以下几个栏目。

提示：对辅助性或可能产生疑问的内容进行补充说明。

技巧：提供完成相同或类似操作更加简捷高效的方法。

注意：指出需要引起特别注意的事项。

代码解析：对本书涉及的查找与替换代码进行详细的分析和说明。

交叉参考：指出与当前内容有关的知识所在的位置，便于读者快速跳转参考查阅。

此外，本书每章均有一节内容是"排版常见问题解答"，其中列出了与每章内容相关的、在操作中可能遇到的问题及其解决方法，以帮助读者及时解决遇到的相关问题。

◎ 读者对象

本书全面、详细地介绍了Word排版技术的相关知识、使用方法和操作技巧，适合有以下需求的各类人士阅读。

● 使用Word排版各种类型的文档，包括但不限于商务文档、论文、公文、图书、杂志等。

● 经常制作大量格式和内容相似的文档，包括但不限于各类通知书、工资条、工作证、信函、标签、信封等。

● 掌握规范的排版方法，改善排版质量，提高排版效率。

● 实现自动化排版并从繁重的排版工作中解脱出来，让文档更加智能化。

◎ 使用约定

为了使读者可以更轻松、更有效率地阅读本书，本书在Word窗口界面元素、鼠标和键盘等操作的描述方式上有一些基本的约定。

软件版本

本书内容以Word 2019为主要操作环境，但是内容本身同样适用于Word 2003/2007/

2010/2013/2016/2021 等版本，这些版本与 Word 2019 的使用差别很小，所以无论使用哪个 Word 版本，都可以顺利学习本书中的内容。

菜单命令

本书使用以下方式描述相关菜单命令、按钮等的操作。命令、按钮、选项等的名称使用一对方头括号（即"【"和"】"）括起。

● 在功能区的选项卡中进行操作时，使用类似"在功能区的【布局】选项卡中单击【纸张方向】按钮，在弹出的下拉列表中选择【横向】命令"的描述方式。

● 在窗口、对话框等界面中进行按钮操作时，使用类似"单击【确定】按钮"的描述方式。

● 在菜单中选择命令时，使用类似"选择【复制】命令"的描述方式。

● 在菜单及其子菜单中连续选择多个命令时，命令之间使用"⇨"符号连接，例如"在弹出的菜单中选择【插入】⇨【在右侧插入列】命令"。

鼠标指令

本书中的很多操作都是使用鼠标完成的，本书使用下列术语来描述鼠标的操作方式。

● 指向：移动鼠标指针到某个项目上。

● 按下：按下鼠标左键一次并且不松开。

● 单击：按下鼠标左键一次并松开。

● 右击：按下鼠标右键一次并松开。

● 双击：快速按下鼠标左键两次并松开。

● 拖动：移动鼠标时按住鼠标左键不放。

键盘指令

在使用键盘上的按键完成某个操作时，如果只需要按一个键，则表示为与键盘上该按键名称相同的英文单词或字母，例如，"按 Enter 键"；如果需要同时按几个键才能完成一个操作，则使用加号连接所需按下的每一个键，例如，执行"复制"操作时表示为"按 Ctrl+C 组合键"。

⊙ 附赠资源

本书附赠以下配套资源。

● 本书案例文件，包括操作前的原始文件和操作后的结果文件。

● 本书重点案例的多媒体视频教程。

● 排版不可不知的印刷基础知识（PDF 版）。

● 排版印刷常用术语（PDF 版）。

● Word 模板。

● 思考与练习参考答案。

读者可以扫描封底的二维码，关注"异步图书"微信公众号，添加异步助手好友，发送"60874"，获取本书的配套资源。

读者也可以加入专为本书创建的读者 QQ 群（群号：294410112），从群文件中下载。

⊙ 更多支持

如果在使用本书的过程中遇到问题，可以通过以下方式与作者联系。

● 作者 QQ：188171768。加 QQ 时请注明"读者"以验证身份。

● 读者 QQ 群：294410112。加群时请注明"读者"以验证身份。如果此群满员，请在加群时查看群资料中注明的其他群号并添加。

● 邮箱：songxiangbook@163.com。

● 微博：@ 宋翔 book。

编　者

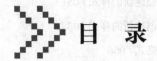

目 录

第 1 章

写在排版之前

作为本书的第 1 章，本章内容并未涉及 Word 排版技术的具体细节，而是介绍在开始排版之前需要了解的一些知识。本章首先分析 Word 在众多排版软件中的优势，然后介绍在制作和排版不同类型的文档时如何正确选择 Word 排版技术，并详细列出了在对不同类型内容的处理上，Word 提供的排版功能。本章还详细介绍了 Word 排版的操作界面和视图，同时提供了一些可以提高排版操作效率的技巧。本章的最后介绍了在 Word 排版中需要遵循的 7 个重要原则，遵循这些原则可以创建出整齐美观、智能高效的文档。

1.1 为何在众多排版软件中选择 Word

很多人可能会质疑 Microsoft Word（以下简称 Word）的排版功能，只将其看作一个简单的文字处理程序。实际上，Word 并非像很多人想象的那样不堪一击。一般用户在掌握 Word 的一些功能后，可以轻松完成不同类型的排版任务。

常见的排版软件有 Word、Publisher、InDesign、PageMaker、QuarkXPress、方正等，在众多排版软件中，Word 主要具有以下优势：通用、易学、易用、灵活。

1. Word 的通用性

无论是个人还是公司，所有安装 Windows 操作系统的计算机中几乎都会安装 Word。因此，用户在任意一台计算机中都能正常打开和编辑使用 Word 制作的文档，Word 的这种优势使其他排版软件望尘莫及。

2. Word 的易学性和易用性

即使没有 Word 使用经验，用户也可以在短时间内快速掌握创建和排版文档的方法。由于 Microsoft Office 中的各个组件具有非常相似的操作界面和操作方式，用户只要使用过 Excel、PowerPoint 或 Access 等，就能很快适应 Word。Word 这种易学易用的特点受到广大用户的青睐。

3. Word 的灵活性

用户可以通过编写 VBA 代码增强和扩展 Word 的功能，Word 具有较强的灵活性。

除了上面介绍的优势外，选择 Word 作为排版工具的另一个原因是其拥有强大的文字处理功能。Publisher、PageMaker、QuarkXPress 等排版软件都采用组页式的排版方式，具有很强的页面控制和分色功能，但在文字处理方面比较逊色。

InDesign 是如今被认为操作方便、功能强大的排版软件之一，用于多页面的排版设计。使用 InDesign 不仅可以制作出专业级的全色彩效果，还可以将文件输出为 PDF、HTML 等格式，但是 InDesign 在易学易用及兼容性等方面不如 Word。

没有一个软件是完美无缺的，Word 也存在不足之处，主要体现在彩色印刷方面。使用 Word 制作的文档适合单色印刷。由于 Word 的色彩模式为 RGB，而彩色印刷时的色彩模式为 CMYK，因此使用 Word 制作的文档进行彩色印刷时很可能会出现颜色偏差等问题。

使用 Word 可以完成不同类型文档的排版，包括但不限于商务文档、论文、公文、杂志、图书等。图 1-1 所示为使用 Word 制作和排版的文档。

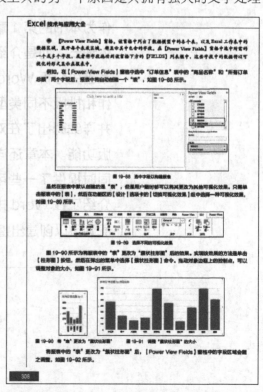

图 1-1　使用 Word 制作和排版的文档

1.2 如何成为 Word 排版高手

没有绝对的高手，高手之外还有高手，所谓的高手都是相对于新手而言的。每一个拥有丰富 Word 排版经验的用户都是从新手逐步成长起来的，一个人的学习之路永无止境。下面是很多用户使用过或正在使用的一些不正确的 Word 操作。

- 使用空格调整标题的位置或段落第一行的缩进位置。

- 按 Enter 键增加两个段落的间距。

- 手动在多个项目的开头输入序号，当调整项目的排列顺序或增删项目时，需要修改项目的序号。

- 发现文档中有错误的内容，且同类错误不止一处，手动逐一修改这些错误。

- 在为内容设置多种格式时，手动逐一设置每一种格式。

- 在编辑多页文档时，通过拖动垂直滚动条在文档中定位。

掌握正确的操作后，就能避免出现上述问题。下面将介绍一些学习方法和途径，这些内容有助于读者更有效地学习，早日成为一名 Word 排版高手。

1. 使用 Word 帮助系统

学习 Word 非常简便的方法是使用 Word 自带的帮助系统。在 Word 中新建或打开一个文档后，按 F1 键或在功能区的【帮助】选项卡中单击【帮助】按钮，都将打开帮助对话框，用户可以单击目录中的标题浏览帮助内容，也可以直接搜索想要查看的帮助内容，如图 1-2 所示。

一些对话框中有一个问号标记，如图 1-3 所示，单击该标记，将在浏览器中打开特定的帮助页面，其中会显示与当前对话框中的选项相关的帮助内容。

图 1-2　查看帮助内容

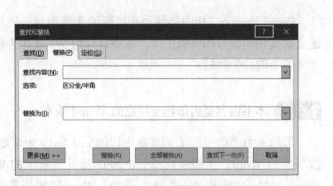

图 1-3　单击对话框右上角的问号标记

2. 在 Internet 上搜索

在使用 Word 的过程中遇到问题时，比较快速的解决方法是在 Internet 上搜索相关问题。由于网络信息错综复杂，同一个问题可能存在多种答案，所以用户需要自己去判断这些答案的正误。用户还可以在 Internet 上找到很多 Word 论坛，在论坛中发帖提问或者浏览技术文章。

3. 购买指导书

在电子科技非常发达的今天，纸质书仍具有不可替代性，主要是因为纸质书具有以下优点：印刷清晰，观感好；无须通电和连接网络等，受环境的制约小，随时随地都能阅读；学习时可以一边看书一边在计算机中对照操作，方便快捷。纸质书的缺点是体积大，携带不便。真正想要系统学习 Word 的用户，通常都会购买一本心仪的指导书。

4. 善于总结

每个人都害怕遇到问题，但是在学习过程中遇到问题并不是坏事，解决每一个问题都能使自己的水平得到提高。解决问题后，应该对问题产生的原因和解决方法进行总结，总结的过程实际上是再现问题和解决方法的过程，可以加深记忆，正所谓熟能生巧。经常进行总结还能提升对问题的分析思考能力。

5. 勤于练习

理论知识固然重要，但只有理论联系实际才能获得最佳效果。无论是看书还是以其他形式学习 Word，最终都需要在计算机中进行实际操作。实际操作时，不但可以对 Word 的功能和用法有深刻的体会，还能发现一些自己未曾注意到的细节问题。只有不断上机练习，才能快速提高 Word 操作水平。

6. 循序渐进

学习需要按部就班、逐步积累，并非一朝一夕之事。学习 Word 也是如此，首先应该认真学习 Word 的基础操作，然后再逐步增加难度。切忌在基础操作还未熟练掌握的情况下，就急于学习高难度的操作。技术难度大而无法快速提高操作水平带来的挫败感会影响后续学习的信心。

1.3 关于 Word 排版平台

Word 是一个文档内容编写和排版的优秀平台，使用 Word 提供的丰富功能，用户可以快速完成文档的编写和排版工作。本节将介绍 Word 作为排版平台所提供的一些主要功能和用户十分关心的几个问题。

1.3.1 本书内容是否依赖于特定的 Word 版本

虽然本书中涉及的实例和截图以 Word 2019 为主要操作环境，但是本书内容适用于大多数版本的 Word，主要包括 Word 2007 及更高版本的 Word，很多功能和概念也同样适用于 Word 2003。由于从 Word 2007 开始，Word 的操作界面发生了较大变化，因此，此后版本的 Word 具体操作会与 Word 2003 有所区别，但是这并不影响学习本书中的内容。

新版 Word 中都会加入一些新功能，这些新功能无法在早期版本的 Word 中使用。本书介绍的都是 Word 的核心功能，所以 Word 版本不同而导致新功能无法使用的问题在本书中基本不会出现。

1.3.2 Word 如何处理文本

表 1-1 列出了 Word 在处理文本方面提供的主要功能。

表 1-1 Word 在处理文本方面提供的主要功能

功能类别	具体功能
编辑文本	删除文本
	在改写模式下边输入边删除文本
	在插入模式下插入文本
	移动、复制、粘贴文本
设置字体格式	设置字体
	设置字号
	设置字体颜色
	设置加粗、倾斜、下划线等格式
	设置边框和底纹效果
	设置隐藏文字
	设置上标和下标
	设置带圈文字或为文字加拼音
	转换英文大小写
	设置文字间距
	设置艺术字效果
设置段落格式	设置对齐方式
	设置缩进方式
	设置大纲级别
	设置段间距
	设置行距
	设置换行和分页
	设置段落内字符间距自动调整
	设置制表位
	设置项目符号
	设置自动编号
	设置边框和底纹效果

1.3.3 Word 如何处理图片

表 1-2 列出了 Word 在处理图片方面提供的主要功能。

表 1-2 Word 在处理图片方面提供的主要功能

功能类别	具体功能
设置图片尺寸	设置图片的宽度和高度
	等比例缩放图片
	裁剪图片的多余部分
	设置图片的旋转角度

功能类别	具体功能
设置图片位置	设置图片的段落对齐方式
	设置图片的文字环绕方式
美化图片外观	设置图片的亮度、对比度、饱和度、颜色
	设置图片的图片样式和艺术效果
	设置图片的边框
	设置图片的特殊效果
	将图片转换为 SmartArt 图形
	删除图片背景

1.3.4 Word 如何处理表格

表 1-3 列出了 Word 在处理表格方面提供的主要功能。

表1-3　Word 在处理表格方面提供的主要功能

功能类别	具体功能
调整表格结构	添加与删除行
	添加与删除列
	添加与删除单元格
	合并与拆分单元格
	拆分表格
	创建错行表格
设置表格尺寸	设置行高和列宽
	均分行高和列宽
	设置整个表格的尺寸
	设置表格的自动调整功能
设置表格中的内容	设置表格中文字的对齐方式
	设置自动添加表格标题行
	设置单元格的适应文字功能
	设置文字与单元格边框之间的距离
	设置表格中的文字方向
	设置表格内容的跨页断行
	排序表格中的内容
	表格与文本之间的互转
美化表格外观	设置表格样式
	设置表格边框
	设置表格底纹
计算表格数据	在表格内计算表格中的数据
	在表格外计算表格中的数据
	设置计算结果的数字格式

1.3.5 Word 如何处理图形

表 1-4 列出了 Word 在处理图形方面提供的主要功能。

表 1-4　Word 在处理图形方面提供的主要功能

功能类别	具体功能
设置图形的尺寸和位置	设置图形的宽度和高度
	等比例缩放图形
	设置图形的旋转角度
	设置图形的文字环绕方式
设置图形外观	更改图形的外形
	设置图形的样式
	设置图形的边框
	设置图形的填充效果
	设置图形的特殊效果
	在图形中添加文本
	设置图形内部的文字
同时处理多个图形	基于页面、页边距或某个对象对齐多个图形
	等间距分布多个图形
	组合多个图形
	设置多个图形的上下层叠位置
	使用画布组织多个图形
	将多个图形中的文字链接起来

1.3.6 Word 如何处理长文档

表 1-5 列出了 Word 在处理长文档方面提供的主要功能。

表 1-5　Word 在处理长文档方面提供的主要功能

功能类别	具体功能
使用样式	创建与修改样式
	重命名样式
	为样式设置组合键
	使用样式设置选中文字的格式
	使用样式设置段落的格式
	使用表格样式设置表格的外观
	使用样式快速选择应用了同一个样式的多处内容
	使用样式集设置文档内容的字体格式和段落格式

功能类别	具体功能
使用主控文档	将长文档拆分为多个独立文档
	在主控文档中编辑子文档中的内容
	调整子文档在主控文档中的位置
	锁定子文档以防止意外修改
	删除不再需要的子文档
使用自动化功能	设置标题的自动多级编号
	设置图片、表格等对象的常规题注
	设置带有章编号的题注
	设置脚注和尾注
	设置具有相同格式的页码
	设置具有多重格式的页码
	设置从指定页开始才显示页码
	设置所有页都相同的页眉和页脚
	设置首页不同的页眉和页脚
	设置奇偶页不同的页眉和页脚
	设置每一页都不同的页眉和页脚
	设置从指定页开始才显示页眉和页脚
	设置交叉引用
	设置书签
	使用查找和替换功能
使用域	使用 EQ 域输入分数和数学方程式
	使用 Page 域为双栏页面设置各自的页码
	使用 SEQ 域创建图、文、表各自独立的自动编号系统
	使用 StyleRef 域自动提取章节标题到页眉中
	使用 "*" 开关创建自定义的文本格式
	使用 "\#" 开关创建自定义的数字格式
	使用 "\@" 开关创建自定义的日期和时间格式
	使用 Word 提供的其他域实现相应的功能

1.3.7 Word 如何处理多文档

表 1-6 列出了 Word 在处理多文档方面提供的主要功能。

表 1-6 Word 在处理多文档方面提供的主要功能

功能类别	具体功能
使用模板和主题	创建模板
	基于模板批量创建新文档
	在文档中加载某个模板
	修改模板中的样式
	将模板中的样式更新到文档中
	使用主题改变整个文档的外观
	使用主题字体改变文档的字体格式
	使用主题颜色改变文档的配色方案
	使用主题效果改变文档中图形的效果

续表

功能类别	具体功能
使用主控文档	将多个独立文档合并到主控文档中
	将子文档内容写入主控文档中
	其他功能同表 1-5 中的"使用主控文档"部分
使用邮件合并功能	批量创建纯文字类的信函格式的文档
	批量创建表格类的信函格式的文档
	批量创建包含图片的信函格式的文档
	批量创建纯文字类的目录格式的文档
	批量创建表格类的目录格式的文档
	批量创建包含图片的目录格式的文档
	批量创建并发送电子邮件
	批量创建标签
	批量创建信封

1.4 打造得心应手的排版环境

Word 2003 及更低版本的 Word 使用的是菜单栏和工具栏的传统界面，从 Word 2007 开始，Word 使用功能区界面代替传统界面。为了提高排版效率，用户可以根据个人操作习惯自定义 Word 的操作界面。本节将介绍 Word 的操作界面，以及一些有用的设置。

1.4.1 熟悉 Word 操作界面

本书以 Word 2019 为操作环境，Word 2019 延续了自 Word 2007 开始使用的功能区界面，从整体上来说，Word 2007 及后续版本的 Word 在功能区的外观和组成等方面并无本质区别。

启动 Word 2019 并新建一个空白文档，将显示图 1-4 所示的界面，该界面由以下几个部分组成。

图 1-4 Word 2019 操作界面

- 快速访问工具栏。快速访问工具栏包含执行指定操作的命令按钮，默认只有【保存】、【撤销】和【重复】3个按钮。将鼠标指针指向其中的按钮并稍做停留，系统会自动显示该按钮的名称。如果存在等效的组合键，会显示在按钮名称右侧的括号中。

- 标题栏。标题栏用于显示当前打开的文档的名称和 Word 程序的名称。

- 窗口状态控制按钮。窗口状态控制按钮用于调整窗口的不同状态，包括【最小化】、【最大化】/【还原】和【关闭】3个按钮，虽然"最大化"和"还原"是两个不同的功能，但是它们共用一个按钮。

- 功能区。功能区位于标题栏的下方，是一个横向贯穿 Word 窗口的矩形区域。功能区由选项卡、组、命令3个部分组成，每个选项卡中的命令按照功能类型分为多个组，例如设置字体格式的命令位于【开始】选项卡的【字体】组中。单击选项卡的名称将激活该选项卡，然后可以执行其中的命令。单击某些组右下角的"对话框启动器"（一个向右下方的箭头标记），在打开的对话框中可以对组中的选项进行更多的设置。

- 内容编辑区。在该区域中输入、编辑和排版文档中的内容。

- 垂直滚动条。拖动垂直滚动条可以显示垂直方向上位于窗口之外的内容。与垂直滚动条类似，拖动水平滚动条可以显示水平方向上位于窗口之外的内容。

- 状态栏。状态栏位于 Word 窗口的底部，其左侧显示当前文档的基本信息，例如当前页面的编号、文档包含的总页数和字数等；其右侧为调整窗口显示比例的控件，例如【＋】和【－】按钮；控件的左侧为视图按钮，单击视图按钮可以切换到不同的视图。右击状态栏，在弹出的菜单中可以选择要在状态栏中显示的信息类型。

1.4.2 自定义快速访问工具栏和功能区

为了提高排版效率，用户可以将常用的命令添加到快速访问工具栏或功能区中，还可以在功能区中创建新的选项卡，并指定选项卡中包含的组和命令。

1. 自定义快速访问工具栏

用户可以将常用的命令添加到快速访问工具栏，以后可以单击快速访问工具栏中的按钮执行相应的命令，从而提高操作效率。

单击快速访问工具栏右侧的下拉按钮，弹出图 1-5 所示的菜单，其中带有勾标记的命令表示当前已被添加到快速访问工具栏。在菜单中选择没有勾标记的命令可将其添加到快速访问工具栏，选择有勾标记的命令则可将其从快速访问工具栏中删除。

如果要将功能区中的命令添加到快速访问工具栏，可以右击功能区中的某个命令，在弹出的菜单中选择【添加到快速访问工具栏】命令，如图 1-6 所示。

如果要添加的命令不在功能区中，则可以右击快速访问工具栏，在弹出的菜单中选择【自定义快速访问工具栏】命令，打开【Word选项】对话框的【快速访问工具栏】选项卡，在左侧的下拉列表中选择【不在功能区中的命令】，如图 1-7 所示。

图 1-5　在菜单中选择命令

图 1-6　将功能区中的命令添加到快速访问工具栏

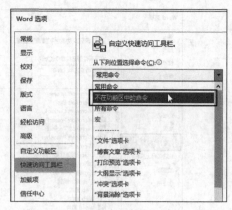

图 1-7　选择【不在功能区中的命令】

在左侧下方的列表框中将显示"不在功能区中的命令"类别中的命令，选择要添加的命令，然后单击【添加】按钮，将其添加到右侧的列表框中，如图 1-8 所示。位于右侧列表框中的命令将显示在快速访问工具栏中，单击【上移】按钮或【下移】按钮可以调整命令的排列顺序。

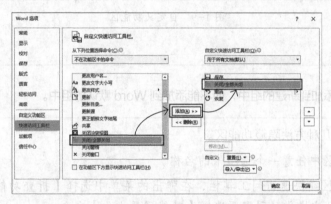

图 1-8　将所需的命令添加到快速访问工具栏

使用以下两种方法可以删除快速访问工具栏中的命令。

• 在快速访问工具栏中右击要删除的命令，然后在弹出的菜单中选择【从快速访问工具栏删除】命令。

• 打开【Word 选项】对话框中的【快速访问工具栏】选项卡，在右侧的列表框中选择要删除的命令，然后单击【删除】按钮。

2. 自定义功能区

自定义功能区的方法与自定义快速访问工具栏类似，右击功能区，在弹出的菜单中选择【自定义功能区】命令，打开【Word 选项】对话框的【自定义功能区】选项卡，在左侧的下拉列表中选择命令所在的位置，然后在其下方的列表框中选择所需的命令，再在右侧的列表框中选择一个组，单击【添加】按钮，将所选命令添加到选择的组中。

自定义功能区时，使用【新建选项卡】、【新建组】和【重命名】3 个按钮，可以在 Word 默认的选项卡中创建新的组，并将所需命令添加到新建的组中，也可以创建新的选项卡，并修改选项卡、组和命令的名称。自定义功能区如图 1-9 所示。

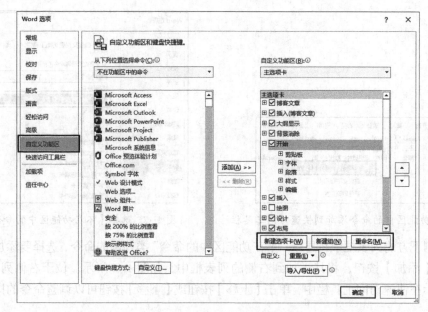

图 1-9　自定义功能区

注意

只能将命令添加到新建的组中，而不能添加到 Word 默认的组中。

可以使用以下几种方法隐藏功能区。

- 双击功能区中任意一个选项卡的名称。

- 右击功能区或快速访问工具栏，在弹出的菜单中选择【折叠功能区】命令。如果在 Word 2007/2010 中操作，则需要选择【功能区最小化】命令。

- 单击功能区最右侧的折叠按钮，此方法不适用于 Word 2007。

- 按 Ctrl+F1 组合键。

3. 共享自定义设置

如果要在多台计算机中使用相同的 Word 界面设置，可以先在一台计算机中完成所需的设置，然后将该设置以文件的形式导出，再将该文件导入其他计算机中。操作步骤如下。

❶ 右击快速访问工具栏，在弹出的菜单中选择【自定义快速访问工具栏】或【自定义功能区】命令，打开【Word 选项】对话框的【快速访问工具栏】选项卡或【自定义功能区】选项卡。

❷ 单击【导入 / 导出】按钮，在弹出的菜单中选择【导出所有自定义设置】命令，如图 1-10 所示。

❸ 在打开的对话框中选择文件的保存位置，并输入一个易于识别的文件名，然后单击【保存】按钮，将 Word 界面设置信息保存为文件。

以后可以将导出的文件导入其他计算机中，以获得相同的 Word 界面设置。在【Word 选项】对话框的【快速访问工具栏】选项卡或【自定义功能区】选项卡中单击【导入 / 导出】按钮，在弹出的菜单中选择【导入自定义文件】命令，然后在打开的对话框中双击要导入的文件，最后在显示提示信息时单击【是】按钮，即可导入 Word 界面设置文件。导入 Word 界面设置文件时显示的信息如图 1-11 所示。

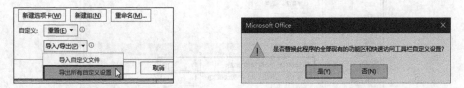

图 1-10 选择【导出所有自定义设置】命令 图 1-11 导入 Word 界面设置文件时显示的信息

1.4.3 设置保存新文档时的默认文件格式

从 Word 2007 开始，Word 文档有了新的文件格式，在原来的文件扩展名的结尾添加字母 x，即 .docx，这种新格式的文件无法在早期版本的 Word 中打开。如果想让创建的文档可以在任意版本的 Word 中打开，则可以将文档保存为扩展名为 .doc 的文件格式。

用户可以在 Word 中设置保存文档时的默认文件格式。单击【文件】⇨【选项】命令，打开【Word 选项】对话框，在左侧选择【保存】选项卡，然后在右侧的【将文件保存为此格式】下拉列表中选择【Word 97-2003 文档 (*.doc)】选项，最后单击【确定】按钮，如图 1-12 所示。

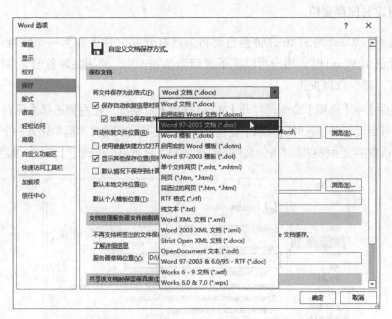

图 1-12 设置保存文档时的默认文件格式

1.4.4 设置 Word 记录的最近使用的文档数量

Word 可以记录用户最近使用的文档的名称，便于用户以后快速打开这些文档。用户通过设置可以调整 Word 记录的最近使用的文档数量。单击【文件】⇨【选项】命令，打开【Word 选项】对话框，在左侧选择【高级】选项卡，然后在右侧的【显示此数目的"最近使用的文档"】微调框中输入一个不大于 50 的数字，最后单击【确定】按钮，如图 1-13 所示。

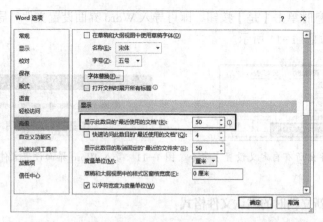

图 1-13　设置 Word 记录的最近使用的文档数量

技巧 ●●●

如果想要隐藏最近使用的文档列表中的所有记录，可以将【显示此数目的"最近使用的文档"】
设置为 0。

1.4.5　设置定时保存文档

默认情况下，Word 每隔 10 分钟会自动将当前打开的文件保存为一个临时备份文件。当
发生意外情况退出 Word 时，用户可以在下次启动 Word 时，使用临时备份文件恢复出现问题
前的文档内容，减少数据损失。

单击【文件】⇨【选项】命令，打开【Word 选项】对话框，在左侧选择【保存】选项卡，在
右侧选中【保存自动恢复信息时间间隔】复选框，然后在其右侧的文本框中输入一个以"分钟"为
单位的数字，该数字表示保存临时备份文件的时间间隔，最后单击【确定】按钮，如图 1-14 所示。

图 1-14　设置保存临时备份文件的时间间隔

1.4.6　设置每次打开文档时默认显示的文件夹

每次在 Word 中执行文档的"打开"命令时，在打开的对话框中会自动定位到同一个文件

夹，它是每次打开文档时默认显示的文件夹。用户可以将常用的 Word 文档所在的文件夹设置为默认文件夹，从而提高文档的打开速度。

单击【文件】⇨【选项】命令，打开【Word 选项】对话框，在左侧选择【保存】选项卡，然后在右侧的【默认本地文件位置】文本框中输入文件夹的完整路径，或者单击【浏览】按钮后选择所需的文件夹，以自动填入其完整路径，最后单击【确定】按钮，如图 1-15 所示。

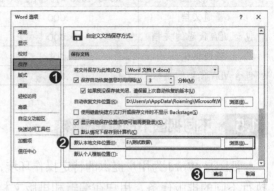

图 1-15 设置打开文档时默认显示的文件夹

1.4.7 设置在文档中显示格式编辑标记

在 Word 中每按一次空格键，会产生一个空格；每按一次 Enter 键，会产生一个段落。Word 中使用灰色圆点表示空格，使用 ↵ 符号表示段落的结束，这两种符号是 Word 中的格式编辑标记，它们只在文档中显示，而不会被打印出来。

在 Word 中还存在很多其他的格式编辑标记，用户可以设置在文档中显示哪些格式编辑标记。单击【文件】⇨【选项】命令，打开【Word 选项】对话框，在左侧选择【显示】选项卡，然后在右侧选择要显示的格式编辑标记，最后单击【确定】按钮，如图 1-16 所示。

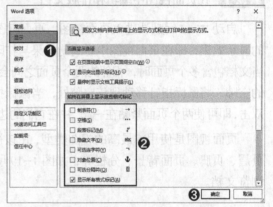

图 1-16 选择要显示的格式编辑标记

1.4.8 在新、旧 Word 文档格式之间转换

在 Word 2007 及更高版本的 Word 中打开用 Word 2003 创建的文档时，Word 窗口的标题栏中会显示"兼容模式"文字，并且自动禁用高版本 Word 中的新功能。如果想要去掉"兼容模式"文字，并使用高版本 Word 中的新功能，则需要转换文档格式。单击【文件】⇨【信息】命令，然后在打开的界面中单击【转换】按钮，如图 1-17 所示。

如果要在 Word 2003 中打开用高版本 Word 创建的文档，则需要到微软官方网站下载和安装文件类型转换器。为了确保文件类型转换器

图 1-17 转换文档格式

正常工作，需要将 Word 2003 更新到 Word 2003 Service Pack 1。表 1-7 列出了 Word 2003 及更高版本的 Word 的文件类型及其扩展名。

表1-7　Word 2003 及更高版本的 Word 的文件类型及其扩展名

文件类型	Word 2003 的文件扩展名	Word 2007 及更高版本 Word 的文件扩展名
普通文档	.doc	.docx
包含 VBA 代码的文档	.doc	.docm
普通模板	.dot	.dotx
包含 VBA 代码的模板	.dot	.dotm

1.5　不同视图下的排版操作

　　视图是 Word 为用户提供的特定操作环境，不同类型的视图提供了不同的排版工具，适合执行不同的排版任务。用户在编辑和排版文档时，经常需要在不同类型的视图之间切换。本节将介绍 Word 中的常用视图和文档结构图，虽然文档结构图不是真正的视图，但是在编辑、排版和浏览文档时也会经常用到。

1.5.1　在页面视图中编辑和排版文档

　　启动 Word 后默认进入页面视图。页面视图提供所见即所得的显示效果，即在页面视图中看到的效果与打印输出效果相同。当文档包含多个页面时，相邻的两个页面之间会出现图 1-18 所示的空隙。将鼠标指针移动到该空隙处，当鼠标指针变为ꔛ形状时双击，即可使两个页面紧贴在一起，并在它们的边缘显示一条横线。

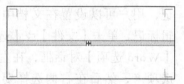

图 1-18　两个页面之间的空隙

　　页面视图是使用率最高的视图类型，在该视图下可以显示文档每一页中的内容，包括正文、页眉、页脚、页面背景、分栏等，如图 1-19 所示。用户可以在页面视图中输入、编辑、排版、浏览文档。

图 1-19　Word 中的页面视图

如果当前处于其他类型的视图中，可以使用以下两种方法切换到页面视图。

- 单击 Word 窗口底部状态栏中的【页面视图】按钮，如图 1-20 所示。
- 在功能区的【视图】选项卡中单击【页面视图】按钮，如图 1-21 所示。

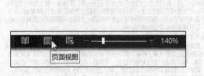

图 1-20 单击状态栏中的【页面视图】按钮   图 1-21 单击功能区中的【页面视图】按钮

1.5.2 在大纲视图中构建和查看文档结构

在大纲视图中可以很方便地输入文档中的标题，并按照标题的级别浏览各级标题，因此，非常适合在大纲视图中构建文档的框架结构。对于一个新建的文档而言，可以先在大纲视图中输入所需的各级标题，然后切换到页面视图输入具体内容。对于一个已经输入好内容的文档而言，可以在大纲视图中查看和修改文档中的标题，而避免受到具体内容的干扰。

在功能区的【视图】选项卡中单击【大纲】按钮，即可切换到大纲视图，此时会在功能区中新增一个名为"大纲显示"的选项卡。在【大纲显示】选项卡的【显示级别】下拉列表中选择要显示的标题级别的下限，这样将只显示不低于所选级别的标题。例如，选择【2 级】将显示文档中的 1 级和 2 级标题，而不会显示 3 级及更低级别的标题，如图 1-22 所示。

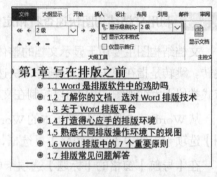

图 1-22 在大纲视图中显示指定级别的标题

提示

> 大纲视图中的"级别"指的是段落的"大纲级别"。

用户除了可以设置在大纲视图中按照指定的级别显示标题之外，还可以改变标题的大纲级别，从而调整文档的框架结构。改变标题的大纲级别的操作步骤如下。

❶ 单击标题所在的行，将插入点定位到标题所在的段落中。

交叉参考 插入点是文档中的一条竖线，表示当前输入内容的位置。关于插入点的更多内容，请参考本书第 4 章。

❷ 在功能区的【大纲显示】选项卡中打开图 1-23 所示的下拉列表，从中选择要将标题设置到的级别。

在大纲视图中，有些标题的左侧有一个"+"符号，说明该标题包含子标题和正文内容。双击"+"符号将展开标题包含的所有内容，如图 1-24 所示。如果单击标题左侧的"+"符号，将选中该标题及其下属的所有内容。使用此方法可以快速选择或删除大范围内容。

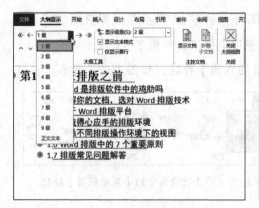

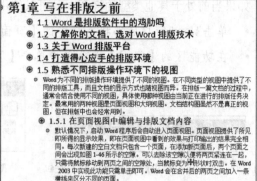

图 1-23 改变标题的大纲级别　　　　　图 1-24 展开标题以显示其中包含的所有内容

交叉参考　设置标题的大纲级别的另一种方法是使用【段落】对话框，更多内容请参考本书第 5 章。

1.5.3 利用文档结构图快速查看和定位文档

文档结构图主要用于显示文档的整体结构，用户可借此快速在构成文档结构的各个标题之间跳转。跳转是指在单击某个标题时，快速定位到该标题所在的页面。文档结构图中的标题的显示方式类似于大纲视图，用户可以控制在文档结构图中显示的标题级别，但是不能在其中修改标题。

从 Word 2010 开始，早期版本的 Word 中的"文档结构图"改名为"导航窗格"。在功能区的【视图】选项卡中选中【导航窗格】复选框，Word 窗口中将显示【导航】窗格，如图 1-25 所示。

在【导航】窗格的【标题】选项卡中，根据大纲级别的高低，以缩进格式显示文档中的标题，级别越低的标题的缩进量越大。用户可以控制在文档结构图中显示的标题级别，只需在文档结构图中右击任意一个标题，在弹出的菜单中选择【显示标题级别】命令，然后在子菜单中选择所需的标题级别，如图 1-26 所示。

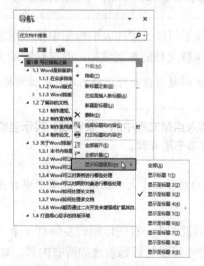

图 1-25 【导航】窗格　　　　　图 1-26 指定在文档结构图中显示的标题级别

无论当前正在显示文档中的哪个页面，只要单击文档结构图中的标题，即可快速跳转到标题所在的页面。

1.5.4　设置文档内容的显示比例

文档内容的显示比例默认为 100%，当需要查看内容的细节或整个页面的局部版式时，可以使用 Word 窗口状态栏右侧的控件调整显示比例，如图 1-27 所示。

单击【＋】或【－】按钮，每次以 10% 的比例增大或减小显示比例。拖动这两个按钮之间的滑块，可以按照任意值调整显示比例。【＋】按钮右侧的数字表示当前设置的显示比例，该数字实际是一个可以单击的按钮，单击它将打开图 1-28 所示的【缩放】对话框，可以选择其中包含的预置选项，也可以在【百分比】文本框中输入所需的显示比例。

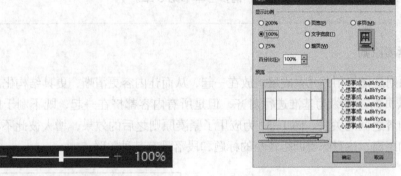

图 1-27　设置显示比例的控件　　　　图 1-28　【缩放】对话框

文档的默认显示比例由上次关闭文档前，对文档内容进行编辑并保存时设置的显示比例决定，这就是打开某些文档后显示比例并非 100% 的原因。如果要让这类文档的显示比例恢复为 100%，首先将显示比例设置为 100%，然后在文档中无关紧要的位置输入一个空格，最后保存并关闭该文档。

1.6　Word 排版中的 7 个重要原则

本节介绍的 7 个排版原则适用于使用 Word 进行的各类排版任务，也可以将其延伸到 Word 之外的其他排版工具。前 4 个原则是大多数版式设计所需遵循的基本原则，后 3 个原则是从使用 Word 排版时如何提高操作效率、避免重复劳动的角度提炼出来的，以便让排版工作变得更加简捷高效。

1.6.1　对齐原则

对齐原则是指页面中的每一个元素都应该尽可能地与其他元素以某一基准对齐，以此为所有元素建立视觉关联。图 1-29 中，虽然对所有内容设置了居中对齐，但是这种对齐方式使页面看上去比较松散，这是因为没有为页面中的元素建立视觉关联。

应用对齐原则可以改善页面的显示效果。保持图 1-29 中第一行标题的位置不变，将其他

几行内容都设置为左对齐，得到图 1-30 所示的效果。此时的效果有了一些改善，因为除了第一行标题之外的其他内容都以页面左边缘为基准进行对齐，不但这些内容更整齐易读，而且还凸显第一行标题位置的与众不同，更能体现标题的重要性。

图 1-29　应用对齐原则前的效果　　　　　　图 1-30　应用对齐原则后的效果

交叉参考　关于段落对齐方式的更多内容，请参考本书第 5 章。

1.6.2　紧凑原则

　　紧凑原则是指将相关元素成组地放在一起，从而让内容更清晰，更具结构化。图 1-31 中，虽然内容以页面左边缘为基准进行对齐，但是所有内容都挤在一起，既不利于阅读，也很难看出各段内容之间的关联。图 1-32 为应用了紧凑原则之后的效果，增大彼此不相关的标题和段落之间的距离，这意味着间距较小的标题和段落具有某种关联。

图 1-31　应用紧凑原则前的效果　　　　　　图 1-32　应用紧凑原则后的效果

交叉参考　关于段落间距的更多内容，请参考本书第 5 章。

1.6.3　对比原则

　　对比原则是指让页面中的不同元素之间的差异更明显，以便更好地突出重要内容，同时让页面看上去更生动。图 1-33 所示的内容虽然应用了紧凑原则，但是所有文字具有相同的字体和大小，缺乏层次感。为了让标题和正文之间的区别更明显，可以为标题设置不同于正文的字体，例如黑体，并为各个标题设置加粗格式，还可以增加第一行标题的字体大小，如图 1-34 所示。

Word 界面操作环境	Word 界面操作环境
快速访问工具栏 快速访问工具栏位于 Word 窗口标题栏的左侧,将鼠标指针指向其中的按钮并稍做停留,会自动显示该按钮的名称。 功能区 功能区位于 Word 窗口标题栏的下方,由多个选项卡组成,其中包括了 Word 绝大多数功能所对应的命令。 状态栏 状态栏位于 Word 窗口底部,其中显示了当前文档的一些辅助信息。	**快速访问工具栏** 快速访问工具栏位于 Word 窗口标题栏的左侧,将鼠标指针指向其中的按钮并稍做停留,会自动显示该按钮的名称。 **功能区** 功能区位于 Word 窗口标题栏的下方,由多个选项卡组成,其中包括了 Word 绝大多数功能所对应的命令。 **状态栏** 状态栏位于 Word 窗口底部,其中显示了当前文档的一些辅助信息。

图 1-33　应用对比原则前的效果　　　图 1-34　应用对比原则后的效果

关于设置字体格式的更多内容,请参考本书第 5 章。

1.6.4 重复原则

重复原则是指让页面中的某些元素重复出现指定的次数,以便营造页面的统一性并增加吸引力,同时还可以让页面的排版更显专业效果。图 1-35 所示为应用重复原则前、后的效果对比,为各个标题设置相同的项目符号之后,显著增强了标题之间的统一性。

Word 界面操作环境	Word 界面操作环境
快速访问工具栏 快速访问工具栏位于 Word 窗口标题栏的左侧,将鼠标指针指向其中的按钮并稍做停留,会自动显示该按钮的名称。 **功能区** 功能区位于 Word 窗口标题栏的下方,由多个选项卡组成,其中包括了 Word 绝大多数功能所对应的命令。 **状态栏** 状态栏位于 Word 窗口底部,其中显示了当前文档的一些辅助信息。	◆　**快速访问工具栏** 快速访问工具栏位于 Word 窗口标题栏的左侧,将鼠标指针指向其中的按钮并稍做停留,会自动显示该按钮的名称。 ◆　**功能区** 功能区位于 Word 窗口标题栏的下方,由多个选项卡组成,其中包括了 Word 绝大多数功能所对应的命令。 ◆　**状态栏** 状态栏位于 Word 窗口底部,其中显示了当前文档的一些辅助信息。

图 1-35　应用重复原则前、后的效果对比

关于设置项目符号的更多内容,请参考本书第 5 章。

1.6.5 一致性原则

一致性原则是指在整个排版任务中,除非有特殊需要,否则应该确保同级别、同类型的内容具有相同的格式,让排版后的文档看起来整齐规范。Word 中的样式功能可以帮助用户更好地实现一致性原则。一个样式同时包含字体、段落、边框、底纹等多种格式,将所需设置的格式创建为样式,以后就可以使用样式一次性为所需的内容设置多种格式,从而确保不同位置上的内容具有完全相同的格式。

关于样式的更多内容,请参考本书第 3 章。

1.6.6 可自动更新原则

可自动更新原则是指对于文档中可能发生变化的内容，尽量使用 Word 中的自动化功能进行处理，以后当这些内容发生变化时，可以由 Word 自动维护并反映内容的最新状态，而无须手动修改这些内容。"可自动更新"是排版长文档时应该遵循的一个重要原则，尤其文档中包含大量的编号和交叉引用时，应用该原则可以显著提高效率，减少错误。

可自动更新原则常见的应用场景是文档中的编号。在为文档中的标题设置编号时，如果手动输入这些编号，则在以后调整标题的位置时，需要手动修改标题的编号，不但增加工作量，还容易出错。使用 Word 中的自动编号功能，可以让 Word 根据标题的位置自动调整其编号，而不再需要用户手动修改。

可自动更新原则的另一个常见应用场景是引用文档中某个位置的内容。如果直接输入要引用的内容，例如"请参考第 3 章 3.1.2 小节"，以后一旦改变所引用小节的编号，就需要在引用的位置进行同步修改。如果文档中出现引用的位置较多，则在整篇文档中找到并修改这些内容将是一项相当费时的工作。使用 Word 中的交叉引用功能，可以让 Word 自动更新编号，而不再需要用户手动修改。

1.6.7 可重用原则

可重用原则通常出现在程序设计中，是指将编写好的一段代码在其他工程中重复使用，从而提高编写相同或相似代码的效率。可重用原则同样适用于排版，该原则在 Word 中主要体现在样式和模板的使用上。为了确保对位于多个位置的内容设置完全相同的格式，同时为了提高设置多种格式的操作效率，简便的方法是使用样式。如果要在不同的文档中使用创建好的样式，则可以在这些文档之间复制现有的样式。

模板的作用与样式类似，模板中包含页面格式、样式、内容等多种元素。将设置好页面格式和样式的文档创建为模板，以后就可以基于模板创建新的文档，这些新建的文档都会包含完全相同的页面格式和样式。

 关于模板的更多内容，请参考本书第 2 章。

可自动更新原则和可重用原则是提高排版效率的两大利器，善用这两个原则，可以使排版任务事半功倍。

除了前面介绍的 7 个排版原则之外，在排版过程中还要注意一些细节问题。

- 每个段落的首行通常需要空两格，特殊排版要求除外。
- 标点符号不能位于行首。
- 不能产生掉角行，即每一行不能少于两个字。
- 一个词尽量排在一行，不分两行排。
- 英文单词过长而在行尾无法完整显示时，需要使用连字符 "-" 进行转行处理，连字符位于行尾，转行后，在下一行继续输入上一行结尾单词的未完成部分。

1.7 排版常见问题解答

本节列举了用户在 Word 操作界面和功能设置方面可能会遇到的一些常见问题，并给出相应的解决方法。

1.7.1 将鼠标指针指向某个选项时 Word 速度变慢

从 Word 2007 开始，Word 具备一个名为"实时预览"的新功能。启用该功能后，如果将鼠标指针指向某个选项，系统会立刻显示设置该选项后的效果，但是此时并未真正设置该选项，只是预览效果，这样可以减少在不同选项之间尝试设置所带来的麻烦。

实时预览功能会耗费一定的系统资源，如果用户在使用该功能时 Word 运行不太顺畅，则可以关闭该功能。单击【文件】⇨【选项】命令，打开【Word 选项】对话框，在【常规】选项卡中取消【启用实时预览】复选框，最后单击【确定】按钮，如图 1-36 所示。

图 1-36 取消选中【启用实时预览】复选框

1.7.2 浏览包含大量图片的文档时出现卡顿

在浏览包含大量图片的文档时，Word有时会出现卡顿的情况，此时可以打开【Word 选项】对话框，在左侧选择【高级】选项卡，然后在右侧选中【显示图片框】复选框，最后单击【确定】按钮，如图 1-37 所示。经过此设置后，文档中的每一张图片都将显示为一个方框，而不会显示图片的内容，从而节省图片占用的资源，使 Word 不再卡顿。

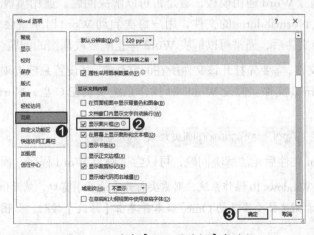

图 1-37 选中【显示图片框】复选框

1.7.3 段落标记显示为 ¶ 符号

用户可能在不经意间会发现文档中的段落标记变为 ¶ 符号，如果想使其恢复为 ↵ 符号，则可以打开【Word 选项】对话框，在左侧选择【语言】选项卡，然后在右侧下方的列表框中选择【中文（中国）】选项，再单击【设置为"首选"】按钮，最后单击【确定】按钮，如图 1-38 所示。关闭并重新启动 Word 后，设置才会生效。

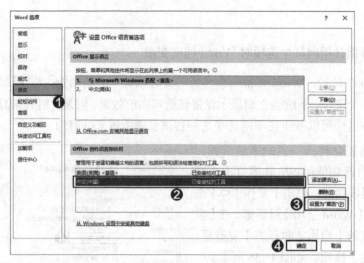

图 1-38　将语言设置为【中文（中国）】

1.7.4　Word 停止响应或崩溃

在使用 Word 的过程中，有可能会发生 Word 停止响应或崩溃的情况，原因有以下几个。

- Word 程序本身发生故障。
- Word 通用模板出现问题。
- Word 临时文件出现问题。

首先可以尝试删除 Word 通用模板，看是否可以解决问题。通用模板是一个名为 Normal.dot、Normal.dotx 或 Normal.dotm 的文件，用户每次启动 Word 时系统会自动加载 Normal 文件中的内容。删除该文件后，通常可以解决 Word 停止响应或崩溃的问题。

要删除 Normal 文件，需要先打开该文件所在的文件夹，并设置系统选项以显示隐藏的文件，然后找到并删除 Normal 文件。假设 Windows 操作系统安装在 C 盘，Normal 文件的默认路径如下。

C:\Users\< 用户名 >\AppData\Roaming\Microsoft\Templates

如果删除 Normal 文件后无法解决问题，可以尝试修复 Word 程序，操作步骤如下。

❶ 如果使用的是 Windows 10 操作系统，则需要打开【设置】窗口，然后依次定位到【应用】⇨【应用和功能】，在右侧选择要修复的 Office 版本并单击【修改】按钮，如图 1-39 所示。

提示

　　如果使用的是其他 Windows 操作系统，则需要打开控制面板，然后在【程序和功能】类别中执行类似的操作。

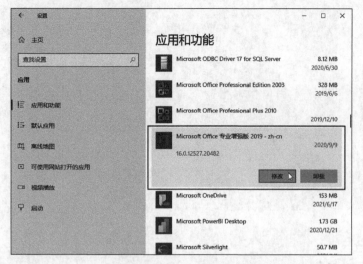

图 1-39　选择要修复的 Office 版本并单击【修改】按钮

❷ 打开图 1-40 所示的对话框，选择【快速修复】或【联机修复】两种修复方式之一，然后单击【修复】按钮，开始修复 Word 程序。

图 1-40　选择修复方式并单击【修复】按钮

1.8 ▶ 思考与练习

1. 自定义 Word 快速访问工具栏，在其中添加【新建】、【打开】、【保存】和【关闭】4 个命令。

2. 如何将 Word 保存文档的默认格式设置为 .doc 格式？

3. 将自己常用的文件夹设置为在 Word 中打开文档时默认显示的文件夹。

4. 页面视图和大纲视图分别适合哪些排版任务？

5. 打开自己制作过的一篇文档，根据本章介绍的排版原则改善文档的排版效果。

第 2 章

模板
——设置文档页面格式
一劳永逸

模板可以说是制作 Word 文档的起点，即使用户现在还未意识到模板的存在，但是其实早已在使用它了。模板存在的目的是使用户快速创建具有统一格式的多个文档，这些文档包含相同的页面格式、样式等。如果模板中还包含实际内容，则在基于模板所创建的每一个文档中默认也会包含这些内容。由于页面格式是模板的重要组成部分之一，因此，本章在开始详细介绍模板的相关内容之前，首先介绍页面格式和版面设计方面的内容。

2.1 页面的组成结构及其设置方法

本节将介绍页面的组成结构及其相关设置，包括纸张大小、版心、页边距、页眉和页脚、天头和地脚、页面方向、封面等页面相关元素。图 2-1 所示为 Word 文档中的一个页面，它由以下几个部分组成。

- 版心。版心是图中的灰色矩形区域。
- 页边距。页边距是版心的 4 个边缘与页面的 4 个边缘之间的距离。
- 页眉。页眉是版心以上的区域。
- 页脚。页脚是版心以下的区域。
- 天头。天头是在页眉中输入内容之后，页眉上方的空白部分。
- 地脚。地脚是在页脚中输入内容之后，页脚下方的空白部分。

图 2-1　页面的组成结构

2.1.1 纸张大小

在对页面进行详细设置之前，需要确定页面大小，即纸张大小。在开始设置纸张大小之前，应该了解"开本"和"印张"两个概念。"开本"是指以整张纸为计算单位，将一整张纸裁切和折叠出大小均等的小张纸的数量。例如，整张纸经过 1 次对折后为对开，经过 2 次对折后为 4 开，经过 3 次对折后为 8 开，经过 4 次对折后为 16 开。可以使用 2 的 n 次方计算开本的大小，n 表示对折的次数。

> **提示**
>
> 　　本节使用"纸张大小"而不是"开本大小"作为标题名称，是为了与 Word 界面中的命令名称相统一。

印张是指整张纸的一个印刷面。每个印刷面包含指定数量的书页，书页的数量由开本决定。例如，印刷一本 16 开的书共使用了 20 个印张，这本书的总页数就是 $16 \times 20 = 320$（页）。反之，也可以根据一本书的总页数和开本大小来计算所需的印张数。例如，一本 32 开、600 页的书所需的印张数，可以使用下面的公式计算得到：$600 \div 32 = 18.75$。

国内生产的纸张的常见尺寸如表 2-1 所示。此外，还有一些特殊规格的纸张，例如 $787mm \times 980mm$、$890mm \times 1240mm$、$900mm \times 1280mm$ 等，某些规格需要由纸厂特殊生产。

表 2-1　国内生产的纸张的常见尺寸

纸张尺寸	说明
787mm×1092mm	我国当前文化用纸的主要尺寸，国内现有的造纸、印刷机械绝大部分都是生产和使用这种尺寸的纸张
850mm×1168mm	主要用于较大开本，如大 32 开的图书用的就是这种尺寸的纸张
880mm×1230mm	比其他同样开本的尺寸要大一些，这种尺寸是国际上通用的一种规格

Word 预置了很多规格的纸张大小，用户可以从中选择所需的纸张，也可以自定义纸张大小。如需选择 Word 预置的纸张大小，则可以在功能区的【布局】选项卡中单击【纸张大小】

按钮，然后在打开的下拉列表中进行选择，例如"A4"，如图 2-2 所示。

如需自定义纸张大小，则可以在图 2-2 所示的下拉列表中选择【其他纸张大小】命令，打开【页面设置】对话框的【纸张】选项卡，在【宽度】和【高度】两个文本框中输入所需的值，然后单击【确定】按钮，如图 2-3 所示。

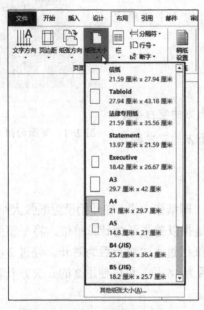

图 2-2　选择预置的纸张大小

图 2-3　自定义纸张大小

> **提示**
>
> 单击功能区中的【布局】⇨【页面设置】组右下角的对话框启动器，也可以打开【页面设置】对话框。

2.1.2　版心

版心位于文档的正中间，是承载文档内容的主要区域。用户可以在版心中添加所需的内容，包括文字、图片、图形、表格、图表等。在图 2-4 中，版心中包含两段文字、两张图片和一个表格。

版心太小会使每个页面只能容纳较少的内容，从而使文档的总页数增多。图 2-5 所示为将图 2-4 的页面尺寸改小之后的效果。页面尺寸变小，版心也随即变小，原本在一页中排好的内容，由于版心变小而变了样。因此，在开始排版之前，应该确定版心的大小。

版心的大小由页面和页边距的大小决定。在 Word 中不能直接设置版心的大小，而是通过设置页面和页边距的大小来间接控制版心的大小。使用下面的公式可以计算出版心的大小。

版心的宽度 = 纸张宽度 − 左边距 − 右边距

版心的高度 = 纸张高度 − 上边距 − 下边距

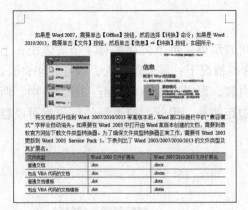

图 2-4 在版心中输入内容　　　　　图 2-5 版心尺寸变化带来的版式错乱

案例 2-1　设置公文的版心大小

案例目标　公文的纸张大小为 A4，公文页面的上边距为 3.7 厘米，左边距为 2.8 厘米，现在要将公文的版心大小设置为宽 15.6 厘米、高 22.5 厘米。

➕ 提示

　　A4 纸张的宽度为 21 厘米，高度为 29.7 厘米。本例要设置的版心的宽度为 15.6 厘米，高度为 22.5 厘米，并且已经给出上边距和左边距的值分别为 3.7 厘米和 2.8 厘米，因此，可以通过公式计算出所需设置的下边距和右边距的值。

　　下边距：29.7-22.5-3.7=3.5（厘米）

　　右边距：21-15.6-2.8=2.6（厘米）

案例实现

　　❶ 新建一个文档，使用本章 2.1.1 小节中的方法，将纸张大小设置为【A4】，如图 2-6 所示。

　　❷ 单击功能区中的【布局】➪【页面设置】组右下角的对话框启动器，打开【页面设置】对话框，在【页边距】选项卡的【上】和【下】两个文本框中分别输入 "3.7 厘米" 和 "3.5 厘米"，在【左】和【右】两个文本框中分别输入 "2.8 厘米" 和 "2.6 厘米"，然后单击【确定】按钮，如图 2-7 所示。

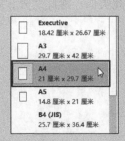

图 2-6 将纸张大小设置为【A4】　　图 2-7 通过设置页边距的值来控制版心的大小

2.1.3 页边距

页边距是版心与页面的 4 个边缘之间的距离，每个页面都有 4 个页边距：上边距、下边距、左边距、右边距。在页面大小不变的情况下：页边距越大，版心越小；页边距越小，版心越大。如果要在页面中放入更多的内容，则需要减小页边距。图 2-8 中，两个页面包含完全相同的内容，由于右图页面的页边距较小，因此，该页面的每一行可以容纳更多的内容。

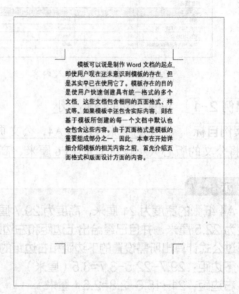

图 2-8　页边距的大小决定版心容纳的内容量

关于页边距的设置方法，请参考本章 2.1.2 小节。

2.1.4 页眉和页脚

页眉和页脚分别位于页面的顶部和底部，主要用于放置一些辅助信息，如文档名称、章节标题、页码、制作日期等。图 2-9 所示是一个页眉和页脚的示例，在页眉中显示章名，在页脚中显示页码。

如果文档不止一页，默认情况下，在任意一页的页眉中输入内容之后，Word 会自动将该内容添加到其他页的页眉中，在页脚中添加内容的效果与此类似。除此之外，Word 还支持以下几种页眉和页脚的排版方式。

- 首页不同的页眉和页脚。
- 奇偶页不同的页眉和页脚。
- 每一页都不同的页眉和页脚。
- 从指定页面开始显示页眉和页脚。

交叉参考 关于页眉和页脚的以上几种排版方式的实现方法，请参考本书第 9 章。

在 Word 中无法直接设置页眉和页脚的大小，而是需要通过设置天头、地脚以及上边距、下边距来间接控制页眉和页脚的大小。在【页面设置】对话框的【布局】选项卡中，【页眉】和【页脚】两个文本框中的值表示的是天头和地脚的大小，如图 2-10 所示。使用下面的公式可以计算出页眉和页脚的大小。

$$页眉 = 上边距 - 天头$$

$$页脚 = 下边距 - 地脚$$

图 2-9　在页眉和页脚中显示文档的辅助信息

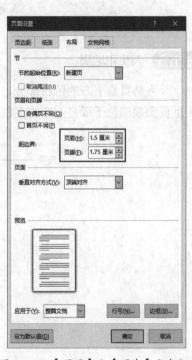

图 2-10　【页眉】和【页脚】文本框

案例 2-2 设置公文的页码位置

案例目标 公文中的页码需要设置在版心下边缘下方 7 毫米的位置，现在要设置公文页码的位置。

提示

本例设置的【页脚】由以下公式计算得到：页脚 = 下边距 −7 毫米。由于公文的下边距是 3.5 厘米（参见案例 2-1），所以最后的计算结果为：3.5-0.7=2.8（厘米）。

❶ 新建一个文档，使用案例 2-1 中的方法，设置好公文页面的 4 个页边距。

❷单击功能区中的【布局】⇨【页面设置】组右下角的对话框启动器，打开【页面设置】对话框，切换到【布局】选项卡，将【页脚】设置为"2.8 厘米"，如图 2-11 所示。

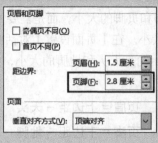

图 2-11　设置公文的页码位置

2.1.5　天头和地脚

天头是页眉上方的留白部分，地脚是页脚下方的留白部分。在图 2-12 所示的页面中，天头是页面顶部位于章名上方的空白部分，地脚是页面底部位于页码下方的空白部分。

图 2-12　天头和地脚

关于天头和地脚的设置方法，请参考本章 2.1.4 小节。

2.1.6　页面方向

大多数文档的页面都是纵向的，当需要在一页的水平方向上显示更多内容时，可以将页面改为横向，如图 2-13 所示。如需在 Word 中更改页面的方向，可以在功能区的【布局】选项卡中单击【纸张方向】按钮，然后在打开的下拉列表中进行选择，如图 2-14 所示。

图 2-13 横向页面

图 2-14 更改页面的方向

2.1.7 使文档同时包含横竖两种方向的页面

为了获得最佳的文档内容显示效果，有时同一文档可能需要同时包含横向页面和纵向页面。然而，如果改变文档中任意一个页面的方向，其他页面的方向也会随之改变，所有页面始终保持在同一方向上。如果要使某些页面拥有不同的方向，则需要对文档进行"分节"。

节是 Word 排版中非常重要的一个概念，为文档"分节"是将文档划分为不同的区域，每个区域中的页面可以拥有独立的页面格式，包括纸张大小和方向、页眉、页脚、页码等，这样就可以使一个文档的排版方式更灵活。

案例 2-3 设置论文中包含两个纵向页面和一个横向页面

案例目标 假设论文有 3 个纵向页面，现在要将第 3 页的页面方向改为横向，效果如图 2-15 所示。

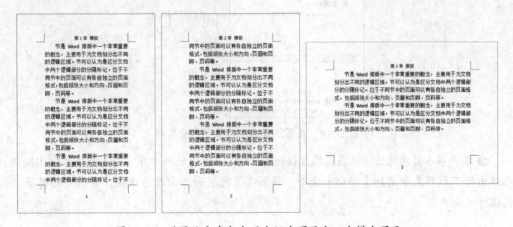

图 2-15 设置论文中包含两个纵向页面和一个横向页面

案例实现

❶ 将插入点定位到第 3 页的起始位置，如图 2-16 所示。

❷ 在功能区的【布局】选项卡中单击【分隔符】按钮，然后在弹出的下拉列表中选择【分节符】类别中的【连续】命令，如图 2-17 所示。

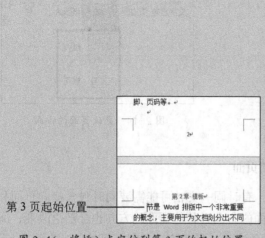

第 3 页起始位置————

图 2-16　将插入点定位到第 3 页的起始位置

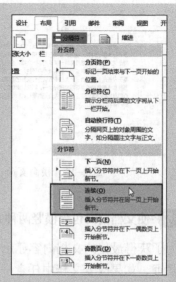

图 2-17　选择【连续】命令

交叉参考　关于插入点的更多内容，请参考本书第 4 章。

❸ 系统将在第 2 页的结尾处插入一个分节符，如图 2-18 所示。如果未显示分节符标记，则需要将格式编辑标记显示出来，具体方法请参考第 1 章的相关内容。

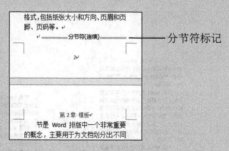

————分节符标记

图 2-18　在第 2 页的结尾处插入分节符

❹ 单击第 3 页内的任意位置，然后在功能区的【布局】选项卡中单击【纸张方向】按钮，在弹出的下拉列表中选择【横向】命令，将第 3 页的页面方向改为横向，前两页的页面方向仍保持纵向不变。

2.1.8 为文档添加封面

使用 Word 的封面功能，可以选择一种预置的封面并将其插入当前文档，然后为封面添加标题和所需文字，从而快速制作出一个封面。

案例 2-4　为员工手册制作封面

案例目标　使用封面功能为员工手册制作封面，效果如图 2-19 所示。

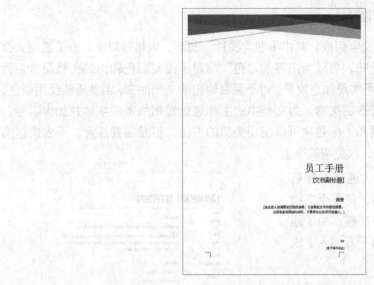

图 2-19 制作好的封面

案例实现

❶ 打开要添加封面的文档，在功能区的【插入】选项卡中单击【封面】按钮，然后在弹出的下拉列表中选择一个命令，如图 2-20 所示。

❷ 选择后，系统将在当前文档中自动插入所选封面，在封面上预留的文本框中输入文档标题等内容，即可完成封面的制作。

图 2-20 选择封面

2.2 设计文档的版面布局

版面布局设计涉及的内容非常广泛和复杂，其中包含大量的设计原则和技巧，足以用一本书的内容进行详细介绍，本节仅为设计不同版面布局的文档提供一些简单的设计思路和注意事项。

2.2.1 纯文字类文档的版面设计

由于纯文字类文档完全由文字组成，其中不包含图片、图形、表格等对象，为了避免大面积文字堆积所带来的单调和乏味，可以为内容加"色"。对于需要彩色输出的文档而言，为文字设置不同的字体颜色，即可实现加色效果。对于黑白输出的文档而言，虽然不能使用彩色，但是可以通过黑、白、灰来营造层次感。为文档中的主标题设置粗线条的字体并加大字号，可以使主标题醒目。对副标题和子标题也可以使用类似的方法，但是需要注意，不应使这两类标题的醒目程度超过主标题，以免喧宾夺主。

在图 2-21 所示的文档中，通过对标题文字设置粗体格式并加大字号，使整个文档看起来具有较强的结构性和层次感；为了建立视觉上的联系，还在标题的下方加入了浅灰色的线条。

除了对标题文字设置格式之外，还可以根据页面中的内容，使用段落分组的方式规划版面布局，如图 2-22 所示。

设计纯文字类文档需要注意以下几点。

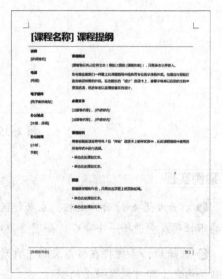

图 2-21 通过为文字加色构建结构上的关联和层次感

- 标题文字一定要醒目，通过为标题设置不同的字体、加大字号、设置加粗格式等方法可以达到这一目的。

- 为不同级别的标题设置不同的字号，有序地引导人们的阅读视线。

- 使用段落分组的方式规划版面布局时，至少确保每一组中的所有段落具有统一的字体格式和段落格式。

- 为了避免页面单调和结构松散，可以在标题下方添加线条，从而营造视觉上的关联。

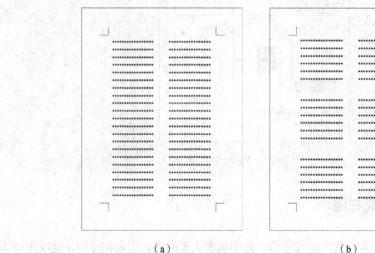
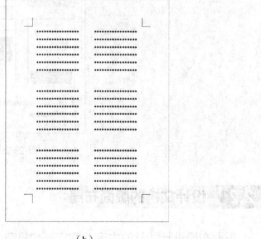

（a）　　　　　　　　　　　　　（b）

图 2-22 使用段落分组来规划版面布局

关于字体格式和段落格式的更多内容，请参考本书第 5 章。

2.2.2　文、表混合类文档的版面设计

由于这类文档中不仅有文字，还包含表格，因此页面不会显得过于枯燥。可以为表格标题行设置底纹颜色来为文档加"色"，通过标题行底纹颜色还可以营造视觉上的结构感，如图 2-23 所示。对于表格外部的文字，也可以使用 2.2.1 小节介绍的设计原则，为标题设置醒目的字体和字号来达到强调和突出的效果，如图 2-24 所示。

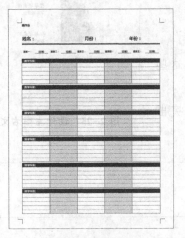

图 2-23　为表格标题行设置底纹颜色　　图 2-24　为表格外的标题设置醒目的字体和字号

设计文、表混合类文档需要注意以下几点。

- 确保同类表格的外观一致。
- 确保同类表格中的字号大小一致。
- 确保表格和文字以某一基准对齐。例如，表格左边缘与文字左侧对齐，或者表格右边缘与文字右侧对齐。
- 为了避免单元格中的文字过多而导致单元格自动变宽，在表格中输入内容之前，需要启用单元格的自动换行功能。

关于表格的更多内容，请参考本书第 7 章。

2.2.3　图、文混合类文档的版面设计

由于图片本身是一个整体，所以在设计图、文混合类文档时，可以利用图片自身形状的特性来实现对齐效果。根据图片和文字的相对位置关系，可以设计出上图下文、上文下图、左图右文、左文右图等不同结构的版式。对于图、文左右排列的版式，可以使用文本框来灵活安排文字的位置，或者创建一个两列的表格，将图片插入表格左列的单元格中，将文字输入

表格右列的单元格中，如图 2-25 所示。还可以并排设计图片和文字，即每一行包含两张图片，用于说明事物之间的联系和区别。

设计图、文混合类文档需要注意以下几点。

- 确保图片具有较高的清晰度、正确的长宽比，图片不扭曲、不变形。

- 如果要使页面中的所有内容排列整齐，应确保所有图片具有相同的尺寸。

- 如果无法让所有图片的尺寸相同，则在排版时一定要使图片和文字基于某一边缘对齐。

- 确保每组图片和文字具有相同的间距。

- 如果一个页面中包含多张图片，则应确保这些图片以某一基准对齐，并拥有相同的间距。

- 通过对图片部分区域进行裁剪，可以达到突出图片主题的作用，从而增强图片的视觉效果。

图 2-25　设计左图右文的版式

 关于图片的更多内容，请参考本书第 6 章。

2.2.4 图、文、表混合类文档的版面设计

图、文、表混合类文档的版面设计需要根据文档的具体用途，并结合其中包含的内容类型来综合考虑。可以综合前几小节介绍的方法和注意事项来设计图、文、表混合类文档的版面布局。为了设计具有复杂结构的文档布局，通常需要借助表格对文字和图片进行布局，通过随意组合和拆分表格中的单元格，可以设计出灵活多变的版面布局。

图 2-26 所示的文档虽然看起来没有使用表格，但其实利用了表格对内容进行布局。根据内容的左右结构，创建出包含一定列数的表格，然后将每列内容在水平方向上分组，由此来决定表格的每列应该包含多少行，从而设计出结构看似不规范但是又非常整齐的版面布局。

图 2-27 所示为使用表格规划页面布局的模板，在下面几个表格中，较大的方块代表图片，较小的方块代表文字。

图 2-26　利用表格设计文档的布局结构

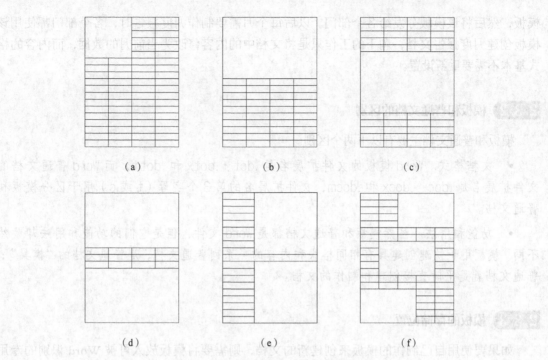

图 2-27　使用表格规划页面布局的模板

2.3　了解模板

　　无论是否意识到模板的存在，每个 Word 用户都在有意或无意地使用着模板。本节将介绍模板的一些基本概念和基础知识，这些内容会为以后创建和使用模板打下基础。

2.3.1　模板的作用

　　模板可以说是制作 Word 文档的起点，使用模板可以快速创建出具有相同页面格式、样式，甚至内容的一系列文档。

　　例如，公司的每个部门在每个月都要制作一份月度报告，每份月度报告中的标题和正文的位置与字体格式都完全一致，报告中的一些线条和图形也具有相同的位置和外观。在不使用模板的情况下，每次制作月度报告都需要新建文档、输入内容、设置内容的格式、调整内容的位置，不但在设置内容的格式以及调整内容的位置上需要花费大量的时间，而且也很难保证每月制作的月度报告具有完全统一的格式，很容易出现疏漏。

　　如果使用模板，一切将变得快捷高效。在模板中可以保存以下几类内容。

- 　页面格式。页面格式包括纸张大小、页面方向、页边距、页眉和页脚等设置。
- 　样式。样式包括 Word 内置样式和用户创建的样式。
- 　内容。内容主要指预先添加到模板中的文字、表格、图片、图形等内容。

　　使用同一模板创建的每一个文档都会自动包含模板中的所有内容，即上面列出的几类内容。对于本小节开始所举的月度报告的例子，公司可以先按照规范格式制作一个月度报告的

模板，然后将该模板分发给各个部门。以后每个月需要制作月度报告时，各个部门都使用该模板创建月度报告文档，剩下的工作只是将文档中的内容修改为当前月的数据，而内容的格式基本不需要重新设置。

2.3.2 模板和普通文档的区别

模板和普通文档主要有以下两个区别。

- 文档格式。Word 模板的文件扩展名是 .dot、.dotx 和 .dotm，而 Word 普通文档的文件扩展名是 .doc、.docx 和 .docm，文件扩展名的第 3 个字母（t 或 c）用于区分模板和普通文档。

- 功能和用法。虽然模板和普通文档都是 Word 文件，但是它们的功能和用法却截然不同。模板用于快速创建具有相同格式和内容的一系列普通文档，是普通文档的"模具"；普通文档就是平时直接创建和制作的文档。

2.3.3 模板的存储位置

如果要使用自己制作的模板来创建新的文档，则需要将模板放入可被 Word 识别的专用文件夹中。在 Word 2019 和其他高版本 Word 中，使用名为"自定义 Office 模板"的文件夹存储用户创建的模板。如果将 Windows 操作系统安装在 C 盘，则"自定义 Office 模板"文件夹默认位于以下路径，其中的"< 用户名 >"是指当前登录 Windows 操作系统的用户账户的名称。

> C:\Users\< 用户名 >\Documents

用户可以将任意文件夹设置为存储模板的默认文件夹，以替代 Word 默认的"自定义 Office 模板"文件夹。单击【文件】⇨【选项】命令，打开【Word 选项】对话框，在左侧选择【保存】选项卡，然后在右侧的【默认个人模板位置】文本框中输入文件夹的完整路径，最后单击【确定】按钮，如图 2-28 所示。

图 2-28　设置存储用户模板的默认文件夹

➕ 提示

　　本书第 1 章介绍的设置每次打开文档时默认显示的文件夹，是指在一个打开的文档中加载某个文档时的默认文件夹。此处介绍的是新建一个文档时所使用模板的默认文件夹。为了便于操作，可以将两种方式下所使用的模板设置到同一个文件夹中。

2.3.4 查看文档使用的模板

使用下面的方法可以查看未在 Word 中打开的文档所使用的模板，操作步骤如下。

❶ 打开 Windows 操作系统中的文件资源管理器，然后进入 Word 文档所在的文件夹。

❷ 右击 Word 文档，在弹出的菜单中选择【属性】命令，打开文档属性对话框，在【详细信息】选项卡的【模板】右侧显示的就是该文档所使用的模板的名称，如图 2-29 所示。

查看处于打开状态的文档所使用的模板的操作步骤如下。

❶ 单击【文件】➪【信息】命令，在进入的界面中单击【显示所有属性】，如图 2-30 所示。

图 2-29　查看未在 Word 中打开的文档所使用的模板　　图 2-30　单击【显示所有属性】

　　❷ 在展开的属性列表中，【模板】属性右侧显示的就是当前文档所使用的模板，如图 2-31 所示。

2.3.5 理解 Normal 模板

用户每次启动 Word 时，低版本 Word 会默认新建一个空白文档，高版本 Word 如果取消了开始屏幕，也会自动新建一个空白文档。在打开的 Word 文档中按 Ctrl+N 组合键也会新建一个空白文档。这些空白文档都是基于 Normal 模板创建的，该模板是 Word 的通用模板，主要有以下几个功能。

* 所有默认新建的文档都是基于 Normal 模板创建的。
* 存储在 Normal 模板中的样式和内容可被所有文档使用。

图 2-31　查看处于打开状态下的文档所使用的模板

- 存储在 Normal 模板中的宏可被所有文档使用。

正因为 Normal 模板具有以上几个特点，所以可以将有用的内容存储在 Normal 模板中，所有新建的文档就可以使用 Normal 模板中包含的内容了。然而，当 Normal 模板包含太多的内容时，可能会影响 Word 的启动速度，严重时将导致 Word 无法正常启动。

2.4 创建和使用模板

在了解了模板的相关概念之后，创建和使用模板的具体操作其实并不复杂。本节除了介绍创建和使用模板的方法之外，还将介绍如何保护模板的安全和分类管理模板。

2.4.1 创建模板

创建模板的方法与创建普通文档类似，主要区别在于保存文档时选择的文件格式。Word 2003 模板的文件扩展名为 .dot，Word 2007 及更高版本的模板的文件扩展名为 .dotx 和 .dotm，在 .dotx 类型的模板中不能包含 VBA 代码，而在 .dotm 类型的模板中可以包含 VBA 代码。创建模板的操作步骤如下。

❶ 新建一个空白文档，设置好页面格式，创建好所需的样式，还可以输入要在以后创建的文档中包含的内容。

❷ 按 F12 键，打开【另存为】对话框，在【保存类型】下拉列表中选择模板的文件类型，如图 2-32 所示。本书主要介绍以下几种常用的模板

- Word 模板：.dotx 格式的模板，其中不能包含 VBA 代码，适用于 Word 2007 及更高版本的 Word。

- 启用宏的 Word 模板：.dotm 格式的模板，其中可以包含 VBA 代码，适用于 Word 2007 及更高版本的 Word。

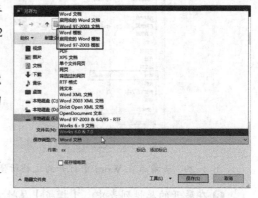

图 2-32 选择模板的文件类型

- Word 97-2003 模板：.dot 格式的模板，其中可以包含 VBA 代码，适用于所有版本的 Word。

❸ 在【文件名】文本框中输入模板的名称，然后单击【保存】按钮，即可创建模板。

2.4.2 使用模板批量创建多个文档

创建模板后，可以使用模板创建任意数量的文档，这些文档中的页面格式、样式和内容都与模板完全相同。由于在 Word 2007/2010/2013/2016/2019 中使用模板创建文档的操作方法有一些区别，因此下面分别进行介绍。

1. Word 2007/2010

在 Word 2007/2010 中使用模板创建文档的操作步骤如下。

❶ 单击【文件】➪【新建】命令，在进入的界面中选择【我的模板】，如图 2-33 所示。

❷ 打开【新建】对话框，选择所需的模板并选中【文档】单选按钮，然后单击【确定】按钮，如图 2-34 所示，即可基于所选模板创建新的文档。

图 2-33　选择【我的模板】

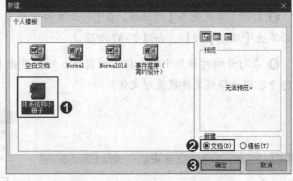

图 2-34　选择要使用的模板

2. Word 2013/2016/2019

如需在 Word 2013/2016/2019 中使用模板创建文档，可以单击【文件】➪【新建】命令，在进入的界面中选择【个人】类别，然后在下方选择所需的模板，如图 2-35 所示。

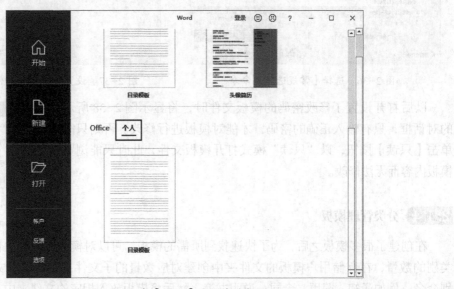

图 2-35　在【个人】类别中选择模板

2.4.3　为模板加密防止随意修改

为了防止别人随意修改模板，可以为模板加密，操作步骤如下。

❶ 打开模板所在的文件夹，然后右击模板文件，在弹出的菜单中选择【打开】命令。

> **注意**
>
> 如果直接双击模板文件，则将基于该模板创建新的文档，而不是打开模板本身。

❷ 在 Word 中打开模板文件，按 F12 键，打开【另存为】对话框。单击下方的【工具】按钮，在弹出的菜单中选择【常规选项】命令，如图 2-36 所示。

❸ 打开【常规选项】对话框，在【修改文件时的密码】文本框中输入修改模板文件时的密码，然后单击【确定】按钮，如图 2-37 所示。

❹ 在打开的对话框中输入相同的密码，然后单击【确定】按钮，最后单击【保存】按钮，使用包含密码的模板文件覆盖原文件。

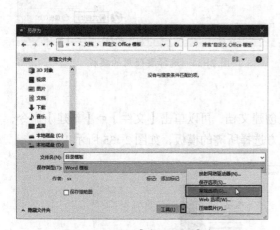

图 2-36　选择【常规选项】命令

图 2-37　设置修改模板文件时的密码

以后打开设置了修改密码的模板文件时，将显示图 2-38 所示的对话框，只有输入正确的密码，才能对模板进行修改。否则只能单击【只读】按钮，以"只读"模式打开模板文件，此时只能浏览模板内容而无法修改。

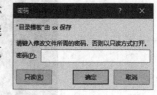

图 2-38　只有输入正确的密码才能修改模板

2.4.4　分类管理模板

在创建了很多模板之后，为了快速找到所需的模板，可以对模板进行分类管理。根据模板类别的数量，在存储用户模板的文件夹中创建对应数量的子文件夹，每个子文件夹以模板类别命名，例如通知、简历、合同、说明书等，然后将模板放入相应的文件夹中。

完成以上操作后，启动 Word，单击【文件】⇨【新建】命令，在进入的界面中选择【个人】类别，然后就会看到表示模板类别的文件夹图标，如图 2-39 所示。单击文件夹图标，即可显示其中包含的模板。

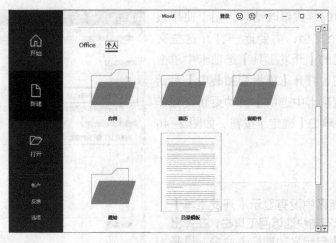

图 2-39　分类管理模板

2.5　修改模板使其符合新的需要

　　随着时间的推移，用户对格式或内容有了新的要求，以前制作的模板可能已经不再适用，此时可以修改模板，主要包括 3 个方面：模板的页面格式、模板中的样式、模板中的内容。无论修改模板的哪个方面，都需要先在 Word 中打开模板文件。打开模板文件的具体方法请参考本章 2.4.3 小节。

2.5.1　修改模板的页面格式

　　创建模板时，通常都会设置模板的页面格式。例如，模板原来的纸张大小是 A4，后来要求改为 16 开。此时需要在 Word 中打开模板文件，然后使用本章 2.1.1 小节介绍的方法，修改模板文件的页面格式，最后保存对模板的修改。

2.5.2　修改模板中的样式

　　规范化排版过程都会用到样式，使用样式不但可以为文档内容快速设置一种或多种格式，还可以为以后修改格式提供方便。如果要统一修改基于某个模板创建的多个文档中的同一个样式，则可以直接修改这些文档所依附的模板中的该样式，样式的修改结果会自动作用于这些文档。

　　如需修改模板中的样式，首先要在 Word 中打开该模板，然后单击功能区中的【开始】⇨【样式】组右下角的对话框启动器，在打开的【样式】窗格中右击要修改的样式，在弹出的菜单中选择【修改】命令。

　　关于样式的更多内容，请参考本书第 3 章。

为了使模板中的样式修改结果作用于使用该模板创建的每一个文档，需要逐一打开这些文档，然后在功能区的【开发工具】选项卡中单击【文档模板】按钮，打开【模板和加载项】对话框，在【模板】选项卡中选中【自动更新文档样式】复选框，最后单击【确定】按钮，如图 2-40 所示。

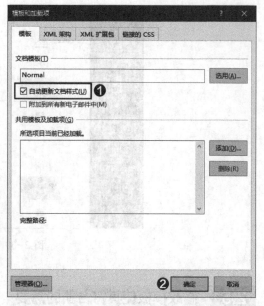

> ✚ **提示**
>
> 如果在功能区中没有显示【开发工具】选项卡，则可以右击快速访问工具栏，在弹出的菜单中选择【自定义功能区】命令，打开【Word 选项】对话框的【自定义功能区】选项卡，在右侧的列表框中选中【开发工具】复选框，然后单击【确定】按钮。

图 2-40　选中【自动更新文档样式】复选框

2.5.3 修改模板中的内容

修改模板中的内容的方法与修改普通文档中的内容类似，在 Word 中打开模板文件，然后使用常规的编辑方法修改模板中的内容。

2.6 排版常见问题解答

本节列举了在模板设置和使用方面的一些常见问题，并给出了相应的解决方法。

2.6.1 在指定路径中未显示 Normal 模板

默认情况下，Normal 模板位于以下路径（假设 Windows 操作系统安装在 C 盘）。

C:\Users\< 用户名 >\AppData\Roaming\Microsoft\Templates

如果在该路径中没有显示 Normal 模板，则可能是由于从未改变过 Word 的默认设置，在这种情况下，Normal 模板自动处于隐藏状态。只有修改了 Word 的默认设置，例如，默认字体或段落格式，Normal 模板才会显示出来。如果修改了 Word 的默认设置，Normal 模板还未显示，则可以尝试开启 Windows 操作系统中的显示隐藏文件的相关功能。

2.6.2 选择模板时无法预览模板内容

使用模板新建文档时，在选择模板的界面中可能没有显示模板内容的预览效果，而是使用一些线条来表示文档内容。如果系统能够在模板缩略图中显示模板中的内容，则会为用户选择合适的模板提供帮助。设置在模板缩略图中显示模板内容的操作步骤如下。

❶ 在 Word 中打开要设置的模板，单击【文件】⇨【信息】命令，在进入的界面中选择【属性】

命令，然后在弹出的菜单中选择【高级属性】命令，如图 2-41 所示。

图 2-41　选择【高级属性】命令

❷ 打开文档属性对话框，在【摘要】选项卡中选中【保存所有 Word 文档的缩略图】复选框，然后单击【确定】按钮，如图 2-42 所示。以后在选择要使用的模板时，将会显示模板中的内容，如图 2-43 所示。

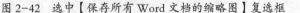

图 2-42　选中【保存所有 Word 文档的缩略图】复选框　　图 2-43　选择模板时显示模板的内容

2.7　思考与练习

1. 简要说明页面的组成结构以及各部分的作用。

2. 如何将一个 A4 大小的页面的版心尺寸设置为宽 18 厘米、高 26 厘米，并将页眉和页脚都设置为 1 厘米？

3. 在一个总共 8 页的文档中，如何将第 2 页和第 6 页的页面方向设置为横向，将其他页设置为纵向？

4. 模板和普通文档的区别是什么？Normal 模板有什么作用？

5. 如何将计算机中的 Word 模板分类保存，并在新建文档时正确显示每类模板的名称？

第 3 章

样式——让排版规范、高效

样式是通往规范、高效排版的必经之路，是实现规范化与自动化排版的关键，也是很多排版技术的基础。本章将介绍在 Word 中创建和修改样式，以及使用和管理样式的方法。

3.1　了解样式

如果读者对 Word 中的样式已经有所了解，则可以跳过本节内容。如果读者从未接触过样式，通过阅读本节内容，可以快速对样式有基本的了解。

3.1.1　什么是样式

在 Word 中排版时，大部分时间都是在设置内容的格式，包括字体格式（字形、字号、颜色等）、段落格式（对齐、缩进、间距、编号等）、边框和底纹（段落、表格）等。以上列举的格式是 Word 中的基本格式，执行相关命令可以直接为内容设置这些格式。

 交叉参考 如果读者对 Word 中的字体、段落等基本格式的用法还不熟悉，可以先阅读本书的第 4 章和第 5 章，然后再阅读本章内容。

当需要为文档中的同一处内容设置多种基本格式时，根据要设置的格式种类，每次设置一种格式，然后依次操作，最后完成所有设置。如果要为多处内容设置完全相同的多种格式，则需要重复执行上述操作，如图 3-1 所示。这样既费时，也很容易出错。

"样式"的出现彻底改变了这种烦琐、低效的操作方式。样式是一种集合了多种基本格式的复合格式，系统将所需设置的所有格式组织在一起，构成一个称为"样式"的整体，用户使用样式为内容设置格式时，系统会将样式中包含的所有格式一次性设置到指定的内容上。这样，用户就从每次重复设置每一种基础格式的烦琐操作中解脱出来，如图 3-2 所示。

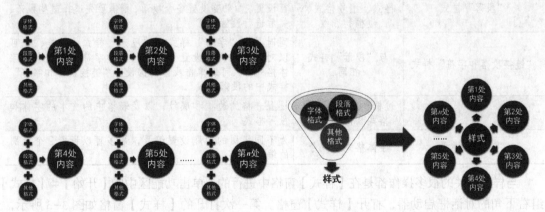

图 3-1　重复为多处内容设置多种格式　　　　图 3-2　使用样式为多处内容设置多种格式

3.1.2　为什么要使用样式

本章 3.1.1 小节介绍样式的基本概念时，实际上也说明了样式的优点——简化操作、提高效率。除此之外，样式还具有以下两个优点。

* 批量编辑。使用样式为多个段落设置格式之后，可以非常方便地同时对这些段落进行操作。例如，通过样式特有的选项，可以快速选择所有设置了某样式的段落，然后可

以一次性删除这些选中的段落，或者对它们进行移动或复制。

- 排查错误。排版复杂文档时很容易出错，而且也很难发现一些错误。使用样式为内容设置格式之后，将有助于快速找出格式错误。例如，为多个段落设置同一个样式之后，由于误操作，可能会导致某些段落没有成功设置该样式，此时可以使用【样式】窗格排查错误。打开【样式】窗格，在文档中单击要检查的段落内部，然后观察【样式】窗格中当前是否自动选中了应该为该段落设置的样式。如果没有选中该样式，说明该段落没有设置该样式。

 交叉参考 打开【样式】窗格的方法请参考本章 3.1.3 小节，关于【样式】窗格的更多内容，请参考本章后续内容。

3.1.3 Word 中包含的样式类型

Word 中共有 5 种样式："字符"样式、"段落"样式、"链接段落和字符"样式、"表格"样式和"列表"样式。前 3 种样式用于设置文本的格式，"表格"样式用于设置表格，"列表"样式用于设置包含多级编号的段落。5 种样式包含的格式及其说明如表 3-1 所示。

表 3-1　5 种样式包含的格式及其说明

样式类型	包含的格式	说明
"字符"样式	字体格式	与设置字体格式的方法类似，选中文本后进行设置
"段落"样式	字体格式和段落格式、编号格式、边框和底纹	与设置段落格式的方法类似，单击一个段落内部后进行设置。如果要设置多个段落，则需要先选择这些段落，然后进行设置
"链接段落和字符"样式	与"段落"样式相同	同时具有"字符"样式和"段落"样式的功能，既可以对选中的文本设置"链接段落和字符"样式中的字体格式，又可以单击段落内部设置"链接段落和字符"样式中的段落格式
"表格"样式	边框和底纹、字体格式和段落格式	设置表格的边框和底纹，以及表格中的文本的字体和段落格式
"列表"样式	字体格式和编号	为不同级别的标题设置编号，最多可以设置 9 个级别的编号

与样式有关的很多操作都是在【样式】窗格中进行的。单击功能区中的【开始】⇨【样式】组右下角的对话框启动器，打开【样式】窗格。第一次打开的【样式】窗格如图 3-3 所示，其中显示了一些样式。

为了将样式中包含的格式以可视化的方式显示出来，可以选中【样式】窗格下方的【显示预览】复选框，这样就会在样式的名称上显示样式具有的一些格式。例如，如果样式中包含字体加粗格式，样式的名称就会加粗显示，如图 3-4 所示。

➕ 提示

第一次打开的【样式】窗格会浮于 Word 窗口中，双击窗格顶部的任意位置，可将其固定在 Word 窗口的一侧。还可以使用鼠标拖动窗格顶部来移动窗格。

图 3-3　第一次打开的【样式】窗格　　图 3-4　通过样式名称预览样式中包含的格式

每个样式名称右侧的符号表示样式的类型：a 表示"字符"样式，段落标记表示"段落"样式，同时带有 a 和段落标记的符号表示"链接段落和字符"样式，如图 3-5 所示。

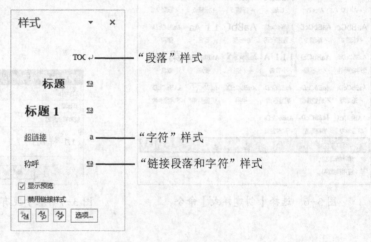

图 3-5　通过符号区分不同的样式类型

3.2　创建和修改样式

在了解了样式的功能和类型之后，接下来就可以在文档中创建样式了。本章 3.2.1 和 3.2.2 小节介绍的是创建"字符"样式、"段落"样式和"链接段落和字符"样式的方法，创建"表格"样式的方法将在第 7 章中介绍。对于创建好的样式，可以随时修改样式中的格式，以符合新的格式需求。

3.2.1　基于现有格式创建新的样式

"字符"样式、"段落"样式和"链接段落和字符"样式的创建过程有很多相似之处，"字符"样式的创建过程最简单，"段落"和"链接段落和字符"两种样式的创建过程完全相同，但是比"字符"样式涉及更多的格式和选项。无论创建这 3 种样式中的哪一种，都可以通过以下两种方式来创建。

- 基于现有格式创建新的样式：如果某处内容具有的格式符合要求，则可以基于此内容所具有的格式来创建新样式，新的样式会与此内容具有完全相同的格式。

- 基于现有样式创建新的样式：如果要创建的样式与现有的某个样式包含相同或相似的格式，则可以以该样式为起点来创建新的样式，这样只需对格式稍加修改，即可得到所需的样式。

本节将介绍基于现有格式创建新的样式，操作步骤如下。

❶ 在文档中找到与目标格式相符的段落，单击该段落的内部。

❷ 在功能区的【开始】选项卡中打开样式库，从中选择【创建样式】命令，如图3-6所示。

❸ 打开【根据格式化创建新样式】对话框，在【名称】文本框中输入样式的名称，然后单击【确定】按钮，如图3-7所示。创建的新样式与步骤❶中单击的段落具有完全相同的格式。

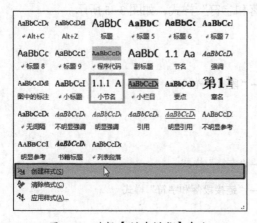

图3-6　选择【创建样式】命令

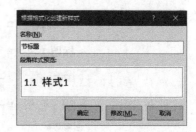

图3-7　基于现有格式创建新的样式

注意

如果新建的样式用于标题多级编号或题注编号，则不应该创建这样的样式，而应该直接修改Word内置的名为"标题1"～"标题9"的样式，这是因为Word中的很多自动化排版功能都是基于"标题1"～"标题9"样式实现的。

3.2.2　基于现有样式创建新的样式

如果目标格式与现有的某个样式中的格式相同或相似，则可以基于该样式创建新的样式。单击【样式】窗格底部的【新建样式】按钮，打开【根据格式化创建新样式】对话框，在其中设置要创建的样式中包含的格式，如图3-8所示。

在【根据格式化创建新样式】对话框的【样式基准】下拉列表中选择一个样式，该样式与将要创建的样式具有相同或相似的格式，这样只需稍加修改，即可得到所需的新样式。

【根据格式化创建新样式】对话框中的选项分为以下5个部分。

图 3-8　【根据格式化创建新样式】对话框

1. 基本信息

该部分中的选项用于设置样式的基本信息和运作方式，如图 3-9 所示。

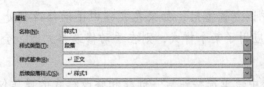

图 3-9　设置样式的基本信息

- 名称：设置样式的名称，在【样式】窗格和样式库中都以该名称显示样式。

- 样式类型：设置样式的类型，即前面介绍的 5 种类型。

- 样式基准：选择以哪种样式中的格式为起点来创建新的样式。需要注意的是，一旦在【样式基准】下拉列表中选择了一种样式，以后修改该样式的格式时，新建样式的格式也会随之变化。

- 后续段落样式：设置在应用了新建样式的段落结尾按 Enter 键之后，自动为下一个段落应用哪种样式。例如，在文档中要插入大量的图片，需要在每张图片的下方设置题注，此时可以创建一个设置图片对齐方式的样式，然后创建一个设置题注格式的样式，最后将图片样式的【后续段落样式】设置为题注样式，这样在插入图片后按 Enter 键，下一段的格式就会自动被设置为题注样式中的格式。

2. 基础格式

该部分中的选项用于设置常用的字体格式和段落格式，包括字体、字号、字体颜色、对齐方式、行距、段间距等，如图 3-10 所示。

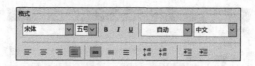

图 3-10　样式的基础格式

3. 预览设置效果

在【根据格式化创建新样式】对话框中设置样式时，所做的每一项设置的效果将显示在图 3-11 所示的预览窗格中，样式中包含的所有格式信息以文字的形式显示在窗格的下方。

4. 保存和更新选项

该部分中的选项用于设置样式的保存位置和更新方式，如图 3-12 所示。

- 添加到样式库：选中该复选框会将创建的样式添加到样式库，该库位于功能区的【开始】选项卡的【样式】组中。

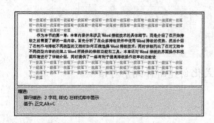

图 3-11　在预览窗格中查看格式的设置效果　　　图 3-12　保存和更新选项

- 自动更新：选中该复选框后，如果在文档中手动修改某处内容的格式，并且在修改之前已经为该处内容应用了某个样式，则在手动修改格式时，会同步修改样式中相应的格式，使两者保持一致。

- 仅限此文档：选中该单选按钮后，创建和修改样式的操作仅作用于当前文档。

- 基于该模板的新文档：选中该单选按钮后，系统会将样式的创建和修改结果保存到创建当前文档所使用的模板中，用户以后使用该模板创建新文档时，新文档就会包含模板中的这些样式。

5. 更多格式

如需为样式设置更多的格式，则可以在【根据格式化创建新样式】对话框中单击【格式】按钮，弹出图 3-13 所示的菜单，从中选择要设置的格式类型，然后就可以在打开的对话框中进行设置。

设置好样式的相关选项之后，单击【确定】按钮，关闭【根据格式化创建新样式】对话框，创建的样式将显示在【样式】窗格中。

图 3-13　单击【格式】按钮
显示更多的格式命令

【案例 3-1】　在书稿中创建"操作步骤"和"图"两个样式

【案例目标】　在书稿中创建名为"操作步骤"和"图"的两个样式。"操作步骤"样式的字体为"楷体"，字号为"五号"，字体颜色为"黑色"，段落第一行的开头空两个字符。"图"样式的段前间距和段后间距都为"0.5 磅"，对齐方式为"居中"。每次在设置了"操作步骤"样式的段落结尾按 Enter 键时，自动为下一个段落设置"图"样式。

 案例实现

❶ 打开要创建样式的书稿，然后打开【样式】窗格，单击窗格下方的【新建样式】按钮，如图 3-14 所示。

❷ 打开【根据格式化创建新样式】对话框，先创建"图"样式，在【名称】文本框中输入"图"，在【样式类型】下拉列表中选择【段落】，然后单击【格式】按钮，在弹出的菜单中选择【段落】命令，如图 3-15 所示。

图 3-14 单击【新建样式】按钮　图 3-15 设置样式的名称和类型并选择【段落】命令

❸ 打开【段落】对话框，在【缩进和间距】选项卡的【对齐方式】下拉列表中选择【居中】，在【段前】和【段后】两个文本框中输入"0.5 磅"，如图 3-16 所示，然后单击【确定】按钮。

❹ 返回【根据格式化创建新样式】对话框，单击【确定】按钮，完成"图"样式的创建。

❺ 在【样式】窗格中单击【新建样式】按钮，再次打开【根据格式化创建新样式】对话框，然后进行以下几项的设置，如图 3-17 所示。

- 在【名称】文本框中输入"操作步骤"。
- 在【样式类型】下拉列表中选择【段落】。
- 在【后续段落样式】下拉列表中选择【图】。
- 在【字体】下拉列表中选择【楷体】。
- 在【字号】下拉列表中选择【五号】。
- 在【字体颜色】下拉列表中选择【黑色】。

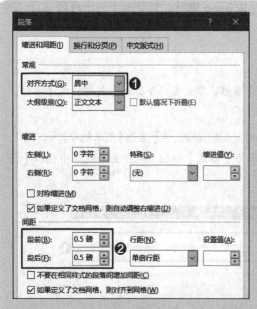

图 3-16　设置对齐方式和段前、段后间距　　　　图 3-17　设置"操作步骤"样式的格式

❻ 在【根据格式化创建新样式】对话框中单击【格式】按钮，然后在弹出的菜单中选择【段落】命令，打开【段落】对话框，在【缩进和间距】选项卡的【特殊】下拉列表中选择【首行】，右侧的【缩进值】被自动设置为【2 字符】，如图 3-18 所示。

❼ 单击两次【确定】按钮，依次关闭【段落】和【根据格式化创建新样式】两个对话框，即可完成"操作步骤"样式的创建。图 3-19 所示为显示在【样式】窗格中的"操作步骤"和"图"两个样式。

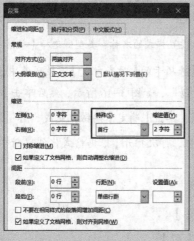

图 3-18　设置"操作步骤"样式的首行缩进　　　图 3-19　创建完成的两个样式

3.2.3　修改样式中的格式

不同阶段对文档内容的格式可能会有不同的要求。如果已经为文档中的内容设置了样式，

则对内容的格式有新的要求时，只需修改样式中的格式，即可一次性调整所有应用了该样式的内容的格式。

案例 3-2 修改"操作步骤"样式的格式

案例目标 将"操作步骤"样式的字体修改为"宋体"，字号修改为"小四"。

案例实现

❶ 在文档中打开【样式】窗格，然后在该窗格中右击【操作步骤】样式，在弹出的菜单中选择【修改】命令，如图 3-20 所示。

❷ 打开【修改样式】对话框，在【字体】下拉列表中选择【宋体】，在【字号】下拉列表中选择【小四】，然后单击【确定】按钮，如图 3-21 所示。

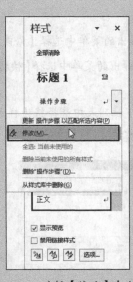
图 3-20 选择【修改】命令

图 3-21 修改样式的字体和字号

3.2.4 将样式的修改结果保存到模板

使用模板创建一个文档后，模板中的样式会自动出现在该文档中，在使用文档的过程中，可能需要调整某些样式的格式，并使更改后的格式对以后使用该模板创建的所有文档都有效。操作步骤如下。

❶ 在【样式】窗格中右击要修改的样式，在弹出的菜单中选择【修改】命令。

❷ 打开【修改样式】对话框，修改所需的格式，并选中【基于该模板的新文档】单选按钮，如图 3-22 所示，然后单击【确定】按钮。

❸ 当保存该文档时，将弹出图 3-23 所示的对话框，单击【是】按钮，即可将样式的修改结果保存到当前文档所依附的模板中。

图 3-22 选中【基于该模板的新文档】单选按钮 　图 3-23 将样式的修改结果保存到模板中

3.2.5 为样式设置快捷键

可以为一些常用的样式设置快捷键，从而加快为内容设置这些样式的速度。

案例 3-3 为"操作步骤"样式设置快捷键

案例目标 将 Alt 和 C 两个键设置为"操作步骤"样式的快捷键，以后可以按 Alt+C 组合键为内容设置"操作步骤"样式。

案例实现

❶ 在【样式】窗格中右击"操作步骤"样式，然后在弹出的菜单中选择【修改】命令。

❷ 打开【修改样式】对话框，单击【格式】按钮，然后在弹出的菜单中选择【快捷键】命令，如图 3-24 所示。

❸ 打开【自定义键盘】对话框，在【将更改保存在】下拉列表中选择将为样式设置的快捷键保存的位置，此处选择保存在当前文档中，如图 3-25 所示。

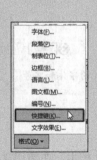
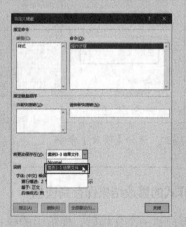

图 3-24 选择【快捷键】命令 　图 3-25 选择为样式设置的快捷键保存的位置

提示

在【将更改保存在】下拉列表中除了显示当前文档的名称之外，还会显示 Normal 模板。如果当前文档是使用 Normal 模板以外的其他模板创建的，则还会显示该模板的名称。

❹ 在【请按新快捷键】文本框的内部单击，然后在键盘上按下要作为快捷键的键盘按键组合。图 3-26 中的快捷键为 Alt+C，表示按下的是 Alt 键和 C 键。

❺ 单击【指定】按钮，系统自动将在【请按新快捷键】中设置的快捷键移入【当前快捷键】列表框中，如图 3-27 所示。最后依次单击【关闭】和【确定】两个按钮，完成快捷键的设置。

图 3-26　设置样式的快捷键　　　　图 3-27　将快捷键移入【当前快捷键】列表框

如果要删除样式的快捷键，则可以打开【自定义键盘】对话框，在【将更改保存在】下拉列表中选择保存快捷键的位置，然后在【当前快捷键】列表框中选择要删除的快捷键，最后单击【删除】按钮。

3.3　使用和管理样式

一旦创建好样式，就可以在文档中使用样式为内容设置格式，这些内容可以是段落中的部分文字，也可以是整个段落、图片、表格等。本节还将介绍样式的其他一些常用操作，包括使用样式快速选择文档中的多处内容，在当前文档中加载模板中的所有样式，在文档和模板之间复制样式、删除样式。

3.3.1　使用样式为内容设置格式

创建样式后，可以使用样式设置文档内容的格式。设置不同类型内容的格式所使用的样式类型并不相同，具体如下。

- 设置选中的文本。对于文档中选中的文本，如果要设置其字体格式，可以使用"字符"样式。"字符"样式只对选中的内容有效。也可以使用"链接段落和字符"样式对选中的文本设置字体格式。

- 设置一个段落。如果要为某个段落设置格式，可以使用"段落"样式或"链接段落和字符"样式。设置时只需单击段落的内部，然后选择要使用的样式即可。

- 设置多个段落。在设置多个段落的格式之前，需要先选择这些段落，然后选择要使用的样式。

- 设置图片。设置图片与设置一个段落的方法类似，只需单击图片的左侧或右侧，然后选择要使用的样式。

- 设置表格。单击表格的内部，此时将激活功能区中表格特有的选项卡，在【表格工具｜表设计】选项卡的【表格样式】组中打开表格样式库，然后选择要使用的表格样式。

3.3.2 使用样式快速选择文档中的多处内容

在为文档中的多处内容设置了同一个样式之后，可以使用该样式快速选择这些内容。在【样式】窗格中右击已经设置到内容上的某个样式，然后在弹出的菜单中选择【选择所有 × 个实例】命令，如图3-28所示，其中的 × 表示一个数字，这个数字就是文档中设置了该样式的位置总数。选择该命令即可自动选中文档中所有设置了该样式的内容。

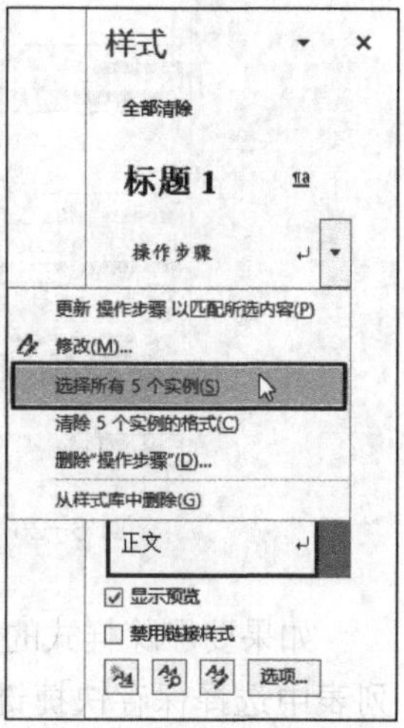

> **提示**
>
> 用户右击样式后，弹出的菜单中可能未显示【选择所有 × 个实例】命令，原因和解决方法请参考本章 3.4.3 小节。

3.3.3 在当前文档中加载模板中的所有样式

无论文档是基于什么模板创建的，都可以在文档中加载任意一个模板中的样式，操作步骤如下。

图 3-28　使用样式快速选择文档中的多处内容

❶ 单击【文件】⇨【选项】命令，打开【Word 选项】对话框，在左侧选择【加载项】选项卡，在右侧的【管理】下拉列表中选择【模板】，然后单击【转到】按钮，如图3-29 所示。

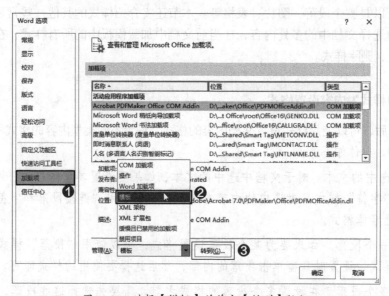

图 3-29　选择【模板】并单击【转到】按钮

❷ 打开【模板和加载项】对话框，在【模板】选项卡中单击【选用】按钮，如图 3-30 所示。

❸ 在打开的对话框中双击所需的模板，返回【模板和加载项】对话框，选中【自动更新文档样式】复选框，然后单击【确定】按钮，如图 3-31 所示。

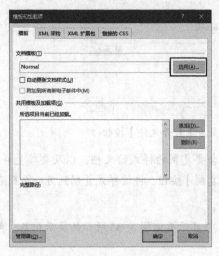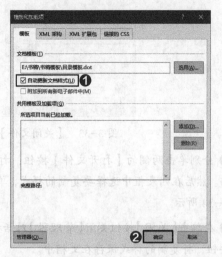

图 3-30　单击【选用】按钮　　　　图 3-31　选中【自动更新文档样式】复选框

3.3.4　在文档和模板之间复制样式

在文档或模板中创建样式之后，可以将样式复制到其他文档和模板中，以便在不同的文档和模板之间使用已经创建好的样式。复制样式的操作步骤如下。

❶ 使用 3.3.3 小节中介绍的方法打开【模板和加载项】对话框，在【模板】选项卡中单击【管理器】按钮。

❷ 打开【管理器】对话框，在【样式】选项卡的左、右两个列表框中将显示当前文档及其相关模板中的样式，如图 3-32 所示。如果显示的不是要使用的文档，则可以单击【关闭文件】按钮，将两个文档关闭，两个列表框中的样式也会随之清空。

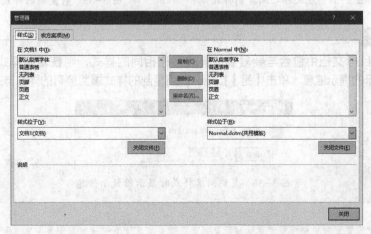

图 3-32　【样式】选项卡中显示了当前文档及其相关模板中的样式

❸ 关闭左、右两个文档后，原来的【关闭文件】按钮将变为【打开文件】按钮，如图 3-33 所示。

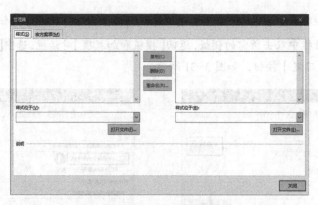

图 3-33　【关闭文件】按钮变为【打开文件】按钮

❹ 分别单击两侧的【打开文件】按钮，打开包含要复制的样式的文档，以及要接受样式复制的文档。然后在列表框中选择要复制的样式，单击【复制】按钮，将该样式复制到另一个列表框中，如图 3-34 所示。

❺ 在单击【关闭】按钮关闭【管理器】对话框时，将显示类似图 3-35 所示的提示信息。单击【保存】按钮，将复制的样式保存在文档中。

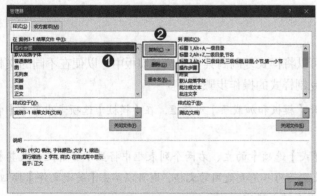

图 3-34　在文档之间复制样式

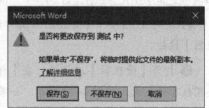

图 3-35　将复制的样式保存在文档中

💠 提示

　　如果在目标文档中包含与要复制的样式名称相同的样式，则在复制样式时将会显示图 3-36 所示的提示信息，单击【是】按钮，使用复制的样式覆盖原有的同名样式。

图 3-36　复制同名样式时显示的提示信息

技巧 ●●●

　　如需复制多个样式，则可以在列表框中使用 Ctrl 键或 Shift 键配合单击来进行选择。

3.3.5 删除样式

用户可以随时将不再使用的样式删除，有以下两种方法。

- 在【样式】窗格中右击要删除的样式，然后在弹出的菜单中选择【删除】命令。

- 打开【管理器】对话框，在【样式】选项卡中打开所需的文档，在列表框中选择要删除的样式，然后单击【删除】按钮，即可将该样式从文档中删除。关闭【管理器】对话框时，需要单击【保存】按钮保存对文档的修改。

> **注意**
>
> 　　用户无法删除 Word 的内置样式，如果想使【样式】窗格中不显示内置样式，可以使用本章 3.4.2 小节中介绍的方法。

3.4 排版常见问题解答

本节列举了一些在样式的使用和管理方面的常见问题，并给出了相应的解决方法。

3.4.1 Word 内置的样式名称显示混乱

对于 Word 内置样式而言，如果在【修改样式】对话框中修改这些样式的名称，单击【确定】按钮后，新名称和旧名称会同时显示在【样式】窗格中，类似图 3-37 所示的"标题 1，章名"样式的效果。

如果只想显示修改后的新名称，则可以使用下面的方法，操作步骤如下。

❶ 单击功能区中的【开始】⇨【样式】组右下角的对话框启动器，打开【样式】窗格，然后单击窗格底部的【选项】按钮。

❷ 打开【样式窗格选项】对话框，选中【存在替换名称时隐藏内置名称】复选框，然后单击【确定】按钮，如图 3-38 所示。此时在【样式】窗格中只显示修改后的名称，如图 3-39 所示。

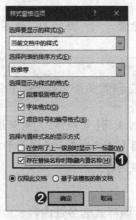

图 3-37　同时显示样式的　　　　图 3-38　选中【存在替换名称时　　　图 3-39　只显示样式的新名称
旧名称和新名称　　　　　　　　隐藏内置名称】复选框

3.4.2 样式窗格中显示很多无关的样式

在为文档内容设置样式时，通常都会打开【样式】窗格，可从其中选择要使用的样式。【样式】窗格中有时显示了很多用不上的样式，为样式的选择带来了麻烦。设置样式的相关选项可以解决此问题，操作步骤如下。

❶ 单击功能区中的【开始】⇨【样式】组右下角的对话框启动器，打开【样式】窗格，然后单击窗格底部的【选项】按钮。

❷ 打开【样式窗格选项】对话框，在【选择要显示的样式】下拉列表中选择一种样式显示方案，然后单击【确定】按钮，如图 3-40 所示。

如果在使用上面的方法之后，【样式】窗格中仍然显示一些没用的样式，则可以使用下面的方法将这些样式隐藏起来，操作步骤如下。

❶ 单击【样式】窗格底部的【管理样式】按钮，打开【管理样式】对话框，切换到【推荐】选项卡，在列表框中选择不需要显示在【样式】窗格中的样式，然后单击【隐藏】按钮，如图 3-41 所示。

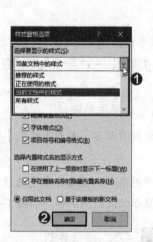

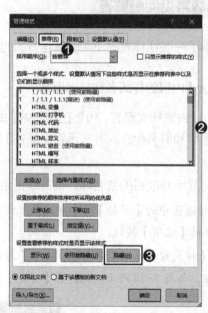

图 3-40　选择样式的显示方案　　　　图 3-41　单击【隐藏】按钮隐藏选中的样式

技巧

可以在列表框中使用 Ctrl 键或 Shift 键配合鼠标单击来选择多个样式。

❷ 设置完成后单击【确定】按钮，关闭【管理样式】对话框。然后单击【样式】窗格底部的【选项】按钮，在【样式窗格选项】对话框的【选择要显示的样式】下拉列表中选择【推荐的样式】选项，即可只显示推荐样式类型中未被隐藏的样式。

3.4.3 无法通过样式选择设置了该样式的多处内容

如果为文档中的多处内容设置了同一个样式，则在【样式】窗格中右击该样式时，在弹出的菜单中会显示类似于【选择所有 × 个实例】的命令。如果没有显示该命令，则可以单击【文件】⇨【选项】命令，打开【Word选项】对话框，在左侧选择【高级】选项卡，然后在右侧选中【保持格式跟踪】复选框，最后单击【确定】按钮，如图 3-42 所示。

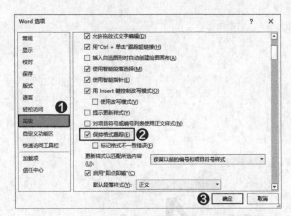

图 3-42　选中【保持格式跟踪】复选框

3.4.4　样式随文本格式自动改变

有时会遇到这种情况：在文档中修改某些内容的格式之后，其他一些内容的格式也随之而变，【样式】窗格中相关样式的格式也发生变动。出现这种问题是由于在创建样式时开启了自动更新功能，只需在【样式】窗格中右击要设置的样式，在弹出的菜单中选择【修改】命令，然后在【修改样式】对话框中取消选中【自动更新】复选框，如图 3-43 所示。

图 3-43　取消选中【自动更新】复选框

3.4.5　无法彻底删除文档中的样式

有时会发现，在文档中删除了一些样式，下次打开该文档时这些样式仍然存在。如需解决这个问题，可以打开【模板和加载项】对话框，在【模板】选项卡中取消选中【自动更新文档样式】复选框，然后单击【确定】按钮。这样可以重新删除文档中的样式，下次打开文档时，该样式就不会再出现在该文档中了。

3.5 ▶ 思考与练习

1. 新建一个文档，以其中 Word 默认的"正文"样式为起点，创建一个名为"自定义正文"的新样式，将该样式的中文字体设置为楷体，英文字体设置为 Times New Roman，段后间距设置为 6 磅，最后将文档保存为模板格式。

2. 使用上一个练习中创建的模板新建一个文档，然后在新建文档中修改上一个练习中创建的"自定义正文"样式，为该样式设置 Alt+C 快捷键，并将样式的修改结果保存到模板中。

3. 如何将练习 1 中创建的样式复制到 Normal 模板中，使该样式能够用于所有文档？

第 4 章

文本——构建文档主体内容

新建一个文档后，首先要做的就是在文档中输入内容，这些内容可以是文字、数字、符号、公式、图片、图形、表格、图表等。文字、数字、符号等是文本类型的内容，而文本是构建文档内容的最基本元素。本章将介绍在 Word 文档中输入、选择和编辑文本的方法。

4.1 ▶ 输入文本

本节将介绍在文档中输入不同类型文本的方法，包括中英文、标点符号和图形符号、偏旁部首、生僻字、箭头和线条等，还将介绍在文档中导入其他文件中的内容的方法。

4.1.1 了解 Word 中的插入点

在文档中输入内容之前，需要了解 Word 是如何控制内容的输入位置和方式的。新建一个 Word 文档，在文档中会显示一条闪烁的黑色竖线，如图 4-1 所示，其位置指示在哪里就在哪里输入内容，这条闪烁的竖线称为"插入点"。

在文档中输入内容时，插入点会随着内容的增多而自动向右移动。图 4-2 所示为插入点随输入的内容变化的情况。

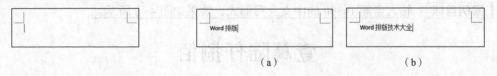

(a)   (b)

图 4-1　确定内容输入位置的插入点　　　　图 4-2　插入点随输入的内容自动右移

当输入的文字到达一行的结尾时，后续输入的内容会自动显示到下一行。无论输入的内容占几行，它们都属于同一个段落。只有按 Enter 键时，后续内容才会输入到一个新的段落中。图 4-3 中有两个段落，第二行结尾的 ↵ 符号在 Word 中是一个段落标记，表示一个段落的终止，同时预示着从下一行开始将是一个新段落。

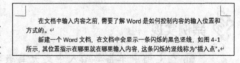

图 4-3　输入两个段落

交叉参考　关于段落的更多内容，请参考本书第 5 章。

默认情况下，插入点自动随输入的内容向右移动，输入满一行后插入点才会移动到下一行，如此反复进行。使用即点即输功能，可以在文档中的任意空白处输入内容，这为内容的输入位置提供了灵活性。使用即点即输功能输入内容的方法是，双击要输入内容的位置，插入点跳转到该位置，然后输入所需内容即可。

如果双击文档中的空白处无法使用即点即输功能，则需要开启该功能。单击【文件】➡【选项】命令，打开【Word选项】对话框，在左侧选择【高级】选项卡，然后在右侧选中【启用"即点即输"】复选框，最后单击【确定】按钮，如图 4-4 所示。

图 4-4　选中【启用"即点即输"】复选框

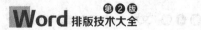

4.1.2 输入英文字母和汉字

在 Word 文档中输入英文字母很简单，直接按键盘上对应的字母键即可。如果要输入汉字，需要在 Word 中切换到中文输入法状态。如果当前处于英文输入法状态，则需要按 Ctrl 键和空格键切换到默认的中文输入法。如果在 Windows 操作系统中安装了多种中文输入法，则可以按 Ctrl+Shift 组合键在不同的中文输入法之间切换。

4.1.3 输入中文大写数字

在制作涉及金额的文档时，可能需要输入中文大写数字，使用 Word 中的符号功能，可以轻松完成此类工作。

案例 4-1 输入中文大写数字

案例目标 输入金额 16800 的中文大写形式，效果如图 4-5 所示。

壹萬陆仟捌佰

图 4-5 输入的中文大写数字

案例实现

❶ 在文档中单击要输入中文大写数字的位置，然后在功能区的【插入】选项卡中单击【编号】按钮，如图 4-6 所示。

❷ 打开【编号】对话框，在【编号】文本框中输入"16800"，然后在【编号类型】列表框中选择图 4-7 所示的选项，最后单击【确定】按钮。

图 4-6 单击【编号】按钮

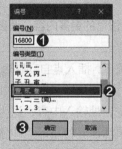

图 4-7 输入数字并选择中文大写形式的编号类型

4.1.4 输入生僻字

如需在文档中输入一些生僻字，则可以使用 Word 中的符号功能，操作步骤如下。

❶ 在文档中单击要输入生僻字的位置，然后在功能区的【插入】选项卡中单击【符号】按钮，在弹出的菜单中选择【其他符号】命令，如图 4-8 所示。

❷ 打开【符号】对话框，在【符号】选项卡的【字体】下拉列表中选择【(普通文本)】选项，

然后在下方的列表框中选择所需的生僻字，如图 4-9 所示。

❸ 依次单击【插入】和【关闭】两个按钮，即可将选择的生僻字输入到文档，如图 4-10 所示。

图 4-8 选择【其他符号】命令　　　　图 4-9 选择生僻字　　　　图 4-10 输入生僻字

➕ 提示

单击【插入】按钮后，原来的【取消】按钮会自动变为【关闭】按钮。

4.1.5 输入偏旁部首

如果使用 Word 制作幼儿识字卡片，则会经常需要输入汉字的偏旁部首，使用符号功能可以使该操作变得更加容易。

【案例 4-2】 输入衣补旁"衤"

【案例目标】 输入偏旁部首中的衣补旁"衤"，效果如图 4-11 所示。

图 4-11 输入衣补旁

✍ 案例实现

❶ 在文档中单击要输入衣补旁的位置，然后在功能区的【插入】选项卡中单击【符号】按钮，在弹出的菜单中选择【其他符号】命令。

❷ 打开【符号】对话框，在【符号】选项卡的【字体】下拉列表中选择【（普通文本）】选项，然后在下方的列表框中选择衣补旁【衤】，如图 4-12 所示。

❸ 依次单击【插入】和【关闭】两个按钮，即可将衣补旁输入到文档。

图 4-12 选择衣补旁

4.1.6 输入带圈数字

在制作一些文档时可能要求使用带圈数字来为多条内容编号。如果要输入 10 以内的带圈数字，可以使用【符号】对话框来完成。

案例 4-3 输入带圈数字作为合同条款的编号

案例目标 在每项合同条款的开头输入带圈数字，效果如图 4-13 所示。

> ①甲方委托乙方代销下列商品：
> ②商品包装应按运输部门规定办理，否则运输途中损失由甲方负责。如因不符运输要求，乙方代为改装及加固，其费用由甲方负责。
> ③手续费收取与结算按下列办法：按销货款总额___%收取手续费；待乙方收到货款后，即给甲方结算并扣回代垫费用。

图 4-13　输入带圈数字作为合同条款的编号

案例实现

❶ 在文档中单击要输入编号的第一项条款的开头，然后在功能区的【插入】选项卡中单击【符号】按钮，在弹出的菜单中选择【其他符号】命令。

❷ 打开【符号】对话框，在【符号】选项卡的【字体】下拉列表中选择【（普通文本）】选项，在【子集】下拉列表中选择【带括号的字母数字】选项，然后在下方的列表框中选择带圈数字 1，如图 4-14 所示。

❸ 单击【插入】按钮，将带圈数字 1 插入第一项条款的开头，如图 4-15 所示。

图 4-14　选择带圈数字 1　　　　图 4-15　输入带圈数字

❹ 不要关闭【符号】对话框，在文档中单击第二项条款的开头，然后单击【符号】对话框以将其激活，再双击列表框中的带圈数字 2，将其插入第二项条款的开头。使用类似的方法，在第三项条款的开头插入带圈数字 3。最后单击【符号】对话框中的【关闭】按钮。

技巧

在【符号】对话框的底部显示了当前选中的符号的字符代码。例如，带圈数字 1 的字符代码为 2460，在文档中输入并选中该代码，然后按 Alt+X 组合键，即可将该代码转换为带圈数字 1。这样就可以在不打开【符号】对话框的情况下直接输入带圈数字。

上面的方法只能输入 1 ～ 10 的带圈数字，输入 10 以上的带圈数字的操作方法是，在功能区的【开始】选项卡中单击【带圈字符】按钮，如图 4-16 所示，打开【带圈字符】对话框，在【文字】文本框中输入所需的数字，然后在【圈号】列表框中选择符号，并选择上方的【增大圈号】选项，如图 4-17 所示。单击【确定】按钮后，将在文档中输入该带圈数字，如图 4-18 所示。

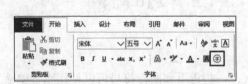
图 4-16　单击【带圈字符】按钮

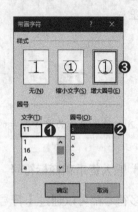
图 4-17　设置带圈字符的相关选项

图 4-18　输入 10 以上的带圈数字

4.1.7　输入常用标点符号

标点符号分为中文和英文两种，需要分别在中文输入法和英文输入法状态下输入。常用的标点符号如逗号、句号、感叹号、问号、冒号、分号、双引号等，都可以直接通过键盘输入。

一些按键上印有上下两个字符，如果标点符号位于按键的下部，则可以直接按该按键进行输入；如果标点符号位于按键的上部，则在输入该标点符号时，需要同时按住 Shift 键和该按键。例如，如需输入感叹号，需要按住 Shift 键的同时按 1 键。如果直接按 1 键，输入的是数字 1。

4.1.8　输入平方符号和立方符号

如需在文档中输入平方符号或立方符号，则可以先输入数字 2 或数字 3，然后将数字 2 或数字 3 设置为上标。

案例 4-4　输入 3^2

案例目标　输入 3^2，效果如图 4-19 所示。

$$3^2$$

图 4-19　输入平方符号

案例实现

❶ 在文档中输入 "32"，然后选中 2，如图 4-20 所示。

❷ 在功能区的【开始】选项卡中单击【上标】按钮，如图 4-21 所示，即可将数字 2 设置为上标。

图 4-20 选择要作为平方符号的数字   图 4-21 单击【上标】按钮

4.1.9 输入货币和商标符号

很多符号都可以通过【符号】对话框输入，一些货币和商标符号可以使用组合键输入。

- ￥：人民币符号，在中文输入法状态下按 Shift+4 组合键输入。
- $：美元符号，在英文输入法状态下按 Shift+4 组合键输入。
- €：欧元符号，不受输入法限制，按 Ctrl+Alt+E 组合键输入。
- ™：商标符号，不受输入法限制，按 Ctrl+Alt+T 组合键输入。
- ®：注册商标符号，不受输入法限制，按 Ctrl+Alt+R 组合键输入。
- ©：版权符号，不受输入法限制，按 Ctrl+Alt+C 组合键输入。

4.1.10 输入常用的箭头和线条

本小节所说的箭头和线条并非真正的图形，而是字符，它们具有字符的特征，可以对它们设置字体格式和段落格式。下面将介绍快速输入常用的箭头和线条的方法。

- ←：在英文输入法状态下输入 1 个 "<" 和 2 个 "-"。
- →：在英文输入法状态下输入 2 个 "-" 和 1 个 ">"。
- ⇐：在英文输入法状态下输入 1 个 "<" 和 2 个 "="。
- ⇒：在英文输入法状态下输入 2 个 "=" 和 1 个 ">"。
- 实心细直线：在英文输入法状态下输入 3 个 "-" 后按 Enter 键。
- 实心粗直线：在英文输入法状态下输入 3 个 "_" 后按 Enter 键。
- 波浪线：在英文输入法状态下输入 3 个 "～" 后按 Enter 键。"～" 符号可以通过按住 Shift 键后再按 Tab 键上面的那个键来输入。

4.1.11 输入图形符号

如需在文档中输入一些比较特殊且复杂的图形符号，仍然可以使用符号功能来实现，操作步骤如下。

❶ 在文档中单击要输入图形符号的位置，然后在功能区的【插入】选项卡中单击【符号】按钮，在弹出的菜单中选择【其他符号】命令。

❷ 打开【符号】对话框，在【符号】选项卡的【字体】下拉列表中选择【Webdings】选项，然后在下方的列表框中选择所需的图形符号，如图 4-22 所示。

❸ 依次单击【插入】和【关闭】两个按钮，即可将选择的图形符号输入到文档，如图 4-23 所示。

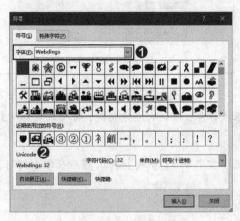

图 4-22　选择图形符号

图 4-23　输入图形符号

4.1.12 输入数学公式

在 Word 2007 以及更早版本的 Word 中，只能使用公式编辑器来输入公式。从 Word 2010 开始，功能区中新增了公式功能，其中预置了大量常用的公式样本，用户可以直接将它们插入文档中。用户也可以手动输入公式的各部分。

【案例 4-5】　输入数学公式

【案例目标】　输入图 4-24 所示的数学公式。

$$\sqrt{\frac{n\sum x^2 - (\sum x)^2}{n(n-1)}}$$

图 4-24　输入的公式

🖎 案例实现

❶ 将插入点定位到要输入公式的位置，然后在功能区的【插入】选项卡中单击【公式】按钮。

❷ 在文档中插入一个用于输入公式的公式编辑框，如图 4-25 所示，同时激活功能区中的【公式工具│公式】选项卡，该选项卡包含用于编辑公式的工具。

❸ 在功能区的【公式工具│公式】选项卡中单击【根式】按钮，然后在弹出的列表中选择【平方根】，如图 4-26 所示。

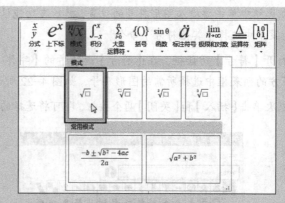

图 4-25 插入的公式编辑框   图 4-26 选择【平方根】

❹ 在公式编辑框中自动插入一个根式符号，按一次左方向键，将插入点移动到根式中，如图 4-27 所示。

❺ 在功能区的【公式工具｜公式】选项卡中单击【分式】按钮，然后在弹出的列表中选择【分式（竖式）】，如图 4-28 所示。

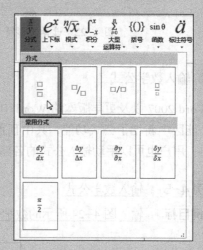

图 4-27 插入一个根式   图 4-28 选择【分式（竖式）】

❻ 在根式中插入分数线，按一次左方向键，将插入点定位到分母中，然后输入分母的内容，即 $n(n-1)$，如图 4-29 所示。

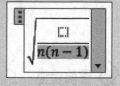

图 4-29 输入分母

❼ 按一次上方向键，将插入点移动到分子中，输入字母 n。然后在功能区的【公式工具｜公式】选项卡中单击【大型运算符】按钮，在弹出的列表中选择【求和】，如图 4-30 所示。

❽ 按一次左方向键，然后在功能区的【公式工具｜公式】选项卡中单击【上下标】按钮，在弹出的列表中选择【上标】，如图 4-31 所示。

❾ 将上标插入公式中，然后按两次左方向键，如图 4-32 所示。

❿ 输入字母 x，然后按一次右方向键，输入数字 2，得到的公式如图 4-33 所示。

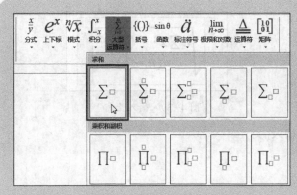

图 4-30　选择【求和】

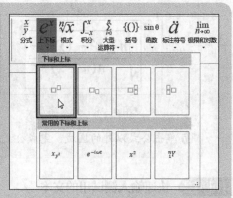

图 4-31　选择【上标】

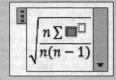

图 4-32　插入上下标后的公式

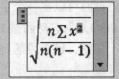

图 4-33　输入 x 与上标后的公式

⓫ 按一次右方向键，然后输入一个减号，如图 4-34 所示。

⓬ 重复步骤❽，插入一个上标，然后按两次左方向键，如图 4-35 所示。

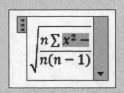

图 4-34　输入一个减号

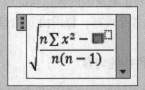

图 4-35　插入一个上标

⓭ 在功能区的【公式工具｜公式】选项卡中单击【括号】按钮，然后在弹出的列表中选择
【括号】，如图 4-36 所示。

⓮ 按一次左方向键，然后重复步骤❼，插入一个求和运算符，如图 4-37 所示。

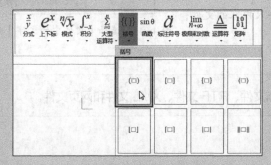

图 4-36　选择【括号】

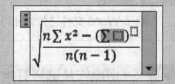

图 4-37　插入一个求和运算符

⓯ 按一次左方向键，然后输入字母 x，如图 4-38 所示。

⓰ 按 3 次右方向键，然后输入数字 2，如图 4-39 所示。

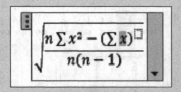

图 4-38　输入字母 x

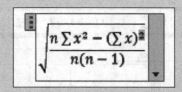

图 4-39　输入上标

⑰ 单击公式以外的区域，完成公式的输入。

4.1.13 快速输入测试用的文本

为了测试排版效果，用户可能需要临时在文档中输入一些文字。此时可以在一个空白段落的起始位置输入“=rand(3,6)”，然后按 Enter 键，系统将自动插入 3 个段落，每个段落有 6 句话，如图 4-40 所示。

视频提供了功能强大的方法帮助您证明您的观点。当您单击联机视频时，可以在想要添加的视频的嵌入代码中进行粘贴。您也可以键入一个关键字以联机搜索最适合您的文档的视频。为使您的文档具有专业外观，Word 提供了页眉、页脚、封面和文本框设计，这些设计可互为补充。例如，您可以添加匹配的封面、页眉和提要栏。单击“插入”，然后从不同库中选择所需元素。

主题和样式也有助于文档保持协调。当您单击设计并选择新的主题时，图片、图表或 SmartArt 图形将会更改以匹配新的主题。当应用样式时，您的标题会进行更改以匹配新的主题。使用在需要位置出现的新按钮在 Word 中保存时间。若要更改图片适应文档的方式，请单击该图片，图片旁边将会显示布局选项按钮。当处理表格时，单击要添加行或列的位置，然后单击加号。

在新的阅读视图中阅读更加容易。可以折叠文档某些部分并关注所需文本。如果在达到结尾处之前需要停止读取，Word 会记住您的停止位置 - 即使在另一个设备上。视频提供了功能强大的方法帮助您证明您的观点。当您单击联机视频时，可以在想要添加的视频的嵌入代码中进行粘贴。您也可以键入一个关键字以联机搜索最适合您的文档的视频。

图 4-40　输入虚拟内容

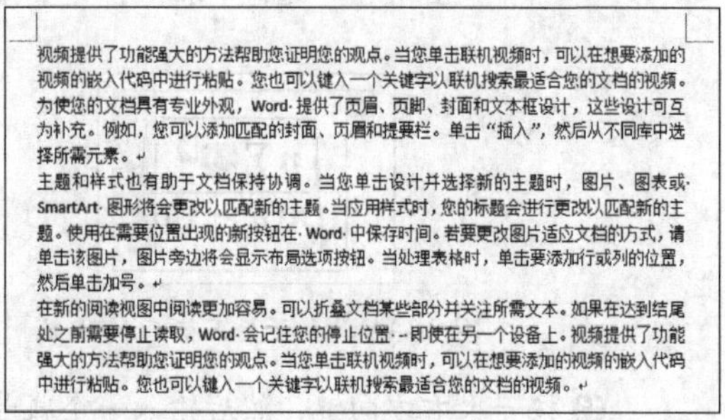

上面输入的 rand 是一个函数，其语法如下。

```
=rand(p,s)
```

p 和 s 是 rand 函数的两个参数。参数是函数要处理的数据，p 表示创建的内容包含的段落数，s 表示每个段落包含的句子数。“=rand(3,6)”表示创建一个包含 3 个段落，每段由 6 句话组成的内容。

4.1.14 导入文件中的内容

如果要在文档中输入的内容已经存储在某个文件中，则可以直接将该文件中的内容导入 Word 文档，操作步骤如下。

❶ 新建或打开要向其中导入内容的 Word 文档，在功能区的【插入】选项卡中单击【对象】按钮的下拉按钮，然后在弹出的菜单中选择【文件中的文字】命令，如图 4-41 所示。

图 4-41　选择【文件中的文字】命令

❷ 打开【插入文件】对话框，双击包含要导入内容的文件，即可将该文件中的内容导入当前文档。

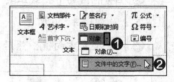

提示

除了 Word 文件之外，还可以导入文本文件、RTF 文件、XML 文件和网页文件。

4.2 一切操作从选择开始

在对文本进行操作之前，通常需要选择文本。本节将介绍在不同情况下选择文本的多种方法。

4.2.1 选择字、词、句

如需选择插入点左侧的一个字，可以先按住 Shift 键，然后按左方向键；如需选择插入点右侧的一个字，可以先按住 Shift 键，然后按右方向键。

选择一个词有以下 3 种方法。

- 将插入点定位到该词范围之内或该词的左侧，然后双击。
- 先按住 Ctrl+Shift 组合键，然后按左方向键，将选择插入点左侧的一个词。
- 先按住 Ctrl+Shift 组合键，然后按右方向键，将选择插入点右侧的一个词。

如需选择一个句子，可以先按住 Ctrl 键，然后单击该句子范围之内的任意位置，如图 4-42 所示。

图 4-42　选择一个句子

4.2.2 选择一行和多行

使用下面的方法可以选择一行或多行。

- 选择一行。将插入点定位到要选择的行的左侧，当鼠标指针变为 ⍅ 时单击，如图 4-43 所示。

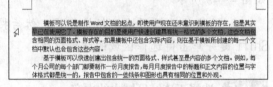

图 4-43　选择一行

- 选择相邻的多行。先选择一行，然后按住鼠标左键向上或向下拖动，如图 4-44 所示。

- 选择不相邻的多行。先选择一行，然后按住 Ctrl 键，再逐一选择其他行，如图 4-45 所示。

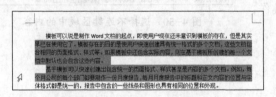

图 4-44　选择相邻的多行

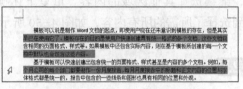

图 4-45　选择不相邻的多行

4.2.3 选择一段和多段

可以使用下面的方法选择一段或多段。

- 选择一段。将插入点定位到要选择的段落的左侧，当鼠标指针变为 ⍅ 时双击，如图 4-46 所示。

- 选择相邻的多段。先选择一段，然后按住鼠标左键向上或向下拖动，如图 4-47 所示。

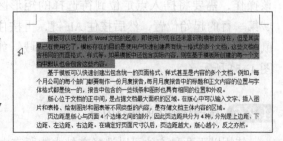

图 4-46　选择一段

- 选择不相邻的多段。先选择一段，然后按住 Ctrl 键，再选择其他段，如图 4-48 所示。

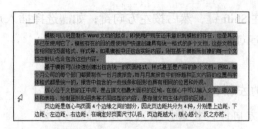
图 4-47　选择相邻的多段

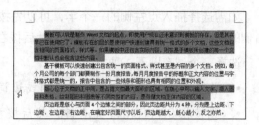
图 4-48　选择不相邻的多段

4.2.4 选择连续区域中的内容

使用以下两种方法可以选择连续区域中的内容。

- 单击待选择文本区域的起始位置，然后按住鼠标左键向待选择区域的结束位置拖动，如图 4-49 所示。

- 单击待选择区域的起始位置，然后按住 Shift 键并单击待选择区域的结束位置。

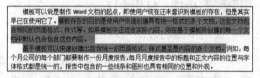
图 4-49　选择连续区域中的内容

4.2.5 选择不连续区域中的内容

如果要处理的内容分散在文档的不同位置，则可以使用 Ctrl 键配合鼠标来选择这些内容。先选择不连续区域中第一个区域的内容，然后按住 Ctrl 键，继续选择其他区域的内容。重复上述操作，直到选择了所需的所有内容，如图 4-50 所示。

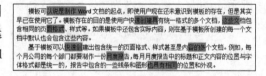
图 4-50　选择不连续区域中的内容

4.2.6 选择矩形区域中的内容

默认情况下，Word 中的选择操作都是按照由行到列的顺序进行的，即只有在选择一行之后，才能选择下一行，无论下一行是否与上一行连续，所有选择都是在水平方向上完成的。

Word 也支持在垂直方向上选择一个矩形区域，即选择内容的某些列而不是所有列。要实现该操作，需要将插入点定位到待选择的矩形区域第一行的起始位置，然后按住 Alt 键，再按住鼠标左键并拖动，即可选择一个矩形区域，如图 4-51 所示。

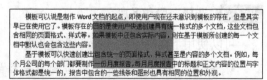
图 4-51　选择矩形区域中的内容

4.2.7 选择文档中的所有内容

使用以下两种方法可以选择文档中的所有内容。

- 按 Ctrl+A 组合键，如图 4-52 所示。

- 将鼠标指针移动到页面左侧，当鼠标指针变
为 时，快速单击 3 次。

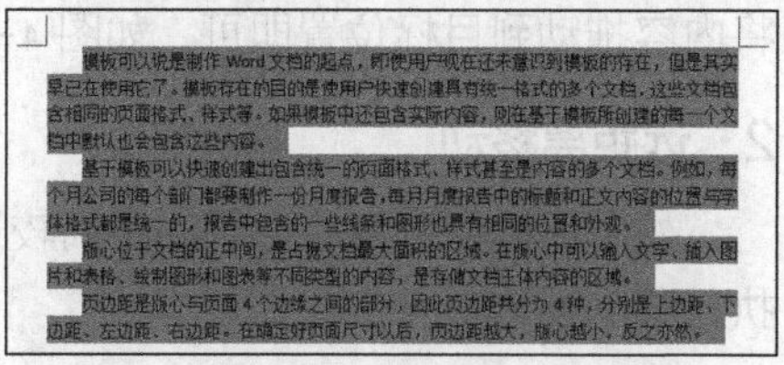

图 4-52　选择文档中的所有内容

4.2.8　使用 F8 键进行扩展选择

Word 提供了自动扩展的选择方式。单击文档中待
选择区域的起始位置，按 F8 键进入扩展选择模式，此时单击待选择区域的结束位置，即可选
中由两次单击的位置包围起来的区域。该方法与本章前面介绍的使用 Shift 键选择连续区域中
的内容的效果相同。按 Esc 键将退出扩展选择模式。

在非扩展选择模式下，使用 F8 键可以进行以下操作。

- 按 2 次 F8 键，将选择插入点位置所在的单词。

- 按 3 次 F8 键，将选择插入点位置所在的句子。

- 按 4 次 F8 键，将选择插入点位置所在的段落。

- 按 5 次 F8 键，将选择文档中的所有内容。

　注 意

　　使用上述方法进行选择时，将自动进入扩展选择模式，完成选择操作后，需要按 Esc 键退
出该模式。

4.3　编辑文本

在文档中输入内容后，可以随时对内容执行一些基本的编辑操作，包括插入、移动、复制、
删除等。除了介绍以上内容之外，本节还将介绍快速重复上一步操作的方法。

4.3.1　在指定位置插入新的内容

在文档中输入内容时，虽然都是按照逻辑顺序输入的，但是以后难免需要在原有内容的某
个位置添加一些内容。若需要在指定位置插入新的内容，将插入点定位到要插入新内容的位置，
然后输入所需内容即可。

4.3.2　移动内容的位置

编辑文档时，如果发现内容的位置不正确，可以将其移动到正确的位置。为了便于描述，
下面使用"原位置"和"目标位置"表示移动前的文本位置和移动后的文本位置。

1. 近距离移动

如果目标位置与原位置在一个屏幕显示范围内，则使用鼠标拖动的方法来移动文本会很方
便。选择要移动的内容，然后将鼠标指针移动到选区上，当鼠标指针变为 时，按住鼠标左键

将内容拖动到目标位置即可，如图 4-53 所示。

2. 远距离移动

如果目标位置与原位置的距离较远，则在选择要移动的文本之后，可以使用以下 3 种方法执行移动操作。

- 组合键。按 Ctrl+X 组合键，将所选内容剪切到剪贴板，然后单击目标位置，再按 Ctrl+V 组合键，将剪贴板中的内容粘贴到目标位置。

- 菜单命令。右击选中的内容，在弹出的菜单中选择【剪切】命令。然后右击目标位置，在弹出的菜单中选择【粘贴选项】中的一种粘贴方式，如图 4-54 所示。

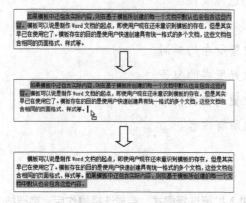

图 4-53　移动文本

图 4-54　选择一种粘贴方式

- 功能区。在功能区的【开始】选项卡中单击【剪切】按钮，然后单击目标位置，再在功能区的【开始】选项卡中单击【粘贴】按钮，如图 4-55 所示。

图 4-55　使用功能区中的【剪切】按钮和【粘贴】按钮

4.3.3 复制现有内容

如果将要输入的内容与现有内容相同或相似，则可以复制现有内容，然后将其粘贴到所需的位置。下面仍然使用"原位置"和"目标位置"表示复制前的文本位置和复制后的文本位置。复制和移动的区别是，复制后原位置和目标位置包含相同的内容，而移动后原位置内容消失，内容被转移到目标位置。

1. 近距离复制

如果目标位置和原位置在一个屏幕显示范围内，使用鼠标拖动的方法来复制文本会很方便。选择要复制的内容，然后将鼠标指针移动到选区上，当鼠标指针变为时，按住 Ctrl 键的同时按住鼠标左键，将内容拖动到目标位置即可，如图 4-56 所示。

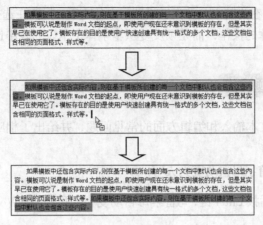

图 4-56 复制文本

2. 远距离复制

如果目标位置和原位置的距离较远，在选择要复制的文本之后，可以使用以下 3 种方法执行复制操作。

- 组合键。按 Ctrl+C 组合键，将所选内容复制到剪贴板，然后单击目标位置，再按 Ctrl+V 组合键，将剪贴板中的内容粘贴到目标位置。

- 菜单命令。右击选中的内容，在弹出的菜单中选择【复制】命令。然后右击目标位置，在弹出的菜单中选择【粘贴选项】中的一种粘贴方式。

- 功能区。在功能区的【开始】选项卡中单击【复制】按钮，然后单击目标位置，再在功能区的【开始】选项卡中单击【粘贴】按钮。

4.3.4 删除不需要的内容

可以使用多种方法将文档中的内容删除。按 BackSpace 键将删除插入点左侧的文字，按 Delete 键将删除插入点右侧的文字。如果要删除的是大范围的内容，则可以在选择内容之后，使用以下几种方法执行删除操作。

- 按 Delete 键。
- 按 BackSpace 键。
- 按 Ctrl+X 组合键。
- 右击选区，在弹出的菜单中选择【剪切】命令。
- 在功能区的【开始】选项卡中单击【剪切】按钮。

4.3.5 使用 F4 键快速执行重复操作

如需在文档中重复执行某个操作，例如要将多处内容的字体设置为楷体，通常的方法是在每次选择一处内容后，在功能区的【开始】选项卡的【字体】下拉列表中选择【楷体】，如此反复操作，直到全部设置完成。

为了提高操作效率，在为其中一处内容设置好字体之后，只需在选择其他处内容后按 F4 键，即可执行设置同一个字体的操作，而无须反复从【字体】下拉列表中选择字体。

4.4 排版常见问题解答

本节列举了一些在文本输入和编辑方面的常见问题，并给出了相应的解决方法。

4.4.1 输入英文时句首字母自动变为大写

在文档中输入英文后按 Enter 键，句首字母自动变为大写。设置 Word 选项可以解决此问题，操作步骤如下。

❶ 单击【文件】➪【选项】命令，打开【Word 选项】对话框，在左侧选择【校对】选项卡，然后在右侧单击【自动更正选项】按钮，如图 4-57 所示。

❷ 打开【自动更正】对话框，在【自动更正】选项卡中取消选中【句首字母大写】复选框，如图 4-58 所示。然后单击两次【确定】按钮，关闭相应的对话框。

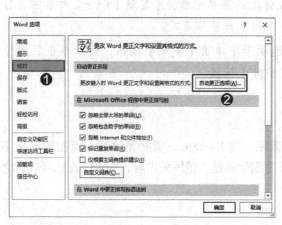

图 4-57　单击【自动更正选项】按钮

图 4-58　取消选中【句首字母大写】复选框

4.4.2 输入的左右括号不匹配

在中文输入法状态下输入了左括号，由于疏忽大意等原因，导致右括号是在英文输入法状态下输入的，此时输入的这对括号显示的效果如图 4-59 所示，即左右括号不匹配。设置 Word 选项可以解决此问题，操作步骤如下。

（）

图 4-59　左右括号不匹配

❶ 单击【文件】➪【选项】命令，打开【Word 选项】对话框，在左侧选择【校对】选项卡，然后在右侧单击【自动更正选项】按钮。

❷ 打开【自动更正】对话框，在【键入时自动套用格式】选项卡中选中【匹配左右括号】复选框，如图 4-60 所示。然后单击两次【确定】按钮，关闭相应的对话框。

图 4-60 选中【匹配左右括号】复选框

4.4.3 输入的文字下方自动显示波浪线

在文档中输入一些英文单词或一些字母之后，系统会自动在这些内容的下方添加波浪线，如图 4-61 所示，一个页面中包含很多波浪线会影响视觉效果。出现该问题是由于 Word 校对功能中的拼写和语法两项检查在起作用，当系统发现文档中的某些内容不符合语法规范或拼写有误时，就会自动为这些内容添加波浪线以提醒用户。右击包含波浪线的内容，在弹出的菜单中选择【忽略一次】命令可去除该内容的波浪线，如图 4-62 所示。

Word 排版技术太全技术太全

图 4-61 内容下方显示波浪线　　图 4-62 使用【忽略一次】命令去除波浪线

如需去除文档中所有内容下方的波浪线，则需要关闭拼写和语法检查功能。单击【文件】⇨【选项】命令，打开【Word 选项】对话框，在左侧选择【校对】选项卡，然后在右侧取消选中【键入时检查拼写】和【键入时标记语法错误】两个复选框，单击【确定】按钮，如图 4-63 所示。

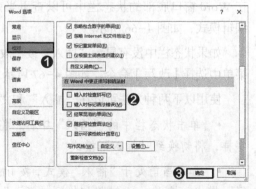

图 4-63 关闭拼写和语法检查功能

4.4.4 输入的网址自动变为超链接

在文档中输入一个网址后按 Enter 键，该网址变为蓝色并自动添加了下划线，变成了超链接的格式，如图 4-64 所示。此时按住 Ctrl 键并单击该网址，将在浏览器中打开该网址指向的网页。

如果只想以普通文本的形式输入网址，而不想使其成为超链接，则可以通过设置 Word 选项解决此问题，操作步骤如下。

❶ 单击【文件】⇨【选项】命令，打开【Word 选项】对话框，在左侧选择【校对】选项卡，然后在右侧单击【自动更正选项】按钮。

❷ 打开【自动更正】对话框，在【键入时自动套用格式】选项卡中取消选中【Internet 及网络路径替换为超链接】复选框，如图 4-65 所示。然后单击两次【确定】按钮，关闭相应的对话框。

图 4-64　输入网址并按 Enter 键后其外观　　图 4-65　取消选中【Internet 及网络路径
和功能会自动改变　　　　　　　　替换为超链接】复选框

4.4.5 输入内容时自动删除了插入点右侧的内容

在文档的现有内容之间输入新内容时，每输入一个字，插入点右侧的一个字就会被删除，出现此问题是由于当前处于"改写"而非"插入"模式。在 Word 窗口底部的状态栏中可以查看当前处于哪种编辑模式，如图 4-66 所示。

| 第1页，共1页　0 个字　中文(中国)　插入 |

图 4-66　在状态栏中查看当前的编辑模式

如果状态栏中没有显示"插入"或"改写"字样，可以右击状态栏中的空白处，在弹出的菜单中选择【改写】命令，如图 4-67 所示。

使用以下两种方法可以在"插入"和"改写"模式之间切换。

• 单击状态栏中的"插入"字样，将切换到"改写"模式；单击状态栏中的"改写"字样，将切换到"插入"模式。

• 如果当前处于"插入"模式，按 Insert 键将切换到"改写"模式；如果当前处于"改写"模式，按 Insert 键将切换到"插入"模式。

图 4-67 选择【改写】命令

4.5 ▶ 思考与练习

1. Word 中的即点即输功能是什么？如何关闭该功能？

2. 如何在文档中快速插入 6 个段落，并且每个段落有 8 句话的虚拟文本？

3. 如何选择文档中的连续区域、不连续区域和矩形区域？

4. "插入"模式与"改写"模式的区别是什么？如何在两个模式之间切换？

5. 移动与复制的区别是什么？如何对文档中的内容进行移动和复制操作？

W

第 5 章

字体格式和段落格式
——文档排版基础格式

字体格式和段落格式是文档内容的基本格式，也是构成"样式"的基础格式。字体格式以"字符"为单位，用于设置文本的外观，如文本的大小和颜色等。段落格式以"段"为单位，用于设置段落的外观，如段落的缩进和对齐方式等。本章将介绍字体格式和段落格式的设置方法，以及项目符号和编号的用法。

5.1　设置字体格式

字体格式以"字符"为单位，用于设置文本的外观。在设置字体格式之前，需要选择要设置字体格式的文本。本节将介绍字体格式的设置方法。

5.1.1　改变文本的字体和大小

字体和字号是字体格式中的两种基本格式。字体是指宋体、楷体、黑体、隶书等。字号是指文本的大小。用户可在功能区的【开始】选项卡的【字体】组中设置文本的字体格式，该组中的【字体】和【字号】两个下拉列表分别用于设置文本的字体和大小，如图5-1所示。

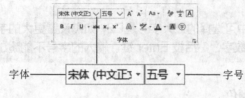

图 5-1　【字体】和【字号】下拉列表

　【字号】下拉列表中的字号有中文字号和数字磅值两种形式，本书的附录2列出了中文字号与磅值之间的对应关系。

【字体】和【字号】两个下拉列表由文本框和下拉按钮组成，可以单击下拉按钮后在弹出的下拉列表中选择字体和字号，也可以在文本框中输入字体名称或表示字号的数字后按 Enter 键进行设置。

【案例 5-1】　设置会议通知标题的字体和字号

【案例目标】　将会议通知中标题的字体设置为"黑体"，字号设置为"二号"，效果如图5-2所示。

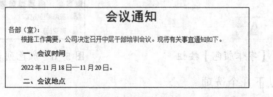

图 5-2　设置标题的字体和字号

📝　案例实现

❶ 选择会议通知中的第一行文字，在功能区的【开始】选项卡中单击【字体】下拉按钮，然后在打开的下拉列表中选择【黑体】，将第一行文字的字体设置为黑体，如图5-3所示。

❷ 保持第一行文字的选中状态，在功能区的【开始】选项卡中单击【字号】下拉按钮，然后在弹出的下拉列表中选择【二号】，将第一行文字的字号设置为二号，如图5-4所示。

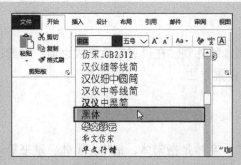

图 5-3　在【字体】下拉列表中选择【黑体】

图 5-4　在【字号】下拉列表中选择【二号】

技巧

在【字号】下拉列表中可选择的最大字号是 72，如需设置更大的字号，可以直接在【字号】文本框中输入表示字号的数字，然后按 Enter 键。输入的字号不能超过 1638。

5.1.2　改变文本的字体颜色

如果在计算机中浏览文档或需要彩色打印文档，可以为一些需要突出显示的内容设置醒目的颜色。使用功能区的【开始】选项卡中的【字体颜色】按钮，可以为选中的文本设置字体颜色。【字体颜色】按钮如图 5-5 所示。

【字体颜色】按钮分为左、右两部分：单击左侧部分将为选中的文本设置一种颜色，该颜色就是显示在按钮左侧部分字母 A 下方的颜色；单击右侧部分上的下拉按钮，将打开图 5-6 所示的颜色列表，从中可以选择更多的颜色。

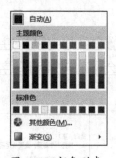

图 5-5　【字体颜色】按钮　　　　图 5-6　颜色列表

颜色列表中包括以下几个选项。

* 自动：选择该选项后，文本颜色会与页面背景色动态匹配。例如，页面的默认背景色为白色，文本颜色就为黑色。如果将页面背景色改为黑色，则文本颜色会自动变为白色。

* 主题颜色：如果选择主题颜色中的任意一种颜色，当改变文档主题或主题颜色时，文本颜色会自动应用主题或主题颜色中的字体颜色。

* 标准色：如果选择一种标准色，当改变页面背景色或主题颜色时，文本颜色不会发生变化。

* 其他颜色：选择该选项将打开【颜色】对话框，其中包含【标准】和【自定义】

两个选项卡，如图 5-7 所示。可以在【标准】选项卡中选择一种颜色，也可以在【自定义】选项卡中通过设定 RGB 颜色模式中的红、绿、蓝 3 个颜色值来精确选择一种颜色。也可以在【自定义】选项卡的【颜色模式】下拉列表中选择【HSL】选项，然后在 HSL 颜色模式下通过设置色调、饱和度、亮度 3 个值来精确选择一种颜色。

- 渐变：为文本颜色设置渐变效果。

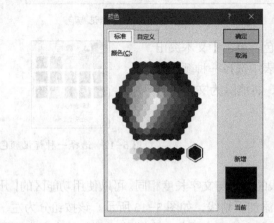

图 5-7 【颜色】对话框

5.1.3 对文本设置加粗和倾斜效果

字体的加粗格式可以使文本的笔画线条又粗又黑，常用于强调重点内容。倾斜格式可以使文本向一个方向倾斜一定的角度。图 5-8 所示是为图 5-2 所示的会议通知的第一行文字设置加粗和倾斜格式后的效果。

设置加粗和倾斜格式的方法如下。

- 加粗格式：在功能区的【开始】选项卡中单击【加粗】按钮，如图 5-9 所示。
- 倾斜格式：在功能区的【开始】选项卡中单击【倾斜】按钮，如图 5-9 所示。

会议通知

图 5-8 为文本设置加粗和倾斜格式　　　图 5-9 【加粗】按钮和【倾斜】按钮

【加粗】和【倾斜】两个按钮都是开关按钮，按下按钮时，表示对当前选中的文本设置了加粗和倾斜格式。如需清除这两种格式，只需单击这两个按钮使它们弹起即可。

5.1.4 利用标记颜色突出显示指定内容

用户有时可能想让一些重要的内容看起来格外醒目，或者对存在问题的内容以及暂时不想编辑的内容设置醒目的标记，以便提醒自己这些是待处理的内容。在这些情况下，可以使用功能区的【开始】选项卡中的【文本突出显示颜色】按钮（见图 5-10），为选中的内容设置醒目的颜色。此颜色并非前面介绍的字体颜色，而只是一种标记。

例如，将会议通知中的"中层干部培训"几个字设置了标记颜色后的效果，如图 5-11 所示。

图 5-10　【文本突出显示颜色】按钮

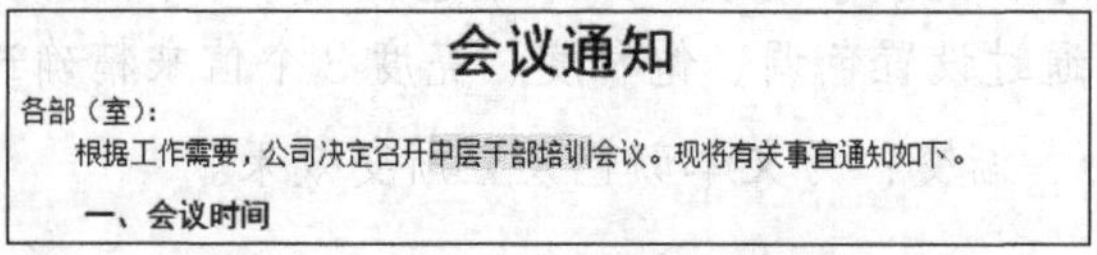

图 5-11　为文本设置醒目的标记颜色

用户可以选择自己喜欢的颜色作为标记颜色。单击【文本突出显示颜色】按钮的下拉按钮，在弹出的颜色列表中选择一种颜色，如图 5-12 所示。选择该列表中的【无颜色】，将清除为文本设置的标记颜色。

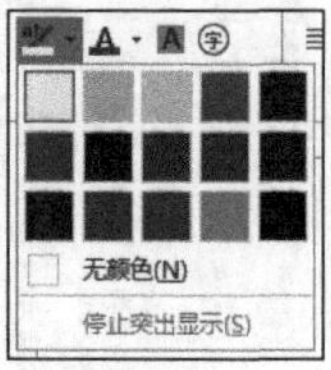

图 5-12　选择一种标记颜色

5.1.5　为文本添加下划线

下划线是指在文字的下方添加一条横线，线的长度与文字长度相同。可以使用功能区的【开始】选项卡中的【下划线】按钮为选中的文本添加下划线，如图 5-13 所示。该按钮分为左、右两部分，单击按钮的左侧部分，可以在选中文本的下方添加一条横线。例如，为文本设置下划线后的效果如图 5-14 所示。

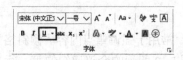

图 5-13　【下划线】按钮

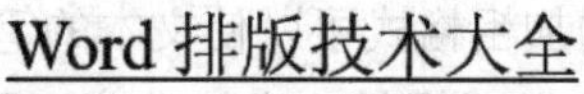

Word排版技术大全

图 5-14　为文本设置下划线

如果单击【下划线】按钮右侧的下拉按钮，将弹出图 5-15 所示的下拉列表，从中可以选择更多的线型。在该下拉列表中还可以执行以下两种操作。

- 选择【其他下划线】命令，将打开【字体】对话框，在【下划线线型】下拉列表中可以选择更多的下划线类型。
- 选择【下划线颜色】命令，在打开的颜色列表中选择下划线的颜色。

使用以下两种方法将清除为文本设置的下划线。

图 5-15　选择下划线类型

- 选择设置了下划线的文本，然后在功能区的【开始】选项卡中单击【下划线】按钮的左侧部分。
- 选择设置了下划线的文本，然后在功能区的【开始】选项卡中单击【下划线】按钮右侧的下拉按钮，在弹出的下拉列表中选择【无】。

5.1.6　增加文本与下划线之间的距离

系统默认添加的下划线与文本之间的距离很近，用户通过一些设置可以增加它们之间的距离。

案例 5-2　增加文本与下划线的距离

案例目标　增加文本与下划线之间的距离，效果如图 5-16 所示。

Word 排版技术大全

图 5-16　增加文本与下划线之间的距离

案例实现

❶ 在添加下划线后的文本的左右两侧各输入一个空格，添加后的空格也会自动带有下划线，如图 5-17 所示。

·Word 排版技术大全·

图 5-17　在文本的左右两侧各输入一个空格

❷ 选择文本部分，然后右击选区，在弹出的菜单中选择【字体】命令，如图 5-18 所示。

❸ 打开【字体】对话框，在【高级】选项卡的【位置】下拉列表中选择【上升】，然后在其右侧的【磅值】文本框中输入"6 磅"，最后单击【确定】按钮，如图 5-19 所示。

图 5-18　选择【字体】命令

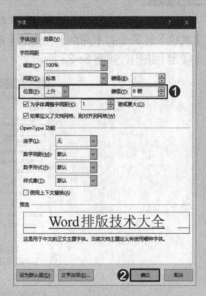

图 5-19　设置文本的位置

5.1.7　调整字符间距

设置字符间距，可以改变字与字之间的距离，从而实现一些特殊的对齐效果。

案例 5-3　调整文字的间距

案例目标　调整第二行文字的间距，使其两端与第一行文字的两端对齐，效果如图 5-20 所示。

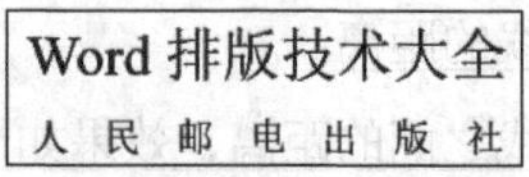

Word 排版技术大全
人民邮电出版社

图 5-20　调整第二行文字的间距

案例实现

❶ 选择第二行文字，在功能区的【开始】选项卡中单击【中文版式】按钮，然后在弹出的列表中选择【调整宽度】命令，如图 5-21 所示。

❷ 打开【调整宽度】对话框，在【新文字宽度】文本框中输入"13 字符"，然后单击【确定】按钮，如图 5-22 所示。

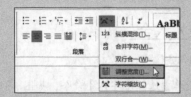

图 5-21　选择【调整宽度】命令

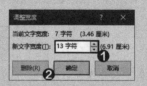

图 5-22　设置文字宽度

提示

还可以在【字体】对话框中调整字符间距。按 Ctrl+D 组合键，打开【字体】对话框，在【高级】选项卡的【间距】右侧的【磅值】文本框中输入表示字符间距的数字，然后单击【确定】按钮，如图 5-23 所示。

图 5-23　在【字体】对话框中调整字符间距

注意

如果使用【字体】对话框实现案例 5-3 的效果，在将第二行文字的间距增大之后，上下两行文字可能无法对齐。解决方法：在打开【字体】对话框之前，在选中第二行文字时，不要选中该行的最后一个字，然后再打开【字体】对话框设置【间距】的值。

5.1.8　转换英文的大小写

如需转换文档中的英文大小写形式，可以选择要转换的文本，然后在功能区的【开始】选项卡中单击【更改大小写】按钮，在弹出的菜单中选择所需的命令，如图 5-24 所示。Word 中包括以下几种英文大小写的转换方式。

- 句首字母大写：每句话的第一个字母大写，其他字母小写。
- 小写：将所选内容中的英文字母全部改为小写形式。
- 大写：将所选内容中的英文字母全部改为大写形式。
- 每个单词首字母大写：以单词为单位，将每个单词的第一个字母改为大写形式。
- 切换大小写：将所选内容中的大写字母转换为小写字母，小写字母转换为大写字母。

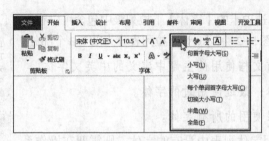

图 5-24　转换英文大小写

5.1.9　设置文本的中文字体和英文字体

Word 会自动为输入的中英文内容设置各自的字体。例如，可能为中文内容设置宋体，为英文内容设置 Times New Roman 字体。用户可以根据实际需要，自定义中英文内容的字体。打开【字体】对话框，在【字体】选项卡的【中文字体】和【西文字体】两个下拉列表中选择所需的字体，如图 5-25 所示。

5.1.10　设置文档或模板的默认字体格式

新建文档时，功能区的【开始】选项卡中的【字体】和【字号】对应的文本框中显示的是文档的默认字体和字号。用户可以将所需的字体、字号及其他字体格式设置为当前文档或模板的默认字体格式，操作步骤如下。

图 5-25　设置文本的中文字体和英文字体

❶ 新建或打开所需的文档，按 Ctrl+D 组合键，打开【字体】对话框，在【字体】和【高级】两个选项卡中设置所需的字体格式。

❷ 单击对话框底部的【设为默认值】按钮，打开图 5-26 所示的对话框。如果选中【仅此文档】单选按钮，则为当前文档设置默认的字体格式；如果选中【所有基于 Normal 模板的文档】单选按钮，则为 Normal 模板设置默认的字体格式。

图 5-26　设置文档或模板的默认字体格式

➕ **提示**

> 如果文档是基于用户模板创建的，图 5-26 中，"Normal"将替换为用户创建的模板名称。

5.1.11　添加新的字体

在功能区的【开始】选项卡的【字体】下拉列表中包含可以在文档中使用的所有字体，如图 5-27 所示，该下拉列表分为以下 3 个部分。

- 主题字体：当前文档使用的主题中定义的中英文字体。

- 最近使用的字体：最近使用过的字体。

- 所有字体：可以使用的所有字体。

如果要在文档中使用字体列表中没有的字体，则需要在操作系统中安装字体。假设 Windows 操作系统安装在 C 盘，则 Windows 操作系统中的所有字体都位于以下路径中。

C:\Windows\Fonts

可以使用以下两种方法安装新的字体。

- 右击要安装的字体的字体文件，在弹出的菜单中选择【安装】命令。

- 将要安装的字体的字体文件复制到 Fonts 文件夹中。

图 5-27　字体列表

5.2　设置段落格式

段落格式以"段"为单位，设置结果作用于整个段落。段落格式与字体格式最主要的区别在于，段落格式的设置结果作用于整个段落，而不只是选中的内容。设置一个段落的段落格式之前，不需要选择该段落，只需将插入点定位到段落的内部。

如需设置多个段落的段落格式，则需要先选择这些段落，然后再进行设置。是否需要选择整个段落还由段落格式的类型决定：若要设置对齐方式、缩进、行距、段间距等格式，只需单击段落内部然后进行设置即可；若要设置段落的边框和底纹，则需要先选择整个段落再进行设置。本节将介绍段落格式的设置方法。

5.2.1　什么是段落

在 Word 文档中输入内容时，每次按 Enter 键都会创建一个新的段落，Word 会在按

Enter 键的位置添加一个"↵"标记，该标记表示上一个段落的结束，该标记之后的内容位于新的段落中。将"↵"标记称为"段落标记"，它是非打印字符，打印文档时不会将其打印到纸张上。在图 5-28 所示的文档中有两个段落。

松山自然保护区位于北京市远郊区延庆区境内，燕山山脉的都军山中，属海坨山的一部，主峰大海坨山海拔 2199.6 米，是北京第二高峰。全区四面环山，地势北高南低，地形比较复杂，多数山地海拔在 1200～1600 米，形成中山山地峡谷；山势险峻陡峭，峰峦连绵起伏，年平均气温 8.5 摄氏度，降水量 500 毫米左右，形成地带性植被为温带落叶阔叶林。
区内森林面积大，仅种子植物就有 687 种。在保护区东半部，海拔 1000 米以上，有一片珍贵的天然油松林，面积约 200 公顷，千山坡、石缝、悬崖峭壁等处到处可见，其中一株树龄约 350 年，胸径约 80 厘米，被称为"松树王"。

图 5-28　两个段落

➕ **提 示**

如果在文档中没有显示段落标记，可以使用本书第 1 章介绍的方法，设置格式编辑标记的显示状态。

段落的格式存储在该段落结尾的段落标记中。按 Enter 键时，下一个段落的格式会延续上一个段落的格式。例如，如果在上一个段落中设置了首行缩进 2 个字符，则在按 Enter 键后，下一个段落也会被设置为首行缩进 2 个字符。

如果移动或复制段落内容时想要保留段落的格式，则在选择段落时，需要选中段落结尾的段落标记。

5.2.2　硬回车和软回车

图 5-29 中的左右两图看似都包含两个段落，但是仔细观察会发现，左图中的第一段结尾是"↵"标记，右图中的第一段结尾是"↓"标记。在 Word 中，"↵"是通过按 Enter 键得到的段落标记，俗称"硬回车"。"↓"是通过按 Shift+Enter 组合键得到的手动换行符，俗称"软回车"，该标记不是段落标记。

松山自然保护区位于北京市远郊区延庆区境内，燕山山脉的都军山中，属海坨山的一部，主峰大海坨山海拔 2199.6 米，是北京第二高峰。
全区四面环山，地势北高南低，地形比较复杂，多数山地海拔在 1200～1600 米，形成中山山地峡谷；山势险峻陡峭，峰峦连绵起伏，年平均气温 8.5 摄氏度，降水量 500 毫米左右，形成地带性植被为温带落叶阔叶林。

松山自然保护区位于北京市远郊区延庆区境内，燕山山脉的都军山中，属海坨山的一部，主峰大海坨山海拔 2199.6 米，是北京第二高峰。
全区四面环山，地势北高南低，地形比较复杂，多数山地海拔在 1200～1600 米，形成中山山地峡谷；山势险峻陡峭，峰峦连绵起伏，年平均气温 8.5 摄氏度，降水量 500 毫米左右，形成地带性植被为温带落叶阔叶林。

图 5-29　硬回车和软回车

位于段落标记之前和之后的内容是不同的两个段落，它们可以拥有不同的段落格式；而位于手动换行符之前和之后的内容属于同一个段落，它们的段落格式完全相同。

5.2.3　5 种段落对齐方式

文本对齐方式是最常设置的段落格式之一。Word 中有 5 种段落对齐方式，图 5-30 所示为 5 种对齐方式的显示效果，由上到下依次为左对齐、居中、右对齐、两端对齐、分散对齐。5 种对齐方式的含义如下。

• 左对齐：将段落中的各行以页面左边距为基准对齐排列。

• 居中：将段落中的各行以页面中间为基准对齐排列。

在文字出现以前，人们就已经学会了计数，并且能够阅读没有话语的故事。人类很早就能用图形来表达自己的思想。

在文字出现以前，人们就已经学会了计数，并且能够阅读没有话语的故事。人类很早就能用图形来表达自己的思想。

在文字出现以前，人们就已经学会了计数，并且能够阅读没有话语的故事。人类很早就能用图形来表达自己的思想。

在文字出现以前，人们就已经学会了计数，并且能够阅读没有话语的故事。人类很早就能用图形来表达自己的思想。

在文字出现以前，人们就已经学会了计数，并且能够阅读没有话语的故事。人类很早就能用图形来表达自己的思想。

图 5-30　5 种段落对齐方式

- 右对齐：将段落中的各行以页面右边距为基准对齐排列。

- 两端对齐：将段落中的各行在页面中首尾对齐。当各行之间的字体大小不同时，Word 将自动调整字符间距。

- 分散对齐：与两端对齐类似，将段落中的各行在页面中首尾对齐，并根据需要自动调整字符间距。分散对齐与两端对齐的区别是对段落最后一行的处理方式不同，当段落最后一行包含大量空白时，分散对齐会显著增加最后一行文本的字符间距，使最后一行与该段其他行等宽。

新建文档中的段落对齐方式默认为两端对齐，使用功能区的【开始】⇨【段落】组中的对齐按钮可以设置段落的对齐方式，如图 5-31 所示。也可以右击要设置对齐方式的段落，然后在弹出的菜单中选择【段落】命令，打开【段落】对话框，在【缩进和间距】选项卡的【对齐方式】下拉列表中选择段落的对齐方式，如图 5-32 所示。

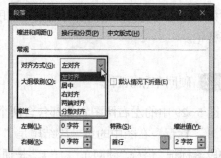

图 5-31　使用功能区中的按钮设置段落的对齐方式　图 5-32　在【段落】对话框中设置段落的对齐方式

5.2.4　4 种段落缩进方式

缩进是指段落中的各行向页面左侧或右侧进行的偏移。在 Word 中有以下 4 种缩进方式。

- 首行缩进：段落中的第一行向页面右侧偏移。

- 悬挂缩进：段落中除第一行之外的其他行向页面右侧偏移。

- 左缩进：段落中的所有行向页面右侧偏移。

- 右缩进：段落中的所有行向页面左侧偏移。

图 5-33 所示为 4 种缩进方式的显示效果，由上到下依次为首行缩进、悬挂缩进、左缩进、右缩进。可以使用【段落】对话框或标尺设置段落的缩进方式，下面分别进行介绍。

1. 使用【段落】对话框设置缩进方式

如需精确设置段落缩进的距离，可以使用【段落】对话框。右击要设置缩进方式的段落，在弹出的菜单中选择【段落】命令，打开【段落】对话框，在【缩进和间距】选项卡的【左侧】和【右侧】两个文本框中输入左缩进和右缩进的值。

如需设置首行缩进和悬挂缩进，可以在【特殊】下拉列表中选择【首行】或【悬挂】选项，然后在右侧的【缩进值】文本框中输入缩进值，如图 5-34 所示。

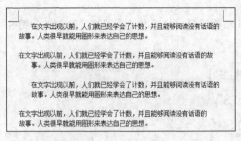

图 5-33　段落的 4 种缩进方式　　　　图 5-34　设置段落的缩进方式

2. 使用标尺设置缩进方式

在使用标尺设置段落的缩进方式之前，需要在 Word 窗口中显示标尺。在功能区的【视图】选项卡中选中【标尺】复选框，如图 5-35 所示。

在标尺上有 4 个标记，如图 5-36 所示，分别对应段落的 4 种缩进方式，❶是首行缩进，❷是悬挂缩进，❸是左缩进，❹是右缩进。将鼠标指针指向这些标记，系统会显示它们代表的缩进方式的名称。单击要设置缩进方式的段落内部，然后拖动标尺上的缩进标记，即可为段落设置指定的缩进。

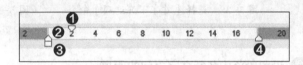

图 5-35　选中【标尺】复选框　　　　图 5-36　标尺上的缩进标记

5.2.5　让文档中的第一个字格外醒目

在一些排版应用中，第一段的第一个字通常显示为图 5-37 所示的效果，使用 Word 中的首字下沉功能可以实现这种效果。

案例 5-4　为旅游景点介绍制作首字下沉效果

案例目标　将旅游景点介绍中的第一个字设置为首字下沉效果，下沉 3 行，与右侧的文字间隔 0.5 厘米，并设置字体为隶书，效果如图 5-37 所示。

松 山自然保护区位于北京市远郊区延庆区境内，燕山山脉的都军山中，属海坨山的一部，主峰大海坨山海拔 2199.6 米，是北京第二高峰。全区四面环山，地势北高南低，地形比较复杂，多数山地海拔在 1200～1600 米，形成中山山地峡谷；山势险峻陡峭，峰峦连绵起伏，年平均气温 8.5 摄氏度，降水量 500 毫米左右，形成地带性植被为温带落叶阔叶林。区内森林面积大，仅种子植物就有 687 种。

图 5-37　制作首字下沉效果

案例实现

❶ 单击第一个段落的内部，然后在功能区的【插入】选项卡中单击【首字下沉】按钮，在弹出的列表中选择【首字下沉选项】命令，如图 5-38 所示。

❷打开【首字下沉】对话框，进行以下几项设置，然后单击【确定】按钮，如图 5-39 所示。

- 选择【下沉】。
- 在【字体】下拉列表中选择【隶书】。
- 在【下沉行数】文本框中输入"3"。
- 在【距正文】文本框中输入"0.5 厘米"。

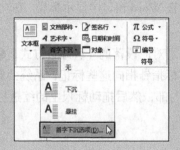

图 5-38　选择【首字下沉选项】命令

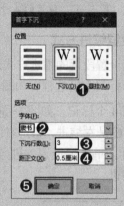

图 5-39　【首字下沉】对话框

5.2.6　设置段落中各行文字之间的距离

　　行距表示段落中行与行之间的垂直距离，即一行的顶端到下一行顶端之间的距离。行距的值可以是行高的某个百分比，也可以是某个固定值。设置行距的简单方法是，在功能区的【开始】选项卡中单击【行和段落间距】按钮，然后在弹出的菜单中选择行距的一个预设值，如图 5-40 所示，这些数值表示每行字体高度的倍数。图 5-41 所示为将字体大小为五号的段落的行距设置为 1.5 倍前、后的效果。

图 5-40　行距的预设值

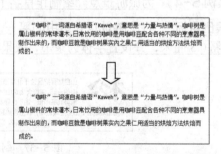

图 5-41　设置 1.5 倍行距前、后的效果

　　行距由字体大小决定，改变字体大小时，行距会随之改变。Word 中的字体大小以"磅"为单位，1 磅约等于 0.036 厘米（由 1÷28 计算得到）。一号字体的大小是 26 磅，约等于 1 厘米。假设段落中的文本的字号是五号，即 10.5 磅。如果将行距设置为 1.5 倍行距，行与行之间的距离就是字体高度的 1.5 倍，即 10.5×1.5=15.75（磅），相当于在原字体大小的基础上增加了 0.5 倍。

交叉参考　中文字号与磅值之间的对应关系，请参考本书附录2。

如需为段落的行距设置某个特定的值，可以右击要设置行距的段落，在弹出的菜单中选择【段落】命令，打开【段落】对话框，在【缩进和间距】选项卡的【行距】下拉列表中进行设置，如图5-42所示。

- 单倍行距：等同于行距预设值中的1.0。
- 1.5倍行距：等同于行距预设值中的1.5。
- 2倍行距：等同于行距预设值中的2.0。
- 最小值：选择该选项后，在【设置值】文本框中将

显示一个数值，该值为当前单倍行距的值，相当于当前段落中最大字体的大小。如果手动设置最小值，只有当最小值大于单倍行距时，才使用设置的最小值作为行距值。

图 5-42　设置行距的值

- 固定值：为行距设置一个固定不变的值，如果该值

小于段落中的字体大小，段落中的部分或全部文字将无法完整显示。

- 多倍行距：等同于行距预设值中的3.0。

5.2.7　设置段落之间的距离

段间距是段落与段落之间的距离，分为段前间距和段后间距两种。为了避免内容紧密排列而影响阅读，可以适当增加段间距。图5-43所示为将多个段落的段间距设置为3磅前、后的效果。

如需设置多个段落的段间距，需要先选择这些段落，然后打开【段落】对话框。在【缩进和间距】选项卡的【段前】和【段后】两个文本框中输入段间距的值，如图5-44所示。

图 5-43　为段落设置段间距前、后的效果

图 5-44　设置段间距

注意

设置多个段落的段间距时，为了避免混乱，可以只设置每一段的段后间距，而非段前间距，因为段间距与行距有关，而行距作用于每一行的下方。

5.2.8 设置段落的换行和分页方式

当一个段落位于页面底部时，经常会出现段落分散显示在本页底部和下一页顶部的情况，如图 5-45 所示。设置段落的换行和分页方式，可以使一个段落的内容显示在同一页中。

案例 5-5 使跨页内容显示在同一个页面中

案例目标 将显示在两页的同一段落设置显示在同一页，效果如图 5-46 所示。

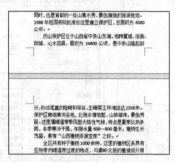

图 5-45 一个段落显示在两个页面中　　图 5-46 使跨页内容显示在同一个页面中

案例实现

❶ 右击要设置的段落内部，在弹出的菜单中选择【段落】命令，如图 5-47 所示。

❷ 打开【段落】对话框，在【换行和分页】选项卡中选中【段中不分页】复选框，如图 5-48 所示，然后单击【确定】按钮。

图 5-47 选择【段落】命令

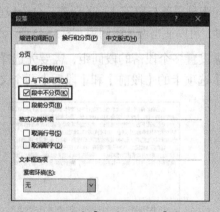

图 5-48 选中【段中不分页】复选框

在【换行与分页】选项卡中还有以下几种分页设置。

● 孤行控制：为了避免段落的第一行位于页面的底部，或段落的最后一行位于页面的顶部，可使用该设置。

● 与下段同页：将当前段落移动到下一段所在的页面中，使该段与其下一段位于同一页。有时会遇到"标题位于一页的底部，而标题下方的内容位于下一页"的情况，使用该设置可以使标题及其下方的内容位于同一个页面中。使用该设置前、后的效果如图 5-49 所示。

- 段前分页：与使用分页符的效果相同，使用该设置的段落将位于一个页面的顶部。

（a）　　　　　　　　　　　（b）

图 5-49　设置【与下段同页】前、后的效果

5.2.9　为段落添加边框

在段落的四周添加边框，可以为段落设置视觉边界。图 5-50 所示是为段落添加边框前、后的效果。

在为段落添加边框之前，需要选择所需的段落，然后在功能区的【开始】选项卡中单击【边框】按钮的下拉按钮，在弹出的列表中选择 Word 预置的边框类型，如图 5-51 所示。

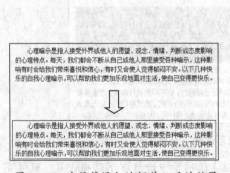　　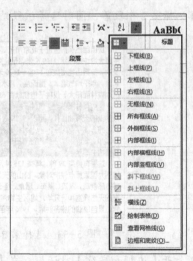

图 5-50　为段落添加边框前、后的效果　　　图 5-51　选择预置的边框类型

注　意

　　选择要添加边框的段落时，必须选中段落结尾的段落标记，否则添加的边框是字符边框，而非段落边框。

除了选择 Word 预置的边框类型之外，用户还可以自定义边框。在功能区中单击【边框】按钮的下拉按钮，在弹出的列表中选择【边框和底纹】命令，打开【边框和底纹】对话框，在【边框】选项卡中可以设置边框的线型、颜色和宽度。

【案例 5-6】 为段落添加 1.5 磅宽的上、下虚线边框

【案例目标】 在第 2 个段落的上方和下方添加虚线边框，边框线的宽度为 1.5 磅，效果如图 5-52 所示。

松山自然保护区位于北京市远郊区延庆区境内，燕山山脉的都军山中，属海坨山的一部，主峰大海坨山海拔 2199.6 米，是北京第二高峰。全区四面环山，地势北高南低，地形比较复杂，多数山地海拔在 1200～1600 米，形成中山山地峡谷，山势险峻陡峭，峰峦连绵起伏，年平均气温 8.5 摄氏度，降水量 500 毫米左右，形成地带性植被为温带落叶阔叶林。区内森林面积大，仅种子植物就有 687 种。

区内森林面积大，仅种子植物就有 687 种。在保护区东半部，海拔 1000 米以上，有一片珍贵的天然油松林，面积约 200 公顷，于山坡、石缝、悬崖峭壁等处到处可见，其中一株树龄约 350 年，胸径约 80 厘米，被称为"松树王"。大面积的天然次生林，分布于海拔 1200－1800 米的阴坡，主要树种有白桦、核桃楸、蒙古栎、大果榆、黄檗。此外，还有热带起源的植物牛耳草等。这些植物混居一堂，为野生动物提供了良好的栖息之地。

这里有兽类 29 种，鸟类 125 种，其中野驴、斑羚、金雕、勺鸡、雕号鸟等 15 种野生动物被列为国家重点保护对象。松山的天然林、多种动物资源及复杂的花岗岩地层，形成了多种自然景观，溪流、瀑布、温泉、怪石为其增添了无限魅力。它不仅是进行森林生态宣传教育的天然课堂和研究华北地区生物演替变化规律的适宜场所；同时，也是首都的一处山青水秀、景色旖旎的旅游胜地。1986 年国务院批准在这里建立保护区，总面积为 4660 公顷。

图 5-52　为段落添加上、下虚线边框

案例实现

❶ 选择第 2 个段落，同时选择该段结尾的段落标记，如图 5-53 所示。

松山自然保护区位于北京市远郊区延庆区境内，燕山山脉的都军山中，属海坨山的一部，主峰大海坨山海拔 2199.6 米，是北京第二高峰。全区四面环山，地势北高南低，地形比较复杂，多数山地海拔在 1200～1600 米，形成中山山地峡谷，山势险峻陡峭，峰峦连绵起伏，年平均气温 8.5 摄氏度，降水量 500 毫米左右，形成地带性植被为温带落叶阔叶林。区内森林面积大，仅种子植物就有 687 种。

区内森林面积大，仅种子植物就有 687 种。在保护区东半部，海拔 1000 米以上，有一片珍贵的天然油松林，面积约 200 公顷，于山坡、石缝、悬崖峭壁等处到处可见，其中一株树龄约 350 年，胸径约 80 厘米，被称为"松树王"。大面积的天然次生林，分布于海拔 1200－1800 米的阴坡，主要树种有白桦、核桃楸、蒙古栎、大果榆、黄檗。此外，还有热带起源的植物牛耳草等。这些植物混居一堂，为野生动物提供了良好的栖息之地。

这里有兽类 29 种，鸟类 125 种，其中野驴、斑羚、金雕、勺鸡、雕号鸟等 15 种野生动物被列为国家重点保护对象。松山的天然林、多种动物资源及复杂的花岗岩地层，形成了多种自然景观，溪流、瀑布、温泉、怪石为其增添了无限魅力，它不仅是进行森林生态宣传教育的天然课堂和研究华北地区生物演替变化规律的适宜场所；同时，也是首都的一处山青水秀、景色旖旎的旅游胜地。1986 年国务院批准在这里建立保护区，总面积为 4660 公顷。

图 5-53　选择第 2 个段落及该段结尾的段落标记

❷ 打开【边框和底纹】对话框，在【边框】选项卡中进行以下两项设置，设置完成后将在右侧的【预览】中显示为段落添加的 4 条虚线边框线，如图 5-54 所示。

- 在【样式】列表框中选择虚线线型。
- 在【宽度】下拉列表中选择【1.5 磅】。

❸ 为了只显示上、下边框线，需要在【预览】中单击左、右两侧的边框线，将它们删除，此时的【预览】显示如图 5-55 所示。最后单击【确定】按钮，关闭【边框和底纹】对话框。

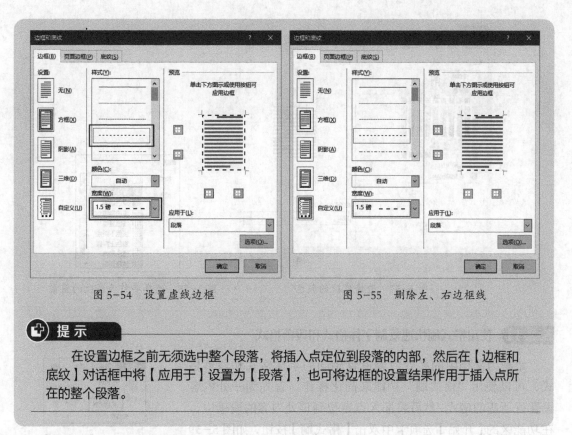

图 5-54　设置虚线边框　　　　　　　　　图 5-55　删除左、右边框线

➕ 提示

在设置边框之前无须选中整个段落，将插入点定位到段落的内部，然后在【边框和底纹】对话框中将【应用于】设置为【段落】，也可将边框的设置结果作用于插入点所在的整个段落。

如需控制边框与文字之间的距离，可以在【边框】选项卡中单击【选项】按钮，然后在【边框和底纹选项】对话框中进行设置，如图 5-56 所示。

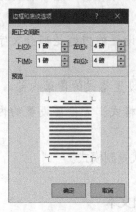

图 5-56　设置边框与文字之间的距离

5.2.10　为段落添加底纹

为段落添加底纹的方法与添加边框类似，选择段落后，打开【边框和底纹】对话框，在【底纹】选项卡的【填充】下拉列表中选择一种底纹颜色，如图 5-57 所示。

还可以在【样式】下拉列表中选择一种填充图案，如图 5-58 所示，然后在【颜色】下拉列表中选择图案的颜色。

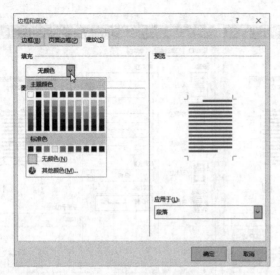

图 5-57　选择底纹的颜色　　　　图 5-58　选择要作为底纹的图案

5.2.11　使用格式刷快速复制字体格式和段落格式

如需为文档中的多处内容设置相同的字体格式和段落格式，可以使用"格式刷"功能来简化操作。首先为一处内容设置好所需的格式，然后将插入点定位到该处内容的段落中，在功能区的【开始】选项卡中双击【格式刷】按钮，如图 5-59 所示。

图 5-59　双击【格式刷】按钮

此时鼠标指针的形状变为 ▲I ，表示当前已进入格式复制模式。根据要设置的格式类型和内容范围，有以下几种操作方法。

- 只设置字体格式：无论要设置的内容是部分文字还是整个段落，都需要拖动鼠标选择要设置的内容。

- 只设置段落格式：单击要设置格式的段落内部。

- 同时设置字体格式和段落格式：无论要设置的内容是部分文字还是整个段落，都需要拖动鼠标选择要设置的内容。

设置完成后，按 Esc 键退出格式复制模式。

5.2.12　使用制表位快速对齐多组文本

默认情况下，每按一次 Tab 键，插入点会从当前位置向右移动 2 个字符的距离。插入点在每次按 Tab 键时定位到的位置称为"制表位"。可以使用以下两种方法设置制表位。

- 在标尺上单击。

- 在【制表位】对话框中精确设置。

如需使用第一种方法设置制表位，需要先在 Word 窗口中显示标尺。显示标尺后，单击标尺上的任意位置，即可创建一个制表符。单击多次，可以创建多个制表符。图 5-60 中，标尺

上的一个 ∟ 标记就是一个制表符。

制表符表示制表位在标尺上的位置和类型。Word 中有 5 种制表符：左对齐 ∟、居中对齐 ⊥、右对齐 ⌐、小数点对齐 ⊥、竖线对齐 ∣，这些制表符用于控制文本的对齐方式。在设置制表位之前，可以单击标尺最左侧的标记来更改制表符的类型。将鼠标指针指向标尺最左侧的标记时，会显示制表符的名称，如图 5-61 所示。

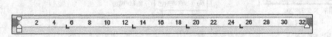

图 5-60　标尺上的制表符

图 5-61　查看制表符的名称

如需精确设置制表位，可以使用【制表位】对话框。首先打开【段落】对话框，然后单击该对话框底部的【制表位】按钮，打开【制表位】对话框，如图 5-62 所示。在【默认制表位】文本框中可以修改默认制表位的大小，以便控制每次按 Tab 键时插入点移动的距离，但是这种方式下的文本对齐方式只能为左对齐。

如需设置其他类型的对齐方式，则需要使用【制表位】对话框中的其他选项，包括制表位位置、对齐方式和引导符等。

【**案例 5-7**】　使用制表位快速将多行多列数字以小数点为基准对齐

图 5-62　【制表位】对话框

【**案例目标**】　文档中有两行小数，上下两行对应位置的两个小数的小数位数都不相同，现在要将上下两行对应位置的小数以小数点为基准对齐，效果如图 5-63 所示。

| → | 1.2345 | → | 12.345 | → | 123.45 | → | 1234.5↵ |
| → | 1234.5 | → | 123.45 | → | 12.345 | → | 1.2345↵ |

图 5-63　使用制表位以小数点为基准对齐上下两行小数

案例实现

❶ 选择两行小数，然后右击选区，在弹出的菜单中选择【段落】命令，如图 5-64 所示。

❷ 打开【段落】对话框，单击底部的【制表位】按钮，打开【制表位】对话框，在【制表位位置】文本框中输入第一个制表位的位置（此处输入"6"），并选中【小数点对齐】单选按钮，然后单击【设置】按钮，如图 5-65 所示，创建第一个制表位。

提示

制表位默认以"字符"为单位，输入数字时无须输入单位。

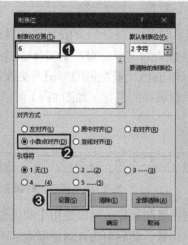

图 5-64　选择【段落】命令　　　　图 5-65　创建第一个制表位

❸ 重复步骤❷的操作，创建其他 3 个制表位，将它们的制表位位置依次设置为"14""22""30"，并且都需要选中【小数点对齐】单选按钮。创建好所有制表位之后，【制表位】对话框如图 5-66 所示。

❹ 单击【确定】按钮，关闭【制表位】对话框。将插入点定位到第一行第一个数字的开头，然后按 Tab 键，将第一个数字移动到第一个制表位，如图 5-67 所示。

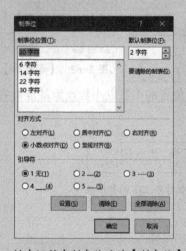

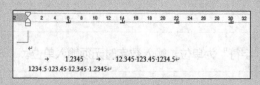

图 5-66　创建好所有制表位后的【制表位】对话框　　图 5-67　将第一个数字移动到第一个制表位

❺ 将插入点定位到第一行第二个数字的开头，然后按 Tab 键，将第二个数字移动到第二个制表位，如图 5-68 所示。其他数字的操作方法以此类推，操作完成后即可使上下两行数字以小数点为基准对齐。

图 5-68　将第二个数字移动到第二个制表位

使用以下两种方法可以删除制表位。

- 使用鼠标将标尺上的制表符拖出标尺范围之外。

- 打开【制表位】对话框，在列表框中选择要删除的制表位，然后单击【清除】按钮。如需删除所有制表位，可以单击【全部清除】按钮。

5.2.13　设置默认的段落格式

新建文档时，单击功能区中的【开始】➡【段落】组右下角的对话框启动器，打开【段落】对话框，其中的段落设置是新建文档时自动使用的段落格式。例如，默认的对齐方式为两端对齐，段落没有任何缩进，行距为单倍行距等。

可以更改默认的段落格式，操作步骤如下。

❶ 新建或打开一个文档，单击功能区中的【开始】➡【段落】组右下角的对话框启动器，打开【段落】对话框，设置所需的段落格式。

❷ 设置完成后，单击对话框底部的【设为默认值】按钮，弹出图5-69所示的对话框，选中【所有基于 Normal 模板的文档】单选按钮，然后单击【确定】按钮。

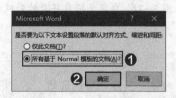

图 5-69　自定义文档的默认段落格式

5.3　设置项目符号和编号

项目符号和编号为文档中具有并列或顺序关系的内容提供了更加清晰的显示方式，用户不但可以使用 Word 预置的项目符号和编号，还可以自定义项目符号和编号的外观。本节将介绍设置项目符号和编号的方法。

5.3.1　为具有并列关系的内容添加项目符号

具有并列关系的内容通常都会包含多条信息，为这些内容设置项目符号，可以使内容更清晰，更具可读性，如图5-70所示。

项目符号属于段落格式，是以"段"为单位进行设置的。如需为多段内容添加项目符号，需要先选择这些段落，然后在功能区的【开始】选项卡中单击【项目符号】按钮，为选中的内容设置该按钮上显示的项目符号。

如需使用其他形式的项目符号，可以单击【项目符号】

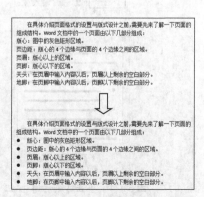

图 5-70　为内容添加项目符号

按钮的下拉按钮，在弹出的列表中选择所需的项目符号，如图 5-71 所示。

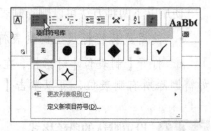

5.3.2 自定义项目符号

除了使用 Word 预置的项目符号之外，用户也可以将喜欢的符号指定为项目符号。

图 5-71　选择 Word 预置的项目符号

案例 5-8　自定义论文中的项目符号

案例目标　使用书本形状的符号作为项目符号，并将其设置到所选内容上，效果如图 5-72 所示。

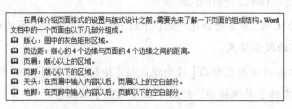

图 5-72　自定义项目符号的外观

案例实现

❶ 选择要设置项目符号的内容，然后在功能区的【开始】选项卡中单击【项目符号】按钮的下拉按钮，在弹出的列表中选择【定义新项目符号】命令，如图 5-73 所示。

❷ 打开【定义新项目符号】对话框，单击【符号】按钮，如图 5-74 所示。

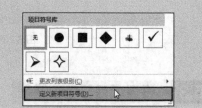

图 5-73　选择【定义新项目符号】命令

❸ 打开【符号】对话框，选择所需符号，然后单击【确定】按钮，如图 5-75 所示。

图 5-74　单击【符号】按钮

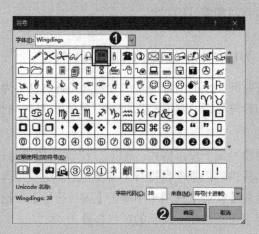

图 5-75　选择一种符号作为项目符号

❹ 关闭【符号】对话框，返回【定义新项目符号】对话框，此时将显示上一步所选符号的预览效果，如图 5-76 所示。

❺ 确认无误后单击【确定】按钮，关闭【定义新项目符号】对话框，即可将上述步骤中选择的符号作为项目符号设置到选择的内容上。

图 5-76　选择符号后的预览效果

5.3.3　为具有顺序关系的内容添加编号

如果多条内容之间具有先后顺序关系，则可以为它们添加编号，如图 5-77 所示。当改变内容的先后顺序时，编号会自动更正以保持正确的顺序。

添加编号的方法与添加项目符号类似。选择要添加编号的内容，然后在功能区的【开始】选项卡中单击【编号】按钮的下拉按钮，在弹出的列表中选择一种编号，如图 5-78 所示。

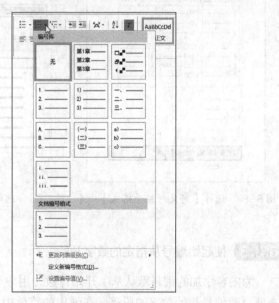

图 5-77　为内容添加编号　　　　　　图 5-78　选择一种编号

5.3.4 自定义编号

与自定义项目符号的方法类似，用户也可以自定义编号。

案例5-9 自定义操作步骤的编号

案例目标 为表示操作步骤的内容设置形如"第一步""第二步""第三步"的编号，效果如图5-79所示。

图 5-79　自定义编号

案例实现

❶ 选择要添加编号的内容，然后在功能区的【开始】选项卡中单击【编号】按钮的下拉按钮，在弹出的列表中选择【定义新编号格式】命令，如图5-80所示。

❷ 打开【定义新编号格式】对话框，在【编号样式】下拉列表中选择编号的数字形式，此处选择【一，二，三（简）…】，如图5-81所示。

❸ 将【编号格式】文本框中的"一"右侧的小数点删除，然后在"一"的左右两侧分别输入"第"和"步"，最后单击【确定】按钮，如图5-82所示。

 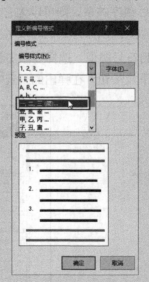 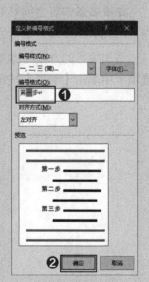

图 5-80　选择【定义新编号格式】命令　图 5-81　选择编号的数字形式　图 5-82　修改编号的显示方式

5.3.5 使起始编号从指定的数字开始

为内容添加的编号默认从1开始计数，用户可以根据实际需求，指定编号的起始数字。右击要更改编号起始数字的段落，在弹出的菜单中选择【设置编号值】命令，如图5-83所示。

打开【起始编号】对话框，选中【开始新列表】单选按钮，然后在【值设置为】文本框中输入要作为编号起始值的数字，最后单击【确定】按钮，如图 5-84 所示。

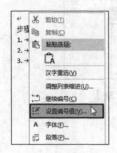

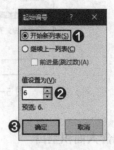

图 5-83　选择【设置编号值】命令　　　图 5-84　输入作为编号起始值的数字

提示

如果多段内容没有连续编号，可以右击出现未连续编号的第一个段落，在弹出的菜单中选择【继续编号】命令。

5.3.6　调整编号和文本之间的距离

如需调整编号与其右侧文本之间的距离，可以先将标尺显示出来，然后选择要调整的内容，再使用鼠标拖动标尺上的悬挂缩进标记，如图 5-85 所示。

5.4　排版常见问题解答

本节列举了一些在字体格式和段落格式设置方面的常见问题，并给出了相应的解决方法。

图 5-85　使用鼠标拖动标尺上的悬挂缩进标记

5.4.1　文字无法完整显示

有时候文档中的文字显示不完整，如图 5-86 所示。出现此问题的原因可能是将行距设置为【固定值】，而该值小于段落字体的大小。例如，如果将一个字体为小四号的段落的行距设置为 6 磅的固定值，则该段中的每行文字的顶部会被截去 12-6=6（磅），其中的 "12" 是小四号对应的磅值。

图 5-86　文字显示不完整

解决此问题的方法是将行距改为【单倍行距】。右击文字显示不完整的段落，在弹出的菜单中选择【段落】命令，打开【段落】对话框，在【缩进和间距】选项卡的【行距】下拉列表中选择【单倍行距】选项，然后单击【确定】按钮，如图 5-87 所示。

图 5-87　将行距改为【单倍行距】

5.4.2　行尾包含大面积空白

在排版中英文混合的文档时，如果在一行结尾输入一个较长的英文单词，由于结尾的空间不足而自动将该单词输入下一行，将会导致上一行的结尾留下大面积空白，如图 5-88 所示。

> 随着计算机技术的发展，CAD（Computer Aided Design）技术正在世界范围内兴起，它的发展应用正引发着一场工业设计革命。EDA（Electronic Design Automation，电子设计自动化）技术，就是采用 CAD 技术进行电子系统和专用集成电路设计的技术。

图 5-88　第 2 行结尾包含大面积空白

如需解决此问题，可以右击行尾包含空白的段落内部，在弹出的菜单中选择【段落】命令，打开【段落】对话框，在【中文版式】选项卡中选中【允许西文在单词中间换行】复选框，如图 5-89 所示，然后单击【确定】按钮。设置后的效果如图 5-90 所示。

> 随着计算机技术的发展，CAD（Computer Aided Design）技术正在世界范围内兴起，它的发展应用正引发着一场工业设计革命。EDA（Electronic De sign Automation，电子设计自动化）技术，就是采用 CAD 技术进行电子系统和专用集成电路设计的技术。

图 5-89　选中【允许西文在单词中间换行】复选框　　图 5-90　解决行尾包含大面积空白的问题

5.4.3　无法删除文档末尾的空白页

文档的最后一页是空白页，使用 Delete 键或 BackSpace 键都无法删除该页。如需解决此问题，可以将插入点定位到最后一页，然后打开【段落】对话框，在【缩进和间距】选项卡的【行距】下拉列表中选择【固定值】选项，然后在右侧的【设置值】文本框中输入"1 磅"，如图 5-91 所示，最后单击【确定】按钮。

5.4.4 在其他计算机中无法正确显示某些字体

图 5-91　将行距设置为 1 磅的固定值

在计算机中制作好的文档，在其他计算机中打开后某些字体不能正常显示。出现此问题是由于用于制作文档的计算机中安装了一些非系统默认的字体，但是其他计算机中并未安装这些字体。

如需解决此问题，可以单击【文件】➪【选项】命令，打开【Word 选项】对话框，在左侧选择【保存】选项卡，然后在右侧选中【将字体嵌入文件】复选框，最后单击【确定】按钮，如图 5-92 所示。

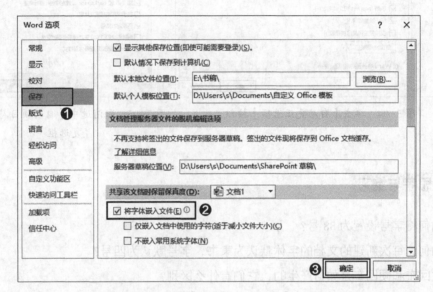

图 5-92　选中【将字体嵌入文件】复选框

5.4.5 按 Enter 键后图标自动变为项目符号

在文档中插入一个图标，在图标的右侧输入几个字，然后按 Enter 键，图标自动变为项目符号，如图 5-93 所示。设置 Word 选项可以解决此问题，操作步骤如下。

图 5-93　图标自动变为项目符号

❶ 单击【文件】➪【选项】命令，打开【Word 选项】对话框，在左侧选择【校对】选项卡，然后在右侧单击【自动更正选项】按钮，如图 5-94 所示。

❷ 打开【自动更正】对话框，在【键入时自动套用格式】选项卡中取消选中【自动项目符号列表】复选框，如图 5-95 所示，然后单击两次【确定】按钮。

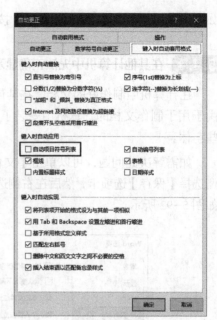

图 5-94　单击【自动更正选项】按钮

图 5-95　取消选中【自动项目符号列表】复选框

5.5　思考与练习

1. 如何将字号设置为 88 号？

2. 如何让每次新建的文档的字体默认为隶书，字号默认为四号？

3. 软回车和硬回车是如何产生的，它们有什么区别？

4. 如果文档中有 3 个段落，如何为第 2 段设置 1.5 倍行距，同时为该段设置灰色底纹和宽度为 1.5 磅的边框线？

5. 如何将输入的多行小数以小数点为基准快速对齐？

第 6 章

图片和图形
——文档图文并茂更吸引人

如果希望制作的文档图文并茂，一种简单有效的方法是在文档中使用图片和图形。虽然"一图胜千言"，但是文字仍然是文档的主角。图片和图形的主要作用是使内容更易于理解，同时使版面生动活泼。Word 2007 及更高版本的 Word 增强了图片和图形的处理能力，用户可以使用更多的工具来设计图片和图形。本章将介绍在 Word 文档中插入与设置图片和图形的方法。

6.1 插入和设置图片

本节将介绍在文档中插入和设置图片的相关内容，包括插入图片、设置图片尺寸、旋转图片、裁剪图片、调整图片的亮度和对比度、设置图片与文字之间的布局方式、设置插入图片时的默认布局方式、导出图片等。

6.1.1 插入图片

在文档中插入图片有以下几种方式。

- 插入图片文件：插入计算机中存储的图片。
- 插入联机图片：插入互联网上的图片。
- 插入剪贴画：插入 Office 剪辑库中的剪贴画。
- 插入屏幕截图：插入由 Word 从屏幕中截取的图片。
- 插入图标：这是 Word 2019 的一项新功能，插入需要的图标。

下面主要介绍插入图片文件、插入联机图片和插入图标 3 种方式。

1. 插入图片文件

在文档中插入图片文件的操作步骤如下。

❶ 将插入点定位到要放置图片的位置，然后在功能区的【插入】选项卡中单击【图片】按钮，如图 6-1 所示。

❷ 打开【插入图片】对话框，定位到图片所在的文件夹，然后双击要插入的图片，如图 6-2 所示，即可将图片插入文档中。

图 6-1　单击【图片】按钮　　　　图 6-2　双击要插入的图片

2. 插入联机图片

在文档中插入联机图片的操作步骤如下。

❶ 将插入点定位到要放置图片的位置，然后在功能区的【插入】选项卡中单击【联机图片】按钮。

❷ 打开【联机 图片】对话框，在搜索框中输入用于描述图片的关键字，例如"风景"，然后

按 Enter 键，将显示与关键字相关的图片，如图 6-3 所示。选择所需的一张或多张图片，然后单击【插入】按钮，即可将其插入文档中。

图 6-3　使用关键字搜索图片

技巧

如需在图片所在的原位置更换图片，而保留该图片在文档中的原始位置、大小和样式等格式信息，则只需右击要更换的图片，在弹出的菜单中选择【更改图片】命令，然后在子菜单中选择图片的来源，如图 6-4 所示，最后选择所需的图片即可。

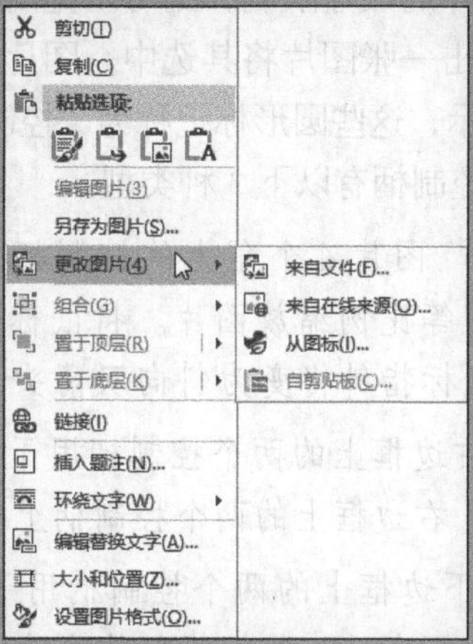

图 6-4　选择图片的来源

3. 插入图标

Word 2019 中新增了插入图标的功能，用户只需在功能区的【插入】选项卡中单击【图标】按钮，然后在打开的对话框中双击所需的图标，即可将其插入文档中。【插入图标】对话框如图 6-5 所示。

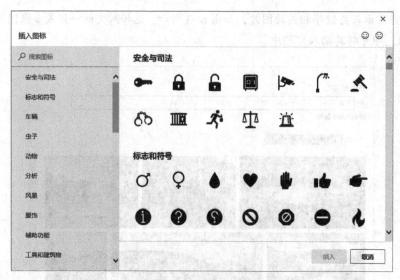

图 6-5 【插入图标】对话框

6.1.2 设置图片尺寸

为了使图片符合排版要求，将图片插入文档后，通常需要调整
图片的大小。如果对图片没有具体的尺寸限制，则可以拖动图片四
周的控制柄来调整图片大小。单击一张图片将其选中，图片四周会
显示 8 个圆形标记，如图 6-6 所示，这些圆形标记称为"控制柄"，
使用它们可以调整图片的尺寸。控制柄有以下 3 种类型。

图 6-6 图片四周的控制柄

- 等比例调整宽度和高度。图片 4 个角上的控制柄用于等
比例调整图片的宽度和高度，即等比例缩放图片。将鼠标指针移
动到 4 个角上的控制柄上时，鼠标指针将变为斜向双箭头。

- 只调整宽度。图片左、右边框上的两个控制柄用于调整图
片的宽度。将鼠标指针移动到左、右边框上的两个控制柄上时，鼠标指针将变为左右双箭头。

- 只调整高度。图片上、下边框上的两个控制柄用于调整图片的高度。将鼠标指针
移动到上、下边框上的两个控制柄上时，鼠标指针将变为上下双箭头。

无论将鼠标指针移动到哪个控制柄上，只要鼠标指针变为双向箭头，就可以拖动控制柄来
调整图片的尺寸。

如果对图片尺寸有具体的要求，可以为图片的宽度和高度设置精确值，有以下两种方法。

- 单击图片，然后在功能区中的【图片工具｜图片格式】⇨【大小】组中输入高度和宽度的值，如图6-7所示。

- 右击图片，在弹出的菜单中选择【大小和位置】命令，打开【布局】对话框，在【大小】选项卡中设置【高度】和【宽度】两项的【绝对值】，如图6-8所示。如需在调整图片尺寸时确保图片不会扭曲变形，则需要在【大小】选项卡中选中【锁定纵横比】复选框。

图6-7 在功能区中设置图片尺寸 　　图6-8 在对话框中设置图片尺寸

提示

单击【布局】对话框中的【重置】按钮，可使图片恢复到原始尺寸。原始尺寸并非图片插入文档时的大小，而是图片本身的大小，可在【大小】选项卡的下方查看，如图6-9所示。

图6-9 图片的原始尺寸

6.1.3 旋转图片

如果图片在文档中的角度有误，可以通过"旋转"操作进行更正。图6-10所示的钟表被倒置了，此时可以单击该图片，然后在功能区的【图片工具｜图片格式】选项卡中单击【旋转】按钮，在弹出的菜单中选择【向左旋转90°】命令。之后再重复执行一次该操作，即可将钟表旋转到正确的角度，如图6-11所示。

图6-10 方向倒置的图片 　　　　　　　图6-11 更正角度后的图片

如需将图片旋转指定的角度，可以右击图片，在弹出的菜单中选择【大小和位置】命令，打开【布局】对话框，在【大小】选项卡的【旋转】文本框中输入所需的角度，如图6-12所示。

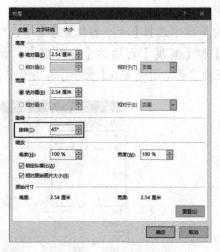

图6-12　设置旋转角度

如需获得图片的镜像效果，可以对图片执行"翻转"操作。选择要设置镜像效果的图片，然后在功能区的【图片工具｜格式】选项卡中单击【旋转】按钮，在弹出的菜单中选择【水平翻转】命令，如图6-13所示，即可得到图片在水平方向上的镜像效果，如图6-14所示。

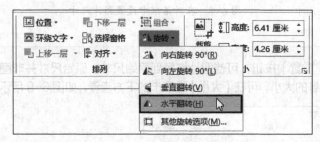

图6-13　选择【水平翻转】命令　　　　图6-14　使用翻转功能实现镜像效果

提示

如需得到图片在垂直方向上的镜像效果，可以选择【垂直翻转】命令。

6.1.4　裁剪图片

在文档中选择某些图片时，图片的四周可能存在大量的空白区域，这些空白不但影响图片主体内容的显示，还会占用文档空间。使用裁剪功能可以将图片四周的空白部分删除。

案例6-1　使用裁剪功能去除图片四周多余的空白

案例目标　使用裁剪功能将图片四周的多余部分删除。图6-15所示为裁剪前的原始图片。

📝 **案例实现**

❶ 单击要裁剪的图片，然后在功能区的【图片工具 | 图片格式】选项卡中单击【裁剪】按钮，如图 6-16 所示。

图 6-15　裁剪前的原始图片

图 6-16　单击【裁剪】按钮

❷ 进入图片的裁剪状态，在图片四周的边框上将显示较粗的黑色短线，将鼠标指针指向这些短线时，鼠标指针的形状会发生变化。按住鼠标左键并拖动这些短线，可以减少图片的空白部分，拖动过程中产生的灰色阴影表示要裁剪掉的部分，如图 6-17 所示。

❸ 设置好要裁剪掉的区域后，单击图片之外的区域，即可将阴影部分删除。图 6-18 所示为裁剪后的图片，图片四周的多余部分已被删除。

图 6-17　裁剪图片

图 6-18　裁剪后的图片

6.1.5　调整图片的亮度和对比度

将图片插入文档中之后，可以通过调整它们的亮度和对比度来改善图片的显示效果。

单击要调整的图片，然后在功能区的【图片工具 | 图片格式】选项卡中单击【校正】按钮，如图 6-19 所示。弹出的列表中包含很多预置的选项，将鼠标指针指向某个选项，会显示对亮度和对比度进行调整的百分比，如图 6-20 所示。选择所需的选项，即可改变图片的亮度和对比度。

图 6-19　单击【校正】按钮

如需单独调整图片的亮度或对比度，或者自定义亮度和对比度，可以在单击【校正】按钮所弹出的列表中选择【图片校正选项】命令，然后在打开的窗格中设置【亮度】和【对比度】，如图 6-21 所示。

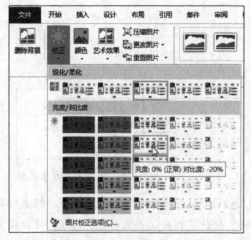

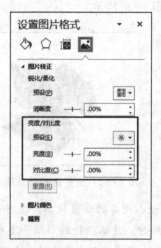

图 6-20　将鼠标指针指向某选项　　　　图 6-21　自定义亮度和对比度

6.1.6　设置图片与文字之间的布局方式

Word 文档主要包括两层——文字层和图形层。

文字层中包含文本和嵌入型对象。文本主要是指字符类型的内容，例如文字和符号。嵌入型对象主要包括图片、图表、SmartArt 图形等。在 Word 中处理嵌入型对象的方式与处理文本的方式类似。例如，可以为嵌入型对象设置段落对齐方式，从而改变它们在文档水平方向上的位置。

图形层中包含形状、文本框、艺术字等对象，可以将这些对象移动到文档中的任意位置，还可以同时对多个对象执行对齐、层叠、组合等操作，因此可以将这类对象称为浮动型对象。图 6-22 所示是利用图形层对象的特性制作出的效果，该图形由 5 个矩形组成，1 个面积较大的矩形作为背景，其他 4 个面积较小的矩形组成了一个"王"字。

图 6-22　图形层对象的应用示例

虽然嵌入型对象默认位于文字层，但是可以通过改变它们的布局来将它们移入图形层。图形层中的对象与此类似，虽然它们默认位于图形层，但是也可以将它们移入文字层。

在文档中插入的图片的默认布局方式为嵌入型，该布局方式的图片的行为方式与文字类似。图 6-23 所示为在一个段落中插入一张图片后的效果，图片占据了文字的空间，原先在图片所在位置的文字将显示在图片之后，图片所在行的行高由图片的高度决定。

如需制作类似报纸、杂志中的图片排版效果，即图片出现在一段文字的中间，段落中的文字紧密围绕在图片四周，图片可以随意在文字间移动，如图 6-24 所示，则需要将图片的布局方式更改为四周型。更改图片的布局方式有以下 3 种方法。

图 6-23　嵌入型图片与文字的排版方式　　　　图 6-24　让文字紧密围绕在图片四周

- 使用【布局选项】按钮。单击要设置的图片，然后单击图片右上角的【布局选项】按钮，在弹出的菜单中选择【四周型】命令，如图 6-25 所示。

- 使用【环绕文字】命令。右击要设置的图片，在弹出的菜单中选择【环绕文字】命令，然后在子菜单中选择【四周型】命令，如图 6-26 所示。

图 6-25　使用【布局选项】按钮设置图片布局　　　图 6-26　使用【环绕文字】命令设置图片布局

- 使用【布局】对话框。右击要设置的图片，在弹出的菜单中选择【大小和位置】命令，打开【布局】对话框，在【文字环绕】选项卡中选择【四周型】选项，如图 6-27 所示。

注意

　　Word 2010 及更低版本的 Word 不支持第一种方法，后两种方法在不同版本的 Word 中的名称可能会有所不同。例如，在 Word 2013 中，第二种方法中的【环绕文字】命令显示为【自动换行】命令。

图 6-27　使用【布局】对话框设置图片布局

将图片布局方式改为浮动型后，图片附近的段落左侧将显示一个锁定标记 ⚓，该标记表示当前图片的位置依赖于此标记右侧的段落。可以使用鼠标将锁定标记拖动到任意段落，从而改变图片所依附的段落。

6.1.7 设置插入图片时的默认布局方式

在文档中插入的图片的默认布局方式为嵌入型，如需将一个文档中的所有图片都设置为浮动型，则在排版时需要将每张图片的布局方式更改为浮动型。如果文档中的图片数量较多，则该操作会浪费很多时间。

实际上，用户可以指定插入图片时的默认布局方式方法：单击【文件】⇨【选项】命令，打开【Word 选项】对话框，在左侧选择【高级】选项卡，然后在右侧的【将图片插入 / 粘贴为】下拉列表中选择所需的布局方式，如图 6-28 所示。

6.1.8 导出文档中的图片

用户可以将 Word 文档中的图片以文件的形式导出并存储到计算机磁盘中。

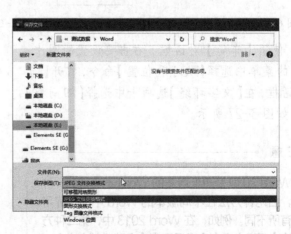

图 6-28　设置插入图片时的默认布局方式

1. 导出文档中的单张图片

从 Word 2010 开始，Word 提供了导出单张图片的功能。无论图片的布局方式是嵌入型还是浮动型，每次只能导出一张图片，操作步骤如下。

❶ 右击要导出的图片，在弹出的菜单中选择【另存为图片】命令，如图 6-29 所示。

❷ 打开【保存文件】对话框，设置导出后的图片文件的名称和保存位置，然后在【保存类型】下拉列表中选择图片的保存类型，如图 6-30 所示，最后单击【确定】按钮。

图 6-29　选择【另存为图片】命令　　　　图 6-30　导出图片的相关设置

【保存类型】下拉列表中的图片类型的名称及其扩展名如表 6-1 所示。

表 6-1　图片类型的名称及其扩展名

图片类型的名称	图片文件的扩展名
可移植网络图形	.png
JPEG 文件交换格式	.jpg
图形交换格式	.gif
Tag 图像文件格式	.tif
Windows 位图	.bmp

2. 导出文档中的所有图片

如需导出文档中的所有图片，可以将文档保存为网页格式。按 F12 键，打开【另存为】对话框，在【保存类型】下拉列表中选择【网页】，如图 6-31 所示，输入文件名并单击【保存】按钮。

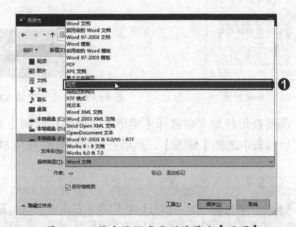

图 6-31　将文件保存类型设置为【网页】

将文档保存为网页格式后，在其所在的文件夹中有一个网页文件，以及与该文件同名的文件夹，文件夹中的图片就是文档中的图片。

6.2　插入和设置形状、文本框和艺术字

Word 中的形状、文本框、艺术字虽然是不同类型的对象，但是它们的外观和操作方式具有很多相似之处。就其本质而言，3 种对象的功能基本相同，只不过每种对象创建时的起点不同。最初创建的形状具有边框和填充颜色，但是不能在其中输入文字；最初创建的文本框具有边框但没有填充颜色，可以在其中输入文字；而艺术字可以看作文本框的特效版，在创建之初具有特殊的文字效果。形状、文本框、艺术字 3 种对象都位于图形层，这意味着可以将它们移动到文档中的任意位置。

6.2.1　插入形状、文本框和艺术字

如需在文档中插入形状，可以在功能区的【插入】选项卡中单击【形状】按钮，在弹出的列表中选择所需形状，如图 6-32 所示。选择某个形状后，鼠标指针变为十字形，在文档中按住鼠标左键并进行拖动，即可绘制出所选择的形状。图 6-33 所示为绘制的平行四边形。

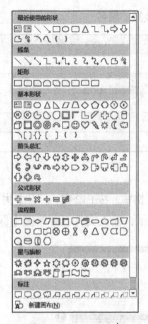

图 6-32　形状列表

图 6-33　在文档中插入的平行四边形

如需绘制正方形，需要在形状列表中选择【矩形】，然后在绘制矩形时按住 Shift 键；如需绘制圆形，需要在形状列表中选择【椭圆】，然后在绘制椭圆时按住 Shift 键。

技巧

如需在文档中插入多个相同的形状，可以在形状列表中右击该形状，在弹出的菜单中选择【锁定绘图模式】命令，如图 6-34 所示。此时将进入锁定绘图模式，可以在文档中反复绘制同一个形状。当不再需要绘制该形状时，按 Esc 键退出锁定绘图模式。

图 6-34　选择【锁定绘图模式】命令

插入文本框和插入艺术字的命令位于功能区的【插入】⇨【文本】组中。如需插入文本框，可以单击该组中的【文本框】按钮，打开文本框列表，如图 6-35 所示。【内置】类别中显示的是预置的文本框样式，其中包含一些预设的文字，有些还具有设置好的填充颜色，用以增强文本框的设计感。如需快速创建具有一定外观的文本框，可以选择一种预置的文本框样式。

如需从头开始创建文本框，可以选择图 6-35 中的【绘制横排文本框】或【绘制竖排文本框】命令。文本框分为横排文本框和竖排文本框两种，横、竖指的是文本框中的文字方向，横排文本框中的文字方向为从左到右、从上到下显示，竖排文本框中的文字方向为从上到下、从右到左显示。

选择一种命令后，在文档中通过拖动鼠标绘制一个文本框。文本框中将显示一个插入点，用于指示文字输入的当前位置，如图 6-36 所示。在文本框中输入和编辑文本的方法与在文档中的操作相同，此处不再赘述。

图 6-35 文本框列表

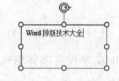

图 6-36 在文本框中输入文字

如需在文档中插入艺术字，可以在【文本】组中单击【艺术字】按钮，打开图 6-37 所示的艺术字列表，从中选择一种预置的艺术字样式。然后在文档中插入艺术字，其中包含范例文本。最后将默认文字修改为所需内容即可，如图 6-38 所示。

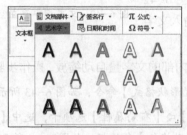

图 6-37 艺术字列表

图 6-38 在文档中插入艺术字

6.2.2 在形状中添加文字

虽然默认创建的形状中不包含文字，但是可以像文本框那样，在其中添加所需的内容。右击要添加文字的形状，在弹出的菜单中选择【添加文字】命令，如图 6-39 所示。此时在形状中将显示一个插入点，输入所需的文字即可，如图 6-40 所示。

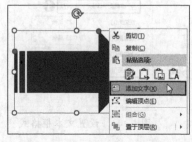

图 6-39 选择【添加文字】命令

图 6-40 在形状中添加文字

可以设置形状中文字的字体格式。单击形状的边框将其选中，然后在功能区的【开始】⇨【字体】组中设置所需的字体格式即可。如需设置形状中部分文字的字体格式，可以单击形状内部，进入文字编辑状态，然后选择要设置的文字，再设置所需的字体格式。

除了字体格式之外，还可以为形状中的文字设置段落格式。单击形状边框将其选中，然后在功能区的【开始】⇨【段落】组中设置所需的段落格式即可。图 6-41 所示为对形状中的文字设置不同的对齐方式的效果。

图 6-41　为形状中的文字设置不同的对齐方式

为形状中的文字设置字体格式和段落格式的方法，也同样适用于文本框和艺术字。

6.2.3　使文本框的大小随文字量自动缩放

在最初创建文本框时，由于不确定文本框中包含多少内容，或者即使已经确定要在文本框中输入的内容，但是在绘制文本框时，很难确保文本框的大小正好适合其中的内容。图 6-42 所示说明了这种情况，文本框过大，导致在文本框中输入文字后还存在空白部分。

图 6-42　文本框中存在空白部分

设置文本框的相关选项，可以使文本框的大小随其内部的文字量自动缩放，操作步骤如下。

❶ 右击要设置的文本框，在弹出的菜单中选择【设置形状格式】命令，如图 6-43 所示。

❷ 打开【设置形状格式】窗格，切换到【形状选项】⇨【布局属性】选项卡，选中【根据文字调整形状大小】复选框，并取消选中【形状中的文字自动换行】复选框，如图 6-44 所示。

图 6-43　选择【设置形状格式】命令

图 6-44　设置文本框格式

❸ 单击窗格右上角的 ✕ 按钮，关闭【设置形状格式】窗格，设置后的文本框如图 6-45 所示。

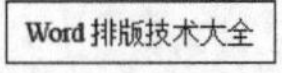
Word 排版技术大全

图 6-45 文本框大小随其内部的文字量而自动调整

提示

该功能同样适用于形状和艺术字。

6.2.4 在多个文本框之间串接文字

文本框中内容过多可能导致内容不能在一个文本框中完整显示，此时可以创建多个文本框，并将内容连续显示在这些文本框中。

案例 6-2 在多个文本框之间串接文字

案例目标 将一段文字连续显示在 3 个文本框中，效果如图 6-46 所示。

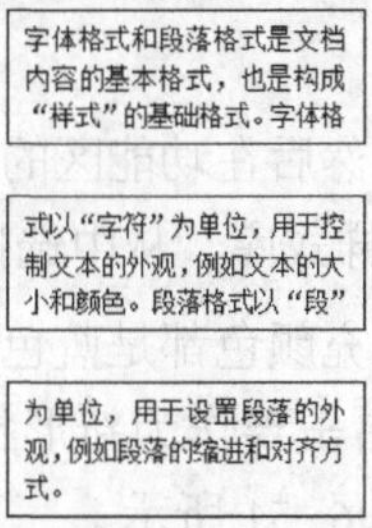
字体格式和段落格式是文档内容的基本格式，也是构成“样式”的基础格式。字体格
式以“字符”为单位，用于控制文本的外观，例如文本的大小和颜色。段落格式以“段”
为单位，用于设置段落的外观，例如段落的缩进和对齐方式。

图 6-46 在多个文本框之间串接文字

案例实现

❶ 在文档中创建 3 个文本框，单击第二个文本框（单击文本框的边框或内部均可）。

❷ 在功能区的【绘图工具 | 形状格式】选项卡中单击【创建链接】按钮，如图 6-47 所示，此时鼠标指针的形状变为。

❸ 将鼠标指针移动到第三个文本框上，鼠标指针的形状将变为图 6-48 所示的形状，此时单击鼠标左键，将第三个文本框链接到第二个文本框。

绘图工具
帮助
格式
操作说明搜索
文字方向
对齐文本
创建链接
艺术字样式
文本

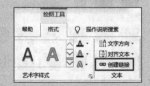

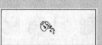

图 6-47 单击【创建链接】按钮

图 6-48 创建链接文本框时的鼠标指针形状

❹ 使用类似于步骤❷和步骤❸的操作，将第二个文本框链接到第一个文本框。完成以上操作后，在第一个文本框中输入所需的文字，在第一个文本框中容纳不下的内容会继续在后两个文本框中显示。

如需取消文本框之间的链接状态，可以单击文本框，然后在功能区的【绘图工具 | 形状格式】选项卡中单击【断开链接】按钮。

6.2.5 更改形状

在文档中插入形状之后,可以随时改变它们的外形,例如将已经插入文档中的矩形更改为三角形。单击要更改外形的形状,然后在功能区的【绘图工具|形状格式】选项卡中单击【编辑形状】按钮,在弹出的菜单中选择【更改形状】命令,再在弹出的列表中选择所需的形状,如图 6-49 所示。

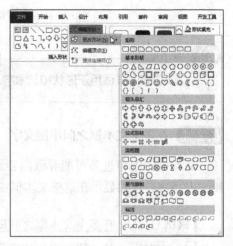

图 6-49　更改形状

6.2.6 设置形状、文本框、艺术字的边框和填充效果

为了增强显示效果,可以为形状、文本框和艺术字设置边框和填充效果。使用 Word 预置的外观方案,可以快速改变这 3 种对象的边框和填充效果。由于 3 种对象的设置方法相同,为了便于描述,下面以设置形状的边框和填充效果为例来进行介绍。

在文档中单击一个形状将其选中,然后在功能区的【绘图工具|形状格式】选项卡的【形状样式】组中打开图 6-50 所示的形状样式库,从中选择一种样式,即可改变形状的外观。

每次在文档中插入形状时,它的填充颜色都是蓝色的,如需使用其他颜色作为新形状的默认填充颜色,则可以在形状样式库中右击要作为新形状默认外观的样式,然后在弹出的菜单中选择【设置为默认形状】命令,如图 6-51 所示。

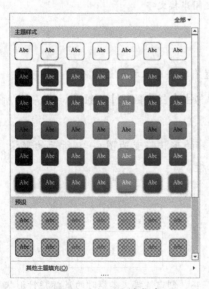

图 6-50　形状样式库

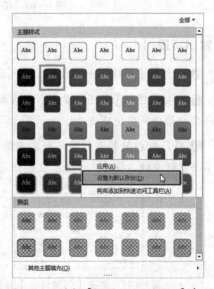

图 6-51　选择【设置为默认形状】命令

> 🔧 **提示**
>
> 还可以自定义文档中形状的边框和填充效果,然后右击该形状后选择【设置为默认形状】命令,从而使用自定义的外观作为新形状的默认外观。

除了使用 Word 预置的形状样式改变形状的外观之外，还可以自定义形状的边框和填充效果。

1. 设置边框

单击要设置的形状，然后在功能区的【绘图工具｜形状格式】选项卡中单击【形状轮廓】按钮，打开形状轮廓列表，如图 6-52 所示，在其中可以设置边框的显示／隐藏、宽度、线型、颜色等。

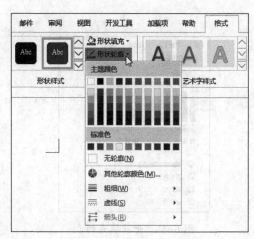

- 是否有边框：选择【无轮廓】将隐藏形状的边框。

- 边框的宽度：选择【粗细】，然后在弹出的列表中选择边框的宽度，以"磅"为单位，如图 6-53 所示。

- 边框的线型：选择【虚线】，然后在弹出的列表中选择边框的线型，如图 6-54 所示。

图 6-52 形状轮廓列表

- 边框的颜色：选择一种边框的颜色。

图 6-55 所示为将正方形的边框设置为 3 磅、黑色、虚线之后的效果。

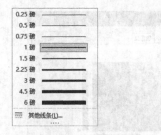

图 6-53 设置边框的宽度

图 6-54 设置边框的线型

图 6-55 自定义形状的边框

如果使用【无轮廓】命令隐藏了形状的边框，则可以使用以下几种方法重新显示边框。

- 在功能区的【绘图工具｜形状格式】选项卡中单击【形状轮廓】按钮，然后在弹出的菜单中选择一种颜色。

- 单击【形状轮廓】按钮，在弹出的列表中选择【粗细】命令，然后选择一种宽度。

- 单击【形状轮廓】按钮，在弹出的列表中选择【虚线】命令，然后选择一种线型。

2. 设置填充效果

形状的填充效果包括纯色、渐变色、图片、纹理、图案等多种类型。如需设置形状的填充效果，需要先选择形状，然后在功能区的【绘图工具｜形状格式】选项卡中单击【形状填充】按钮，打开形状填充列表，如图 6-56 所示。

列表中的颜色分为两种——主题颜色和标准色。主题颜色有 10 列，第 3 ～ 10 列对应功能区的【设计】选项卡中【颜色】下拉列表中的每个主题颜色方案中的颜色，如图 6-57 所示。如果选择一种主题颜色作为形状的填充颜色，则在改变文档的主题颜色时，形状的填充颜色会随主题颜色自动改变。

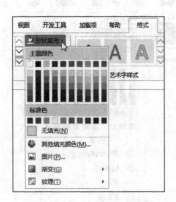

图 6-56 形状填充列表

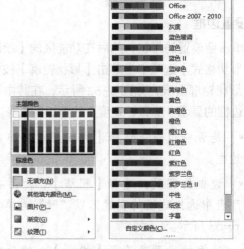

图 6-57 填充颜色和主题颜色的对应关系

除了主题颜色之外，还可以设置标准色。在列表中默认只显示 10 种标准色，但是可以选择【其他填充颜色】命令，然后在打开的【颜色】对话框中选择更多的颜色，如图 6-58 所示。在【自定义】选项卡中可以通过指定 RGB 值来获得准确的颜色，如图 6-59 所示。

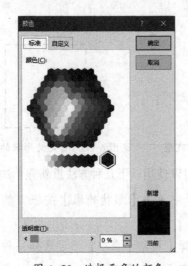

图 6-58 选择更多的颜色

图 6-59 通过指定 RGB 值获得准确的颜色

图 6-60 所示为使用图片填充箭头形状后的效果。选择该形状，然后在功能区的【绘图工具｜形状格式】选项卡中单击【形状填充】按钮，在弹出的列表中选择【图片】命令，然后选择图片的来源和所需的图片，即可按选择的图片填充形状。

图 6-60 使用图片填充形状

6.2.7 删除形状、文本框和艺术字

如需删除形状、文本框和艺术字，可以单击它们将其选中，然后按 Delete 键。如需同时删除多个形状、文本框和艺术字，则可以先选择其中一个对象，然后按住 Shift 键，再逐个单击要删除的对象，最后按 Delete 键。

6.3　同时处理多个图形

形状、文本框、艺术字这3种对象都位于图形层，为了便于描述，将这3种对象统称为"图形"。本节将介绍同时处理多个图形的方法，包括选择、对齐、排列、层叠、组合等操作。

6.3.1　选择多个图形

在对多个图形进行操作之前，需要选择它们，有以下几种方法。

* 使用鼠标框选：在功能区的【开始】选项卡中单击【选择】按钮，然后在弹出的列表中选择【选择对象】命令，如图6-61所示。接着按住鼠标左键在形状附近拖动鼠标指针，当整个图形完全位于鼠标指针拖动过的范围内时，该图形将被选中。图6-62中的矩形和圆形将被选中，而三角形不会被选中，这是因为三角形没有完全位于鼠标指针框选的范围内。

图 6-61　选择【选择对象】命令

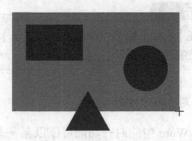

图 6-62　使用鼠标指针框选多个图形

* 使用 Shift 键：按住 Shift 键，然后逐个单击要选择的图形，即可选中所有单击过的图形。

* 使用【选择】窗格：在功能区的【开始】选项卡中单击【选择】按钮，然后在弹出的菜单中选择【选择窗格】命令，打开【选择】窗格，按住 Ctrl 键的同时逐个单击窗格中的名称，与名称对应的图形都将被选中，如图6-63所示。

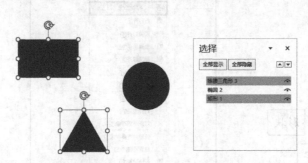

图 6-63　使用【选择】窗格选择多个图形

6.3.2　利用图形的可见性精确定位图形

当多个图形堆叠在一起时，位于下方的图形将变得难以被选择，使用【选择】窗格可以使选择指定的图形变得更加容易。打开【选择】窗格，其中列出了当前文档中的所有图形，左列为图形的名称，右列的眼睛图标表示当前图形在文档中是可见的。

如需选择某个图形，在【选择】窗格中单击该图形的名称即可，如图 6-64 所示。如果单击图形名称右侧的眼睛图标，该图标将显示为一条直线，表示当前该图形在文档中不可见，如图 6-65 所示。如需重新显示不可见的图形，只需单击直线使其变成眼睛图标。

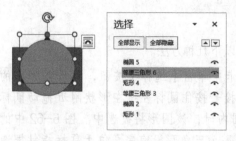

图 6-64 单击图形名称

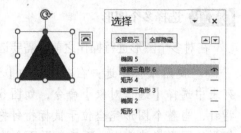

图 6-65 单击眼睛图标

> **⊕ 提示**
>
> 在【选择】窗格中单击【全部显示】按钮或【全部隐藏】按钮，可以快速显示或隐藏当前文档中的所有图形。

6.3.3 对齐多个图形

使用 Word 中的对齐功能可以以某一基准快速对齐文档中的多个图形。例如，在图 6-66 所示的文档中散乱排列着 3 个文本框，如需使它们在垂直方向上居中对齐，可以同时选中 3 个文本框，然后在功能区的【绘图工具|形状格式】选项卡中单击【对齐】按钮，在弹出的菜单中选择【水平居中】命令，如图 6-67 所示，对齐效果如图 6-68 所示。

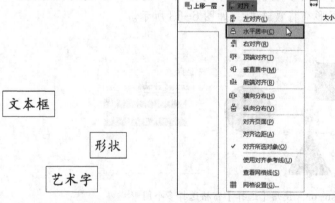

图 6-66 散乱排列的文本框   图 6-67 选择【水平居中】命令   图 6-68 将文本框在垂直方向上居中对齐

单击【对齐】按钮后，在弹出的列表中包含很多对齐命令，其中的【对齐页面】、【对齐边距】、【对齐所选对象】3 个命令决定在对齐多个图形时的参照基准。上面示例中的 3 个文本框是以彼此作为参照基准对齐的，因为在对齐之前选择的是【对齐所选对象】命令。

图6-69所示为选择【对齐页面】命令之后以页面作为参照基准进行左对齐的效果，图6-70所示为选择【对齐边距】命令之后以页边距作为参照基准进行左对齐的效果。选择不同的对齐参照基准，对齐效果将有所不同。

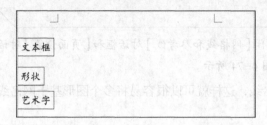

图 6-69　以页面为参照基准的左对齐

图 6-70　以页边距为参照基准的左对齐

6.3.4　利用网格线精确对齐多个图形

除了使用对齐命令对齐多个图形之外，还可以借助 Word 中的网格工具对齐图形。在功能区的【视图】选项卡中选中【网格线】复选框，将在文档中显示网格线，如图6-71所示。在文档中移动图形时，图形的上下边缘会自动吸附到网格线上，从而实现水平方向上的对齐。

图 6-71　网格线

如需实现垂直方向上的对齐，则需要添加纵向网格线，操作步骤如下。

❶ 单击功能区的【布局】⇨【页面设置】组中的对话框启动器，打开【页面设置】对话框，在【文档网格】选项卡中单击【绘图网格】按钮，如图6-72所示。

❷ 打开【网格线和参考线】对话框，选中【在屏幕上显示网格线】复选框，然后选中【垂直间隔】复选框，再在其右侧的文本框中输入纵向网格线的间距，如图6-73所示。

图 6-72　单击【绘图网格】按钮

图 6-73　设置网格选项

❸ 设置完成后单击两次【确定】按钮，依次关闭【网格线和参考线】对话框和【页面设置】对话框，在文档中将同时显示横纵交错的网格线，如图 6-74 所示。

在文档中移动图形时，图形会自动对齐网格线，这样就可以很容易将多个图形基于网格线进行对齐，如图 6-75 所示。

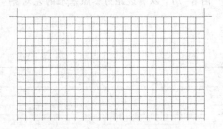 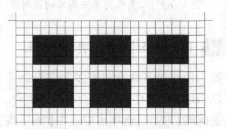

图 6-74　纵横交错的网格线　　　　　图 6-75　利用网格线对齐多个图形

6.3.5 快速等间距排列多个图形

图 6-76 所示的 3 个文本框之间的间距不同，如需快速等间距排列它们，可以同时选中 3 个文本框，然后在功能区的【绘图工具｜形状格式】选项卡中单击【对齐】按钮，在弹出的菜单中选择【纵向分布】命令，效果如图 6-77 所示。

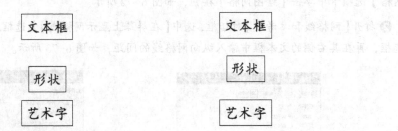

图 6-76　间距不同的 3 个文本框　　　图 6-77　等间距排列的 3 个文本框

如果多个图形呈横向排列，则可以选择【横向分布】命令快速等间距排列这些图形。

6.3.6 改变图形之间的层叠位置

图形层中的对象存在上下层的位置关系，位于上层的对象会覆盖位于下层的对象。图 6-78 显示了 3 个文本框，包含文字"第三名"的文本框位于最上方，因此，该文本框中的文字可以完全显示出来，而位于它下方的 2 个文本框中的文字只能显示出未被遮挡的部分。

图 6-78　图形层中的对象
存在上下层的位置关系

默认情况下，当在文档中创建多个图形时，新绘制的图形位于最上层。如需调整图形的层叠位置，可以使用以下两种方法。

- 选择一个图形，然后在功能区的【绘图工具 | 形状格式】⇨【排列】组中单击【上移一层】按钮或【下移一层】按钮，如图 6-79 所示；或者单击这两个按钮的下拉按钮，在弹出的列表中选择更多的命令来调整图形的层叠位置。

- 右击一个图形，在弹出的菜单中选择【置于顶层】或【置于底层】命令，如图 6-80 所示；或者选择这两个命令包含的子菜单中的命令来调整图形的层叠位置。

图 6-79　【上移一层】按钮和【下移一层】按钮　　　图 6-80　【置于顶层】命令和【置于底层】命令

下面是调整图形层叠位置的几个命令的功能。

- 置于顶层：将图形移动到所有图形的最上面。
- 置于底层：将图形移动到所有图形的最下面。
- 上移一层：将图形移动到与其紧邻的上方图形的上面。
- 下移一层：将图形移动到与其紧邻的下方图形的下面。
- 浮于文字上方：将图形移动到文档中的文字上方。
- 衬于文字下方：将图形移动到文档中的文字下方。

如果使用鼠标难以选中要调整层叠位置的图形，则可以使用【选择】窗格进行操作。打开【选择】窗格，在其中选择要调整层叠位置的图形名称，然后单击▲或▼按钮，即可将图形上移一层或下移一层，如图 6-81 所示。

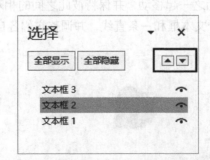

图 6-81　在【选择】窗格中调整图形的层叠位置

6.3.7 将多个图形组合为一个整体

有时在文档中创建的多个图形之间具有固定的位置关系，如图 6-82 所示的文本框和箭头，它们之间具有相对位置关系。如果具有固定的位置关系的图形还会在文档中的其他位置上多次出现，为了便于整体移动和复制，可以将这些相关图形组合为一个整体。

按住 Shift 键，然后逐个单击要组合在一起的每一个图形。同时选中这些图形后，右击其中的任意一个图形，在弹出的菜单中选择【组合】⇨【组合】命令，如图 6-83 所示，即可将这些图形组合在一起。

单击组合后的图形时，图形的四周会显示一个大的边框，这是组合图形中的每个子图形共用的边框，如图 6-84 所示。拖动这个边框可以整体移动组合图形，也可以单击组合图形内部的某个子图形并对其进行单独操作。

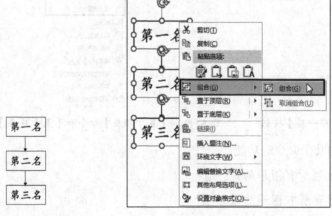

图 6-82　具有固定的
位置关系的多个图形

图 6-83　选择【组合】⇨【组合】命令

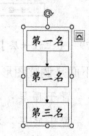

图 6-84　组合后的图形
共用同一个边框

如需拆分组合图形，可以右击组合图形，然后在弹出的菜单中选择【组合】⇨【取消组合】命令。

6.3.8 使用画布组织多个图形

用户可以将图形层中的对象放到画布中，然后在画布中排列和对齐这些对象，只要移动画布，其内部的所有图形就会随之一起移动，并保持彼此之间的相对位置不变。图 6-85 所示为在画布中放入一张图片、一个文本框和一条直线，并调整它们各自的位置之后的效果。

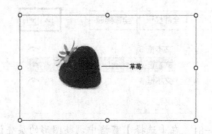

图 6-85　使用画布组织图形层中的多个对象

> 注意
>
> 　　如果将图形拖动到画布中之后，发现图形并未真正进入画布，可以右击该图形，在弹出的菜单中选择【剪切】命令，然后右击画布，在弹出的菜单中选择【粘贴】命令，让图形真正进入画布。

　　在功能区的【插入】选项卡中单击【形状】按钮，在弹出的形状列表中选择【新建画布】命令，在文档中插入一个画布，然后将图形层中的对象拖动到画布中。

　　当画布至少包含两个对象时，在调整好对象之间的相对位置之后，可以右击画布的边框，在弹出的菜单中选择【适应页面】命令，如图 6-86 所示，使画布根据其内部包含的内容量而自动缩放，从而减少画布中的空白。

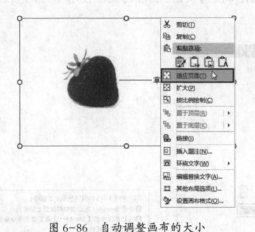

图 6-86　自动调整画布的大小

6.4　排版常见问题解答

　　本节列举了一些在图片和图形的设置和使用方面的常见问题，并给出了相应的解决方法。

6.4.1　图片无法完整显示

　　在文档中插入图片时，图片无法完整显示，只显示图片的下半部分，如图 6-87 所示。出现该问题的原因是图片所在段落的行距被设置为了固定值，而固定值又小于图片的高度。

　　右击图片所在的段落，在弹出的菜单中选择【段落】命令，打开【段落】对话框，然后在【缩进和间距】选项卡中将【行距】设置为【单倍行距】，如图 6-88 所示，即可解决此问题。

图 6-87　图片无法完整显示

图 6-88　将【行距】设置为【单倍行距】

6.4.2 图片无法与文字在水平方向上居中对齐

在图 6-89 中，编号❶、❷、❸都是图片，它们与其右侧的文字在水平方向上并未居中对齐。

> 可以使用以下 3 种方法显示文本窗格：
> ❶单击 SmartArt 左边框中间位置上的箭头。
> ❷在功能区中的【SmartArt 工具】选项卡中单击【SmartArt 设计】⇒【创建图形】⇒
> 【文本窗格】按钮。
> ❸右击 SmartArt 内部的空白处，在弹出菜单中选择【显示文本窗格】命令。

图 6-89 图片与文字无法在水平方向上居中对齐

如需解决此问题，可以右击图片所在的段落，在弹出的菜单中选择【段落】命令，打开【段落】对话框，在【中文版式】选项卡的【文本对齐方式】下拉列表中选择【居中】选项，如图 6-90 所示，最后单击【确定】按钮。图片与文字在水平方向上居中对齐的效果如图 6-91 所示。

图 6-90 选择【居中】选项

> 可以使用以下 3 种方法显示文本窗格：
> ❶单击 SmartArt 左边框中间位置上的箭头。
> ❷在功能区中的【SmartArt 工具】选项卡中单击【SmartArt 设计】⇒【创建图形】⇒
> 【文本窗格】按钮。
> ❸右击 SmartArt 内部的空白处，在弹出菜单中选择【显示文本窗格】命令。

图 6-91 图片与文字在水平方向上居中对齐

6.4.3 无法选中位于文字下方的图片

在将图片的版式设置为衬于文字下方之后，可能会发现很难选中图片。在功能区的【开始】选项卡中单击【选择】按钮，然后在弹出的菜单中选择【选择对象】命令，此时鼠标指针将变为箭头形状，在图片所在的位置单击，即可选中相应的图片。

6.4.4 插入图片后文档体积剧增

如果在文档中插入很多高分辨率的图片，则文档体积可能会剧增，以后在打开和编辑这个文档时会明显感觉速度变慢。另外，插入文档中的很多图片都会经过一定的裁剪处理，但是文档体积并未变小。这是因为 Word 将裁剪掉的图片区域隐藏起来了，而非彻底删除。使用 Word 中的压缩图片功能可以解决此问题，操作步骤如下。

❶ 在文档中单击任意一张图片，然后在功能区的【图片工具｜形状格式】选项卡中单击【压缩图片】按钮，如图 6-92 所示。

❷ 打开图 6-93 所示的【压缩图片】对话框，选中【删除图片的剪裁区域】复选框。如需对

文档中的所有图片进行相同的处理，则需要取消选中【仅应用于此图片】复选框。设置好后单击【确定】按钮，即可将裁剪掉的图片区域从文档中删除。

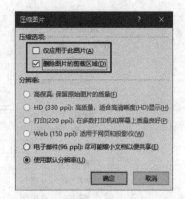

图 6-92　单击【压缩图片】按钮　　　　图 6-93　设置图片的压缩方式

6.4.5 绘制形状时自动插入画布

　　每次在文档中插入形状时，都会自动插入一个画布，并将形状放入画布。如果只想插入形状而不想使用画布，则可以单击【文件】⇨【选项】命令，打开【Word 选项】对话框，在左侧选择【高级】选项卡，然后在右侧取消选中【插入自选图形时自动创建绘图画布】复选框，最后单击【确定】按钮，如图 6-94 所示。

图 6-94　取消选中【插入自选图形时自动创建绘图画布】复选框

6.4.6 旋转图形时其内部填充的图片出现错位

　　使用图片填充图形后，当旋转图形时，其中的图片并未随图形一起旋转，而出现错位的情况，如图 6-95 所示。

图 6-95　原图形（左）和旋转后的图形（右）

出现此问题的原因是在设置图片填充时，没有选中【与形状一起旋转】复选框（见图 6-96），只要选中该复选框，即可解决此问题。

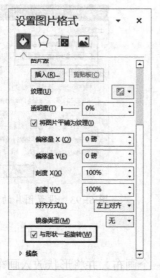

图 6-96　选中【与形状一起旋转】复选框

6.5　思考与练习

1. 如果已经为文档中的某张图片设置了大小、位置以及一些格式效果，如何才能在更换图片后保留这些设置？

2. 设置图片尺寸包括哪些方法，它们分别适用于哪些情况？

3. 如何将一张图片裁剪为一个五角星？

4. 如何将插入图片的默认版式设置为四周型？

5. 组合图形和画布这两个功能分别在什么情况下使用？

第 7 章

表格和图表
——组织和呈现数据的利器

表格既是文档的主角（如考勤表、登记表等），也是编辑和排版文档时一种常用的辅助工具，利用表格在结构方面的灵活性，可以设计出特定布局的页面版式。本章将介绍在 Word 中创建和设置表格，以及使用表格辅助排版的方法，还将介绍使表格数据可视化的工具——图表的使用方法。

7.1 创建表格

在 Word 中创建表格有 6 种方法，在功能区的【插入】选项卡中单击【表格】按钮，在弹出的列表中包含创建表格的 6 种方法所对应的命令，如图 7-1 所示。6 种方法的简要说明如表 7-1 所示。

图 7-1　创建表格的相关命令

表 7-1　创建表格的 6 种方法

命令	方法	特点
拖动网格	使用鼠标拖动列表上方的网格创建表格	只能创建最多 8 行、10 列的表格
插入表格	在对话框中通过指定行、列数来创建表格	可以设置表格的自动调整功能
绘制表格	通过手动绘制表格的边框线创建表格	可以创建结构灵活的表格，但不够精确
文本转换成表格	将包含特定分隔符的文本转换为表格	可以将普通文本快速转换为表格
Excel 电子表格	插入 Excel 工作表	可以使用 Excel 提供的功能处理数据
快速表格	选择一种预置的表格样式来创建表格	创建带有预置文本和外观格式的表格

下面将介绍其中较为常用的 3 种方法。

7.1.1 通过拖动网格创建表格

单击【表格】按钮，在弹出的列表的上方有一些网格，在这些网格上移动鼠标指针时，列表的顶部会显示类似"3×5 表格"的信息，它表示当前鼠标指针划过的网格范围，即将创建的表格的大小，第一个数字表示列数，第二个数字表示行数。与此同时，文档中也会显示一个表格的预览样式，如图 7-2 所示。如果对该表格满意，可以单击鼠标左键创建该表格。

图 7-2　移动鼠标指针预览表格

7.1.2　通过指定行、列数创建表格

在图 7-1 所示的列表中选择【插入表格】命令，将打开【插入表格】对话框，如图 7-3 所示，在【列数】和【行数】两个文本框中分别输入要创建的表格包含的列数和行数，然后单击【确定】按钮，即可创建指定列数和行数的表格。

在【插入表格】对话框中单击【确定】按钮之前，可以通过以下几项设置表格的自动调整功能。

- 固定列宽：选中该单选按钮后，创建的表格的列宽将以"厘米"为单位，表格大小不随文档版心的宽度或表格的内容的多少而自动调整。

- 根据内容调整表格：选中该单选按钮后，创建的表格的大小将根据表格中的内容多少而自动调整，如图 7-4 所示。由于刚创建的表格中不包含任何内容，因此选中该单选按钮后创建的初始表格很小。

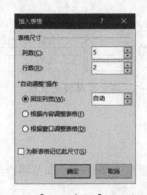

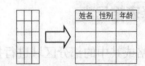

图 7-3　【插入表格】对话框　　　图 7-4　选中【根据内容调整表格】单选按钮后创建的表格

- 根据窗口调整表格：选中该单选按钮后，创建的表格的宽度将与文档的版心相同，当调整左、右页边距时，表格的宽度会随之改变。例如，在图 7-5 中，左侧的表格是在 16 开的页面中创建的，右侧的表格是在 32 开的页面中创建的，无论页面多大，选中【根据窗口调整表格】单选按钮后创建的表格的宽度始终与版心相同。

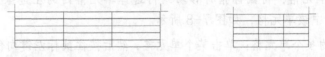

图 7-5　选中【根据窗口调整表格】单选按钮后创建的表格

> **技巧**
>
> 每次打开【插入表格】对话框时，在【列数】和【行数】文本框中将显示预置的数字"5"和"2"。如需改变预置的列数和行数，则可以在【列数】和【行数】两个文本框中输入所需的数字，然后选中【为新表格记忆此尺寸】复选框，最后单击【确定】按钮。

7.1.3　通过转换文本创建表格

在图 7-1 所示的列表中选择【文本转换成表格】命令，可以将带有分隔符号的文本转换

为表格。只有在文档中选择要转换的文本后，【文本转换成表格】命令才会变为可用状态。

选择该命令，打开图 7-6 所示的对话框，Word 会自动判断所选文本转换为表格时可能包含的列数和行数，并根据文本中包含的分隔符类型自动选择相应的分隔符。如果 Word 自动选择的分隔符不正确，用户可以在对话框中重新选择或输入所需的分隔符。

设置完成后，单击【确定】按钮，即可将选择的文本转换为表格。图 7-7 所示为将使用制表符分隔的文本转换为表格的效果。

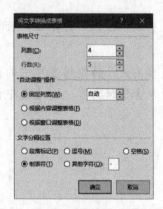

图 7-6 【将文字转换成表格】对话框

图 7-7 将文本转换为表格

7.2 选择表格元素

对整个表格或其中的部分区域进行操作时，通常需要先选择它们，本节将介绍选择表格中不同元素的方法。

7.2.1 选择一个或多个单元格

选择单元格分为选择一个单元格、选择相邻的多个单元格、选择不相邻的多个单元格 3 种情况，方法如下。

- 选择一个单元格：将鼠标指针移动到待选择单元格内的左边缘，当鼠标指针变为 ↗ 时单击，即可选中该单元格，如图 7-8 所示。

- 选择相邻的多个单元格：单击某个单元格，然后按住鼠标左键向任意一个方向拖动，即可选中拖动过的所有单元格，如图 7-9 所示。也可以先选择一个单元格，然后按住 Shift 键，再单击另一个单元格，将选中这两个单元格以及这两个单元格之间的所有单元格。

- 选择不相邻的多个单元格：选择一个单元格，然后按住 Ctrl 键并逐个单击其他要选择的单元格，即可选中这些单击过的单元格，如图 7-10 所示。

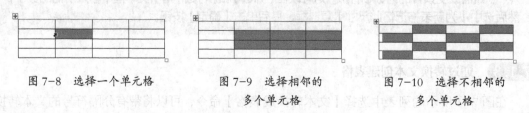

图 7-8 选择一个单元格　　图 7-9 选择相邻的多个单元格　　图 7-10 选择不相邻的多个单元格

7.2.2 选择一行和多行

行的选择分为选择一行、选择相邻的多行、选择不相邻的多行 3 种情况，方法如下。

- 选择一行：将鼠标指针移动到选定栏，当鼠标指针变为↗时单击，即可选中与鼠标指针在同一水平位置上的行，如图 7-11 所示。

➕ 提 示

选定栏是指版心左边缘左侧的空白部分。

- 选择相邻的多行：将鼠标指针移动到选定栏，当鼠标指针变为↗时，按住鼠标左键并向下或向上拖动，即可选中相邻的多行，如图 7-12 所示。
- 选择不相邻的多行：将鼠标指针移动到选定栏，当鼠标指针变为↗时，按住 Ctrl 键并逐个单击不同行的左侧，即可选中单击过的行，如图 7-13 所示。

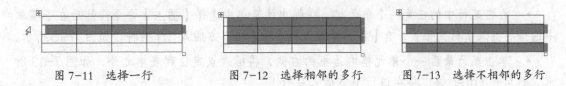

图 7-11 选择一行　　　　图 7-12 选择相邻的多行　　　　图 7-13 选择不相邻的多行

7.2.3 选择一列和多列

与选择行的方法类似，列的选择也分为 3 种情况。

- 选择一列：将鼠标指针移动到某列的上方，当鼠标指针变为↓时单击，即可选中鼠标指针下方的列，如图 7-14 所示。
- 选择相邻的多列：将鼠标指针移动到某列的上方，当鼠标指针变为↓时，按住鼠标左键并向左或向右拖动，即可选中相邻的多列，如图 7-15 所示。
- 选择不相邻的多列：将鼠标指针移动到某列的上方，当鼠标指针变为↓时，按住 Ctrl 键并逐个单击不同列的上方，即可选中单击过的列，如图 7-16 所示。

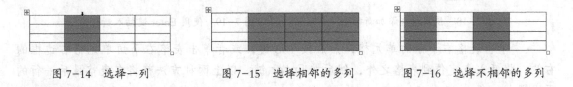

图 7-14 选择一列　　　　图 7-15 选择相邻的多列　　　　图 7-16 选择不相邻的多列

7.2.4 选择整个表格

如需选择整个表格，可以将鼠标指针移动到表格范围内，此时在表格的左上角将显示十字箭头标记⊞，如图 7-17 所示，单击该标记即可选择整个表格。

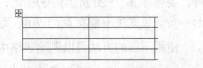

图 7-17 表格左上角的标记用于选择整个表格

7.3 调整表格结构

最初创建的表格可能并不符合使用要求，通常需要对表格的结构进行适当的调整。例如，当行数或列数不够用时，添加新行或新列，或者将几个单元格合并在一起，以创建特定结构的表格布局。本节将介绍根据不同需求调整表格结构的方法，以及创建错行表格和将表格转换为文本的方法。

7.3.1 添加和删除表格元素

表格元素是指行、列、单元格等组成表格的各个部分，在表格中添加和删除表格元素是调整表格结构时的常用操作。

1. 添加和删除行

在表格中添加行有以下几种方法。

- 右击某行中的任意一个单元格，在弹出的菜单中选择【插入】命令，然后在子菜单中选择要插入新行的位置，有【在上方插入行】和【在下方插入行】两种，如图7-18所示。

- 单击某行最后一个单元格右边框的右侧，将插入点定位到表格之外，如图7-19所示。然后按 Enter 键，将在该行下方插入一行。

图 7-18　使用命令添加新行

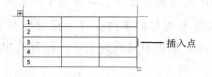

图 7-19　使用 Enter 键插入新行

- 单击表格右下角的单元格，然后按 Tab 键；或者单击表格右下角单元格右边框的右侧，将插入点定位到表格之外，然后按 Enter 键。以上两种方法都将在表格最后一行的下方添加一行。

- 将鼠标指针移动到表格左侧行与行之间的边界线附近时，会显示图7-20所示的⊕标记，单击该标记将在其下方添加一行。该方法不能在 Word 2010 及更低版本的 Word 中使用。

使用下面的方法可以删除表格中的行。

图 7-20　单击特定标记添加新行

- 删除一行：选择要删除的行，然后右击选区，在弹出的菜单中选择【删除行】命令，如图7-21所示。也可以右击要删除的行中的任意一个单元格，在弹出的菜单中选择【删除单元格】命令，然后在打开的对话框中选中【删除整行】单选按钮，如图7-22所示，最后单击【确定】按钮。

- 删除多行：与删除一行的方法类似，只需在操作之前先选择要删除的多行。

图7-21　选择【删除行】命令　　图7-22　选中【删除整行】单选按钮

2. 添加和删除列

在表格中添加列有以下几种方法。

- 右击某列中的任意一个单元格，在弹出的菜单中选择【插入】命令，然后在子菜单中选择要插入新列的位置，有【在左侧插入列】和【在右侧插入列】两种。

- 将鼠标指针移动到表格顶端列与列之间的边界线附近时，会显示图7-23所示的⊕标记，单击该标记将在其右侧添加一列。该方法不能在Word 2010及更低版本的Word中使用。

使用下面的方法可以删除表格中的列。

- 删除一列：选择要删除的列，然后右击选区，在弹出的菜单中选择【删除列】命令。也可以右击要删除的列中的任意一个单元格，在弹出的菜单中选择【删除单元格】命令，然后在打开的对话框中选中【删除整列】单选按钮，最后单击【确定】按钮。

- 删除多列：与删除一列的方法类似，只是在操作之前需先选择要删除的多列。

3. 添加和删除单元格

添加和删除单元格的方法如下。

- 添加单元格：在表格中右击某个单元格，然后在弹出的菜单中选择【插入】⇨【插入单元格】命令，打开【插入单元格】对话框，选择要插入单元格的位置，有【活动单元格右移】和【活动单元格下移】两种。图7-24所示为在右击表格中第2行第2列的单元格后，在【插入单元格】对话框中选中【活动单元格下移】单选按钮后插入的单元格，为了便于观察单元格的插入效果，为第2行之外的其他行设置了灰色底纹。

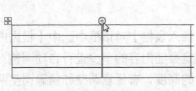

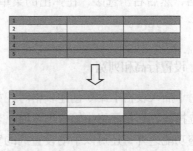

图7-23　单击特定标记添加新列　　　图7-24　插入单元格前、后的效果

• 删除单元格：右击要删除的单元格，在弹出的菜单中选择【删除单元格】命令，打开【删除单元格】对话框，选择删除该单元格之后其右侧或下方单元格的移动方式，然后单击【确定】按钮。

4．删除整个表格

使用以下几种方法可以删除文档中的一个表格。

• 选择整个表格，然后按 BackSpace 键。

• 选择整个表格，然后按 Shift+Delete 组合键。

• 选择整个表格，然后按 Ctrl+X 组合键。

• 选择整个表格及其下一行的段落标记，如图 7-25 所示，然后按 Delete 键。如果不选择表格下一行的段落标记，则只能删除表格中的内容。

图 7-25　选择表格及其下一行的段落标记

7.3.2　合并和拆分单元格

在表格的实际应用中，可能需要将一个单元格拆分为多个单元格。例如，在图 7-26 所示的表格中，需要在第一行输入省份名称，在第二行输入各省包含的城市名称。由于每个省不止包含一个市，所以第二行就需要包含比第一行更多的单元格。由于创建表格时每行包含数量相同的单元格，因此，需要通过拆分操作来增加第二行单元格的数量。

右击要拆分的单元格，在弹出的菜单中选择【拆分单元格】命令，在打开的对话框中输入拆分后的单元格的列数和行数，如图 7-27 所示，设置好后单击【确定】按钮。

图 7-26　需要拆分单元格的情况

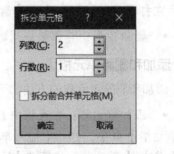

图 7-27　设置拆分单元格的相关选项

合并单元格是拆分单元格的逆操作，可以将几个单元格合并为一个整体。选择要合并的多个单元格，然后右击选区，在弹出的菜单中选择【合并单元格】命令，即可将选中的单元格合并为一个单元格。

7.3.3　设置行高和列宽

使用【插入表格】命令创建表格时，如果在【插入表格】对话框中选中【根据内容调整表格】单选按钮，则在表格中输入内容时，表格的列宽会随内容的多少进行自动调整。除了使用自动调整功能之外，还可以手动设置列的宽度和行的高度，有任意调整和精确调整两种方式。

● 任意调整：将鼠标指针移动到行与行或列与列的边界线上，当鼠标指针变为双向箭头时，拖动即可改变行的高度或列的宽度，如图 7-28 所示。

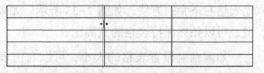

图 7-28　通过拖动鼠标调整行高和列宽

● 精确调整：单击要调整的行或列中的任意一个单元格，然后在功能区的【表格工具｜布局】选项卡的【高度】和【宽度】两个文本框中设置所需的值，如图 7-29 所示。

每次设置列宽时，会同时改变所设置的列中的所有单元格的宽度。如果只想改变某个单元格的宽度，则可以选中该单元格，然后使用鼠标拖动该单元格左右两侧的边框线，如图 7-30 所示。

图 7-29　精确设置行高和列宽

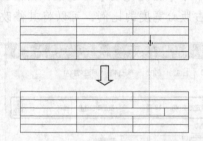

图 7-30　只调整指定单元格的宽度

7.3.4 快速均分行高和列宽

如果没有特殊要求，通常会设置表格中的所有行等高、所有列等宽，如图 7-31 所示。这需要选中要调整的多行或多列，然后右击选区，在弹出的菜单中选择【平均分布各行】或【平均分布各列】命令，如图 7-32 所示。

图 7-31　均分列宽

图 7-32　选择均分行高或列宽的命令

7.3.5 设置整个表格的大小

除了调整表格内部的各个元素的大小之外，也可以调整整个表格的大小。简单的方法是拖

动表格右下角的方块，如图 7-33 所示。如果拖动过程中按住 Shift
键，可以始终保持表格的宽高比。

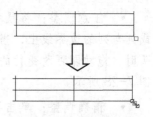

如需精确设置表格的大小，可以右击表格，在弹出的菜单中
选择【表格属性】命令，打开【表格属性】对话框。在【表格】
选项卡中进行设置。

图 7-33　拖动表格右下角的
方块来调整表格大小

- 未设置自动调整功能：如果表格不具有自动调整功能，
则需要在【表格】选项卡中选中【指定宽度】复选框，然后在
其右侧的文本框中输入表格的宽度，以"厘米"为单位，如图 7-34 所示。

- 设置了自动调整功能：如果表格具有自动调整功能，则在【表格】选项卡中已经
自动选中了【指定宽度】复选框，而且包含一个百分比值，如图 7-35 所示。该值表示表
格宽度占版心宽度的比例，可以将其修改为合适的值。

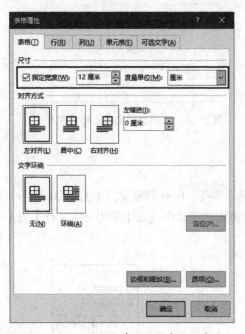

图 7-34　以厘米为单位设置表格的宽度

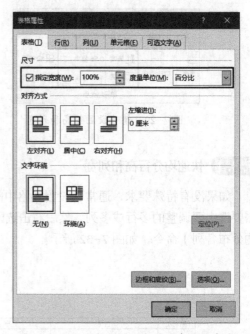

图 7-35　以百分比的形式设置表格的宽度

7.3.6　自动调整表格的大小

使用【插入表格】命令创建表格时，如果在【插入表格】对话框中选中【固定列宽】单选按钮，
则创建的表格大小不随版心的宽度或内容的多少进行自动调整。图 7-36 所示为在 32 开的页
面中选中【固定列宽】单选按钮创建的表格，将页面尺寸改为 16 开之后，系统并未将表格的
宽度调整到与版心相同。

如需使已经创建好的表格具有自动调整功能，可以选择整个表格后右击选区，在弹出的菜
单中选择【自动调整】命令，然后在子菜单中选择【根据内容自动调整表格】或【根据窗口
自动调整表格】命令，如图 7-37 所示。

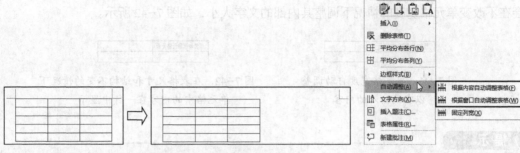

图 7-36 改变页面尺寸后表格宽度未自动调整　　　　图 7-37 选择【自动调整】命令

7.3.7 使单元格大小与其内部的文字自动适应

在单元格中输入内容时，如果这些内容无法容纳在一行中，多出的部分会自动显示在单元格的下一行，如图 7-38 所示。如需使内容显示在一行中，则可以执行以下操作。

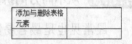

图 7-38 一行显示不下的内容会自动换行显示

❶ 右击包含内容的单元格，在弹出的菜单中选择【表格属性】命令。

❷ 打开【表格属性】对话框，在【单元格】选项卡中单击【选项】按钮，如图 7-39 所示。

❸ 打开【单元格选项】对话框，取消选中【自动换行】复选框，如图 7-40 所示，然后单击两次【确定】按钮。

图 7-39 单击【选项】按钮

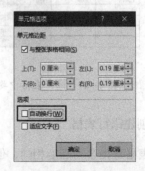

图 7-40 取消选中【自动换行】复选框

经过以上设置，在单元格中输入较多内容时，单元格的宽度会自动增大以便使内容始终显示在一行中，如图 7-41 所示。

使用上面的方法的一个弊端是，其右侧的列的宽度会被压缩，并且在输入大量内容后，表格的宽度也会随之增大。如需在表格尺寸和结构不变的情况下使单元格中的内容在一行中显示，可以打开与该单元格对应的【单元格选项】对话框，然后选中【适应文字】复选框，系统会在不改变单元格宽度的情况下调整其内部的文字大小，如图7-42所示。

添加与删除表格元素	

图7-41 单元格宽度自动调整以容纳输入的内容

添加与删除表格元素	

图7-42 在表格尺寸和结构不变的情况下单元格中的内容在一行中显示

➕ 提示

当单击启用了适应文字功能的单元格时，单元格中的文字下方会显示浅蓝色下划线。

7.3.8 从不同方向拆分表格

最常见也是最容易实现的拆分表格的方式是将一个表格的上、下两部分拆分为两个表格。在要拆分为第二个表格的首行的行中，选择一个单元格，然后在功能区的【表格工具｜布局】选项卡中单击【拆分表格】按钮，即可从该位置将表格拆分为上、下两部分，如图7-43所示。

除了按上、下两部分拆分表格以外，也可以按左、右两部分拆分表格。确保要拆分的表格下方包含至少2个段落标记，然后选择表格中要拆分的右半部分，如图7-44所示。拖动选区到表格下方的第2个段落标记处即可，拆分后的效果如图7-45所示。

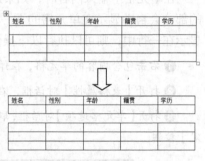

姓名	性别	年龄	籍贯	学历

姓名	性别	年龄	籍贯	学历

图7-43 拆分表格的上、下两部分

姓名	性别	年龄	籍贯	学历

图7-44 选择表格中要拆分的部分

姓名	性别

年龄	籍贯	学历

图7-45 拆分表格的左、右两部分

7.3.9 创建错行表格

错行表格是指各列高度相同，但是每列行数不同的表格。使用分栏功能可以轻松创建错行表格。

案例7-1 创建错行表格

案例目标 创建一个错行表格，表格的左列有4行，右列有3行，两列的高度相同，效果如图7-46所示。

图 7-46　错行表格

 案例实现

❶ 由于表格的两列共有 7 行，因此，先在文档中创建一个 7 行 1 列的表格。

❷ 选择表格的前 4 行，然后右击选区，在弹出的菜单中选择【表格属性】命令，如图 7-47 所示。

❸ 打开【表格属性】对话框，在【行】选项卡中选中【指定高度】复选框，在其右侧的文本框中输入"0.6 厘米"，并将【行高值是】设置为【固定值】，然后单击【确定】按钮，如图 7-48 所示。

图 7-47　选择【表格属性】命令

❹ 选择表格的后 3 行，再次打开【表格属性】对话框，然后执行与步骤❸相同的操作，唯一的区别是将【指定高度】设置为"0.8 厘米"，如图 7-49 所示。设置完成后单击【确定】按钮。

图 7-48　设置前 4 行的行高

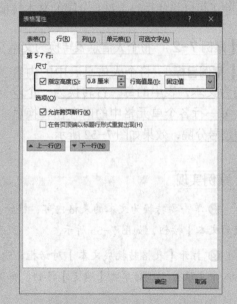

图 7-49　设置后 3 行的行高

⊕ **提示**

前 4 行和后 3 行的行高无论设置为何值，总体目标是保证左右两列具有相同的高度。在本例中，左列 4 行的总高度为 2.4（4×0.6）厘米。由于右列有 3 行，所以每行的高度需要设置为 0.8（2.4÷3）厘米。

❺ 选择整个表格，然后在功能区的【布局】选项卡中单击【栏】按钮，在弹出的菜单中选择

【更多栏】命令，如图 7-50 所示。

❻打开【栏】对话框，选择【两栏】，并将【间距】设置为【0字符】，然后单击【确定】按钮，如图 7-51 所示。

图 7-50　选择【更多栏】命令

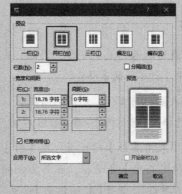

图 7-51　对栏进行设置

7.3.10　将表格转换为文本

除了可以将使用特定符号分隔的文本转换为表格之外，还可以将表格转换为文本。

案例 7-2　将个人信息表转换为文本

案例目标　将个人信息表中的内容转换为文本，表中的每一行转换为一个段落，每一行各个单元格中的内容在转换后使用逗号分隔，效果如图 7-52 所示。

姓名	性别	年龄	籍贯
关洪	男	22	河北
周鹏	男	25	山西
王永	男	23	湖北
李萍	女	27	江苏

姓名，性别，年龄，籍贯
关洪，男，22，河北
周鹏，男，25，山西
王永，男，23，湖北
李萍，女，27，江苏

图 7-52　将个人信息表转换为文本

案例实现

❶单击要转换为文本的表格内部，然后在功能区的【表格工具│布局】选项卡中单击【转换为文本】按钮，如图 7-53 所示。

❷打开【表格转换成文本】对话框，选中【其他字符】单选按钮，在其右侧的文本框中输入中文逗号，然后单击【确定】按钮，如图 7-54 所示。

图 7-53　单击【转换为文本】按钮

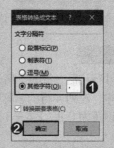

图 7-54　选择分隔符类型

7.4 在表格中输入和编辑内容

创建并调整好表格的结构后，接下来需要在表格中输入内容。本节将介绍在表格中输入内容的一些方法和实用技巧，以及计算表格数据的方法。

7.4.1 在表格中输入内容

如需在表格中输入内容，需要单击要输入内容的单元格，将插入点定位到该单元格中，然后输入所需的内容。除了鼠标单击来定位插入点之外，还可以使用 Tab 键或方向键定位插入点。

在表格中按 Tab 键，插入点按照从左到右、从上到下的顺序在各个单元格中移动。如果下一个单元格中包含文字，则在按 Tab 键后系统会自动选中该单元格中的文字。图 7-55 所示为在一个 5 行 4 列的表格中输入内容后的效果。

姓名	性别	年龄	籍贯
关洪	男	22	河北
周鹏	男	25	山西
王永	男	23	湖北
李萍	女	27	江苏

图 7-55　在表格中输入内容

7.4.2 在表格的上方输入内容

如果在一个新建的空白文档中创建表格，表格会被创建在文档的顶部，此时在表格的上方没有空行。如需在表格的上方输入内容，可以将插入点定位到表格左上角的单元格中，如果其中有文本，则需要定位到文本的开头。然后按 Enter 键，将在表格的上方插入一个空白段落，然后在那里输入所需的内容即可。

7.4.3 在表格中快速填充相同的内容

当表格的所有单元格中有部分内容相同时，如在图 7-56 所示的表格中，每个单元格的开头部分都包含 P、B、D、Q 几个字母，要在这些单元格中快速填充相同的内容，只需先在一个单元格中输入相同的内容，然后选择该内容并按 Ctrl+C 组合键，将其复制到剪贴板。再选择多个单元格或整个表格，按 Ctrl+V 组合键，即可将剪贴板中的内容粘贴到选中的每个单元格中。

PBDQ-1	PBDQ-2	PBDQ-3	PBDQ-4
PBDQ-5	PBDQ-6	PBDQ-7	PBDQ-8
PBDQ-9	PBDQ-10	PBDQ-11	PBDQ-12
PBDQ-13	PBDQ-14	PBDQ-15	PBDQ-16
PBDQ-17	PBDQ-18	PBDQ-19	PBDQ-20

图 7-56　表格的所有单元格中包含部分相同内容

7.4.4 自动为表格中的内容添加编号

如需为表格中的内容添加编号，可以选择要添加编号的一个或多个单元格，然后在功能区的【开始】选项卡中单击【编号】按钮的下拉按钮，在弹出的列表中选择一种编号即可。添加编号后的效果如图 7-57 所示。

1)	Word	6)	Word
2)	Excel	7)	Excel
3)	PowerPoint	8)	PowerPoint
4)	Access	9)	Access
5)	Visio	10)	Visio

图 7-57　为表格中的内容添加编号

7.4.5 自动为跨页表格添加标题行

标题行是表格的第一行，在该行中输入的文字用于描述每列数据的含义，例如"姓名""性

别""年龄"等。当一个表格包含很多内容而跨越多个页面时，默认只有位于第一页中的表格显示标题行，这样就会导致该表格在其他页中的各列数据的含义不够直观。

如果希望同一个表格在其他页面中的部分也能显示标题行，则可以单击该表格所在的第一页中的标题行内的任意一个单元格，然后在功能区的【表格工具｜布局】选项卡中单击【重复标题行】按钮，如图7-58所示，系统将自动在该表格每页的第一行添加标题行，如图7-59所示。

图7-58　单击【重复标题行】按钮

编号	类别	产地	品名	单价	数量	金额
1	化工	上海	油漆	55	14	770
2	化工	武汉	油漆	45	31	1395
3	化工	武汉	染料	102	16	1632
4	化工	北京	油漆	65	26	1690
5	化工	北京	油漆	65	26	1690
6	化工	上海	油漆	55	32	1760

编号	类别	产地	品名	单价	数量	金额
43	家具	长沙	沙发	370	11	4070
44	家具	上海	工作椅	218	19	4142
45	鞋类	哈尔滨	女式凉鞋	348	12	4176
46	鞋类	青岛	红色男鞋	210	20	4200
47	鞋类	济南	女式凉鞋	190	23	4370
48	化工	北京	染料	89	50	4450

编号	类别	产地	品名	单价	数量	金额
85	鞋类	武汉	女式长靴	214	30	6420
86	鞋类	天津	女式长靴	340	19	6460
87	鞋类	哈尔滨	女式长靴	310	21	6510
88	鞋类	天津	绿色男鞋	345	19	6555
89	鞋类	大连	绿色男鞋	266	25	6650
90	家具	长沙	沙发	370	18	6660

图7-59　在表格每页中自动添加标题行

7.4.6 计算表格中的数据

Word可以自动计算表格中的数据。在图7-60所示的表格中，使用Word的计算功能自动计算出所有商品的总金额。

案例7-3　计算商品销售表中的总金额

案例目标　表格有7列数据，现在要对第7列中的金额进行求和，从而计算出所有商品的总金额，效果如图7-60所示。

编号	类别	产地	品名	单价	数量	金额
1	化工	上海	油漆	55	14	770
2	化工	武汉	油漆	45	31	1395
3	化工	武汉	染料	102	16	1632
4	化工	北京	油漆	65	26	1690
5	化工	北京	油漆	65	26	1690
6	化工	上海	油漆	55	32	1760
7	化工	济南	染料	99	18	1782
8	化工	济南	染料	99	18	1782
9	化工	武汉	油漆	45	40	1800
10	化工	武汉	油漆	45	42	1890
					总金额：	16191

图7-60　计算所有商品的总金额

　案例实现

❶ 在表格中单击要放置计算结果的单元格，然后在功能区的【表格工具｜布局】选项卡中单击【*fx*公式】按钮，如图7-61所示。

❷ 打开【公式】对话框，在【公式】文本框中自动输入了求和公式，如图 7-62 所示。公式中的 SUM 是一个函数，用于执行求和计算。ABOVE 是 SUM 函数的参数，参数为函数提供用于计算的数据，该参数表示公式所在单元格上方的所有单元格。因此，整个公式表示对公式所在单元格上方的所有单元格求和。

✚ 提示

在【公式】对话框的【编号格式】下拉列表中，可以为计算结果选择一种数字格式，如图 7-63 所示。

图 7-61　单击【fx 公式】按钮

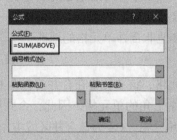

图 7-62　自动输入求和公式

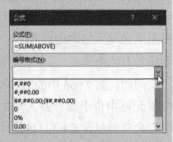

图 7-63　为计算结果选择一种数字格式

❸ 单击【确定】按钮，将计算出所有商品的总金额。

如果将图 7-60 中的表格改为图 7-64 所示的形式，使用 SUM(ABOVE) 公式将无法得到正确的计算结果，这是因为要计算的单元格与放置计算结果的单元格不在同一列。如需得到正确的计算结果，需要修改公式中的参数。在此之前，先来了解一下单元格在表格中的表示方法。

Word 表格中的每个单元格都有一个用于标识其位置的地址，如果读者使用过 Excel，则很容易理解 Word 表格中单元格地址的表示方式。将 Word 表格左上角的单元格地址表示为A1，字母 A 表示第一列，数字 1 表示第一行，列号用 26 个英文字母表示，行标用阿拉伯数字表示，列号在前，行标在后。图 7-65 所示为 Word 表格中的单元格地址的表示方法，此处以5 行 4 列的表格为例。

编号	类别	产地	品名	单价	数量	金额
1	化工	上海	油漆	55	14	770
2	化工	武汉	油漆	45	31	1395
3	化工	武汉	染料	102	16	1632
4	化工	北京	油漆	65	26	1690
5	化工	北京	油漆	65	26	1690
6	化工	上海	油漆	55	32	1760
7	化工	济南	染料	99	18	1782
8	化工	济南	染料	99	18	1782
9	化工	武汉	油漆	45	40	1800
10	化工	武汉	油漆	45	42	1890
总金额: 0						

图 7-64　修改表格结构后使用同一个公式无法得到正确结果

	A	B	C	D
1	A1	B1	C1	D1
2	A2	B2	C2	D2
3	A3	B3	C3	D3
4	A4	B4	C4	D4
5	A5	B5	C5	D5

图 7-65　Word 表格中单元格地址的表示方法

了解了单元格地址的表示方法后，可以通过更改前面的公式来得到正确的计算结果。单击放置计算结果的单元格，然后在功能区的【表格工具｜布局】选项卡中单击【fx 公式】按钮，

打开【公式】对话框，在【公式】文本框中输入下面的公式，最后单击【确定】按钮，即可得到正确的计算结果。

```
=SUM(G2:G11)
```

提示

如果要计算的数据位于相邻的多个单元格中，则需要使用冒号将区域中的起始单元格和终止单元格连接起来。

实际应用中制作的表格可能包含合并单元格，导致表格结构不规则。图7-66显示了合并单元格地址的表示方法：合并单元格的地址以合并前包含的所有单元格中左上角单元格的地址表示，其他非合并单元格的地址的命名方式不变。

	A	B	C	D
1	A1	B1	C1	D1
2	A2	B2	C2	D2
3	A3		C3	D3
4	A4	B4	C4	
5	A5	B5	C5	D5

图7-66　合并单元格的地址表示方法

例如，图7-66中的B2单元格，该单元格在合并前包含B2和B3两个单元格，B2是这两个单元格中位于该合并区域中左上角的单元格，因此，合并后的单元格以B2命名。C4单元格在合并前包含C4和D4两个单元格，C4为该合并区域中左上角的单元格，因此，合并后的单元格以C4命名。

放置计算结果的位置并非总位于表格中，有可能位于某个段落内，即将表格数据的计算结果放置到表格外的某个位置。为了实现该需求，需要先将整个表格定义为书签，然后在公式中引用该书签。

案例7-4　在表格外计算表格内的数据

案例目标　表格数据参见图7-60，现在要在表格的外部放置计算结果，效果如图7-67所示。

编号	类别	产地	品名	单价	数量	金额
1	化工	上海	油漆	55	14	770
2	化工	武汉	油漆	45	31	1395
3	化工	武汉	染料	102	16	1632
4	化工	北京	油漆	65	26	1690
5	化工	北京	油漆	65	26	1690
6	化工	上海	油漆	55	32	1760
7	化工	济南	染料	99	18	1782
8	化工	济南	染料	99	18	1782
9	化工	武汉	油漆	45	40	1800
10	化工	武汉	油漆	45	42	1890

总金额：16191

图7-67　在表格外放置表格内数据的计算结果

案例实现

❶ 选择整个表格，然后在功能区的【插入】选项卡中单击【书签】按钮，如图7-68所示。

❷ 打开【书签】对话框，在【书签名】文本框中输入一个用于标识表格的名称，例如"商品总金额"，如图7-69所示。然后单击【添加】按钮，为表格创建一个书签，系统将自动关闭【书签】对话框。

图 7-68　单击【书签】按钮　　　　　图 7-69　为表格创建书签

❸ 单击表格内部，然后在功能区的【表格工具｜布局】选项卡中右击【*fx* 公式】按钮，在弹出的菜单中选择【添加到快速访问工具栏】命令，如图 7-70 所示，将【*fx* 公式】按钮添加到快速访问工具栏。

图 7-70　选择【添加到快速访问工具栏】命令

❹ 在表格外部单击要放置计算结果的位置，然后单击快速访问工具栏中的【*fx* 公式】按钮，打开【公式】对话框，在【公式】文本框中自动添加了一个等号，在等号的右侧输入 "SUM("，然后在【粘贴书签】下拉列表中选择步骤❷中创建的书签，如图 7-71 所示，其名称会被添加到【公式】文本框中。

❺ 输入一个空格，然后输入要计算的单元格区域，以及一个右括号 ")"，如图 7-72 所示，最后单击【确定】按钮。

图 7-71　在公式中插入书签

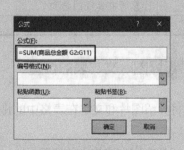

图 7-72　输入公式的剩余部分

除了前面示例中用到的 SUM 函数之外，Word 还提供了很多函数，可以在【公式】对话框的【粘贴函数】下拉列表中找到它们。表 7-2 列出了 Word 中常用函数的名称和功能。在【粘贴函数】下拉列表中选择一个函数，即可将其添加到【公式】文本框中，在函数的右侧会包含一对圆括号，在其中输入函数的参数，即要计算或处理的数据。如果在括号中输入多个参数，各个参数之间需要使用英文半角逗号进行分隔。

表 7-2　Word 中常用的函数及其功能

函数名称	功能	示例
ABS(x)	计算参数的绝对值	=ABS(-6)，返回 6
AND(x,y)	如果所有参数都为 TRUE，则返回 TRUE，否则返回 FALSE	=AND(2>1,6<5)，返回 FALSE
AVERAGE()	计算所有参数的平均值	=AVERAGE(1,2,3)，返回 2
COUNT()	统计所有参数的个数	=COUNT(1,2,3)，返回 3
DEFINED(x)	如果参数已定义且未出错，则返回 1，否则返回 0	=DEFINED(A1)，如果 A1 单元格中的公式正确，则返回 1，否则返回 0
FALSE()	返回 0	=FALSE，返回 0
IF(x,y,z)	如果第一个参数返回 TRUE，则返回第二个参数的值，否则返回第三个参数的值	=IF(A1>0,1,0)，计算 A1 单元格中的值是否大于 0，如果大于 0，则返回 1，否则返回 0
INT(x)	显示参数的整数部分，而去掉小数部分	=INT(1.6)，返回 1；=INT(-1.6)，返回 -1
MAX()	返回所有参数中的最大值	=MAX(1,2,3)，返回 3
MIN()	返回所有参数中的最小值	=MIN(1,2,3)，返回 1
MOD(x,y)	返回第一个参数除以第二参数以后的余数。如果余数为 0，则返回 0.0	=MOD(3,2)，返回 1
NOT(x)	如果参数为 TRUE，则返回 0，否则返回 1	=NOT(2>1)，返回 0
OR(x,y)	如果任何一个参数为 TRUE，则返回 1，否则返回 0	=OR(2>1,6<5)，返回 1
PRODUCT()	计算所有参数的乘积	=PRODUCT(10,20,30)，返回 6000
ROUND(x,y)	按指定位数对参数进行四舍五入。如果 y 大于 0，则对小数点右侧的数字进行四舍五入；如果 y 小于 0，则对小数点左侧的数字进行四舍五入，且只返回整数部分；如果 y 等于 0，则四舍五入到最接近的整数	=ROUND(168.666,2)，返回 168.67 =ROUND(168.666,0)，返回 169 =ROUND(168.666,-2)，返回 200
SIGN(x)	如果参数大于 0，则返回 1；如果参数小于 0，则返回 -1；如果参数等于 0，则返回 0	=SIGN(-6)，返回 -1
SUM()	计算所有参数的总和	=SUM(10,20,30)，返回 60
TRUE()	返回 1	=TRUE，返回 1

7.5　设置图、文、表的位置

本节将介绍图片和文字在表格中的排版方法，以及利用表格实现多栏排版的方法。

7.5.1　设置文字在表格中的位置

文字在表格中的对齐方式分为水平对齐和垂直对齐两类，而水平对齐又分为左对齐、居中对齐、右对齐 3 种方式，垂直对齐又分为顶部对齐、中部对齐、底部对齐 3 种方式，由此就得到了文字在表格中的 9 种对齐方式，如图 7-73 所示。在表格中输入的文字默认位于单元格内靠左、靠上的位置，即单元格的左上角。

如需设置文字在表格中的位置，需要先选择文字所在的单元格或整个表格，然后在功能区的【表格工具｜布局】⇨【对齐方式】组中选择所需的对齐方式，如图 7-74 所示。

顶部左对齐	顶部居中对齐	顶部右对齐
中部左对齐	中部居中对齐	中部右对齐
底部左对齐	底部居中对齐	底部右对齐

图 7-73　文字在表格中的 9 种对齐方式　　图 7-74　设置文字在表格中的对齐方式

7.5.2 设置图片在表格中的位置

图片在表格中的位置与文字类似，也分为 9 种。单击要放置图片的单元格，然后在功能区的【插入】选项卡中单击【图片】按钮，在打开的对话框中找到并双击图片，即可在单元格中插入图片。

由于图片尺寸通常较大，所以插入图片的单元格可能会被撑大，并挤压该单元格两侧的单元格。为了防止插入图片后破坏表格的原有结构，可以进行如下设置。

❶ 右击表格中的任意一个单元格，在弹出的菜单中选择【表格属性】命令。

❷ 打开【表格属性】对话框，在【表格】选项卡中单击【选项】按钮，如图 7-75 所示。

❸ 打开【表格选项】对话框，取消选中【自动重调尺寸以适应内容】复选框，如图 7-76 所示，然后单击两次【确定】按钮。

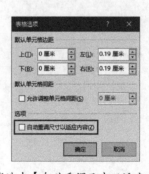

图 7-75　单击【选项】按钮　　图 7-76　取消选中【自动重调尺寸以适应内容】复选框

经过以上操作后，重新在单元格中插入图片，图片会自动缩放以适应单元格的大小，如图 7-77 所示。

图 7-77　图片自动缩放以适应单元格的大小

注 意

如果在取消自动重调尺寸功能之前已经在表格中插入了图片，那么应先将图片删除使表格恢复到最初状态，否则在取消自动重调尺寸功能之后，之前插入的图片占据的单元格空间可能不会自动恢复到最初状态。

在表格中插入图片可能遇到的另一种情况是，插入的图片充满整个单元格，图片与单元格边框之间几乎没有空隙。此时，可以打开【表格属性】对话框，在【表格】选项卡中单击【选项】按钮，然后在【表格选项】对话框中设置【上】、【下】、【左】和【右】4个边距的值。

也可以只调整特定单元格的边距。选择一个或多个单元格，然后打开【表格属性】对话框，在【单元格】选项卡中单击【选项】按钮，打开【单元格选项】对话框，取消选中【与整张表格相同】复选框，然后修改4个边距的值，如图7-78所示。

图7-78　单独设置指定单元格的边距

7.5.3　设置表格在文档中的位置

表格在文档中的位置与段落类似，包括左对齐、居中对齐、右对齐3种，如图7-79所示。选择整个表格，然后可以使用以下两种方法设置表格在文档中的位置。

- 在功能区的【开始】⇨【段落】组中单击用于设置段落对齐方式的几个按钮。
- 在【表格属性】对话框的【表格】选项卡中进行设置，如图7-80所示。

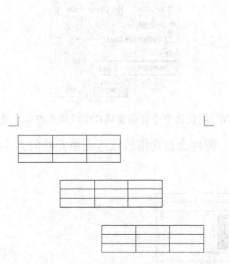

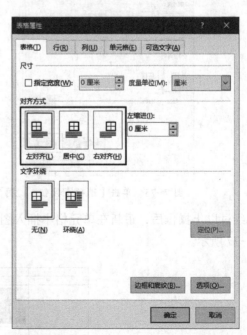

图7-79　表格在文档中的3种对齐方式　　　图7-80　设置表格在文档中的对齐方式

与设置图片和文字之间的布局方式类似，也可以设置表格和文字之间的布局方式。使用鼠标拖动表格左上角的全选标记 ⊞ ，即可将表格拖动到文字范围内，如图 7-81 所示。

另一种方法是打开【表格属性】对话框，在【表格】选项卡中选择【环绕】选项，然后单击【定位】按钮，如图 7-82 所示，在打开的对话框中设置表格基于某一参照标准在水平和垂直方向上的位置以及与正文的间距，如图 7-83 所示。

图 7-81　设置表格和文字之间的布局方式

图 7-82　选择【环绕】选项并单击【定位】按钮

图 7-83　设置表格在文档中的精确位置

7.5.4 利用表格实现多栏排版

如果对页面中的内容布局有特殊要求，可以借助表格在结构上的灵活性来规划和设计版面。例如，可以利用表格实现双栏排版，将表格的每一列作为页面中的每一栏。因此，实现双栏排版的表格需要包含两列，如图 7-84 所示。在实际排版中，通常需要隐藏表格的边框线，以免影响视觉效果。

如需对文档内容进行单、双栏混合排版，可以利用合并单元格来实现，即将需要单栏排版的单元格合并在一起，如图 7-85 所示。

图 7-84　利用表格实现双栏排版

图 7-85　利用表格实现单、双栏混合排版

7.6 设置表格的外观

本节将介绍美化表格外观的方法，包括使用表格样式快速美化表格的方法，以及设置表格的边框和底纹的方法。

7.6.1 使用表格样式快速美化表格

改变表格外观的简单方法是使用 Word 预置的表格样式。单击表格中的任意一个单元格，然后在功能区的【表格工具│表设计】⇨【表格样式】组中打开表格样式库，其中包含很多表格样式，如图 7-86 所示。选择一种样式，即可改变整个表格的外观，如图 7-87 所示。

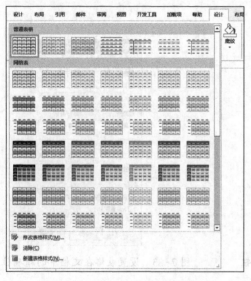

图 7-86　Word 预置的表格样式

姓名	性别	年龄	籍贯
关洪	男	22	河北
周鹏	男	25	山西
王永	男	23	湖北
李萍	女	27	江苏

图 7-87　使用表格样式快速改变表格外观

为表格设置表格样式后，可以在功能区的【表格工具│表设计】⇨【表格样式选项】组中修改表格的外观，如图 7-88 所示。在表格样式库中选择【清除】命令，将删除为当前表格设置的表格样式，这不但会删除表格底纹，还会删除表格边框。

图 7-88　通过表格样式选项改变表格外观

可以修改现有的表格样式或创建新的表格样式，方法如下。

- 修改表格样式：打开表格样式库，右击要修改的表格样式，在弹出的菜单中选择【修改表格样式】命令，如图 7-89 所示，然后在打开的对话框中修改表格样式中的格式。

- 创建表格样式：在表格样式库中选择【新建表格样式】命令，然后在打开的对话框中为将要创建的表格样式设置格式，如图 7-90 所示。

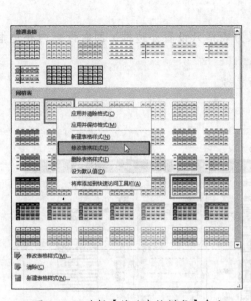

图 7-89　选择【修改表格样式】命令

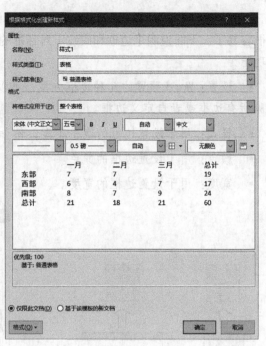

图 7-90　创建表格样式

7.6.2　设置表格边框

使用表格样式会同时调整表格各个部分的格式，如果只想调整表格边框的格式，则可以单独对其进行设置。如需控制表格各个边框的显示或隐藏状态，可以在功能区的【开始】选项卡中单击【边框】按钮上的下拉按钮，然后在弹出的列表中进行设置，如图 7-91 所示。

如需对边框进行更多控制，可以在图 7-91 所示的菜单中选择【边框和底纹】命令，然后在打开的【边框和底纹】对话框中进行设置。也可以选择整个表格或其中的部分区域，然后右击选区并在弹出的菜单中选择【表格属性】命令，打开【表格属性】对话框，在【表格】选项卡中单击【边框和底纹】按钮，打开【边框和底纹】对话框，然后进行设置。

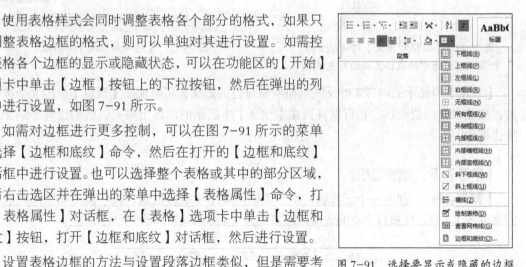

图 7-91　选择要显示或隐藏的边框

设置表格边框的方法与设置段落边框类似，但是需要考虑更多，这是因为表格本身就是由边框线组成的。选择单元格、行、列等不同范围的表格元素，会影响表格边框的设置效果。

在图 7-92 所示的表格，当选择第一行的后两个单元格、第一列、右下角的 4 个单元格，以及整个表格这 4 种不同的范围时，【边框和底纹】对话框的【边框】选项卡的预览窗格中显示的选区外观并不相同：选择右下角的 4 个单元格与选择整个表格时，预览窗格中的显示效果相同；而选择其他两种范围时，预览窗格中的显示效果不同。【边框和底纹】对话框中的预览效果始终与当前选择的表格区域的结构相对应。

了解了表格中的选区与【边框和底纹】对话框中预览效果的对应关系之后，设置表格边框就很容易了。下面说明【边框和底纹】对话框的【边框】选项卡（见图 7-93）中的各个选项的功能。

- 设置：Word 预置的几种边框方案，可以为表格只设置外边框、同时设置内外边框、删除所有边框或者自定义边框。
- 样式：用于设置边框的线条类型，例如虚线。
- 颜色：用于设置边框的颜色。
- 宽度：用于设置边框的宽度。

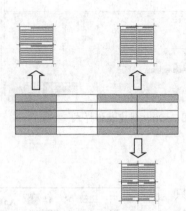

图 7-92　【边框和底纹】对话框中的
预览效果与选中的表格区域的对应关系

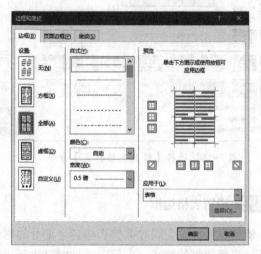

图 7-93　【边框和底纹】对话框

【预览】中显示的内容实时反映当前所做设置的效果，可以使用【预览】中的 8 个按钮添加或删除表格的边框线，也可以直接在【预览】中显示的内容上单击边框的位置来添加或删除边框线。

案例 7-5 制作三线表

案例目标 制作一个三线表，整个表格只显示 3 条边框线，表格顶部和底部的边框线的宽度为 1.5 磅，标题行下方的边框线的宽度为 0.5 磅，效果如图 7-94 所示。

姓名	性别	年龄	籍贯	学历

图 7-94　制作三线表

案例实现

❶ 在文档中插入一个至少两行、任意列的表格，此处插入一个 6 行 5 列的表格，如图 7-95 所示。

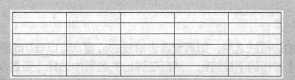

图 7-95　插入一个表格

❷ 单击表格左上角的全选标记，选中整个表格。然后打开【边框和底纹】对话框的【边框】选项卡，在【预览】中的缩略图上单击左右两侧的线，以及中间横竖交叉的两条线，将它们从缩略图上删除，如图 7-96 所示。

❸ 打开【宽度】下拉列表，从中选择【1.5 磅】，如图 7-97 所示。

图 7-96　删除部分边框线

图 7-97　设置边框线的宽度

❹ 在【预览】中的缩略图上单击上下两条线，为它们设置步骤❸中选择的 1.5 磅宽度，如图 7-98 所示。

❺ 单击【确定】按钮，此时的表格只显示顶部和底部两条边框线，它们的宽度为 1.5 磅，如图 7-99 所示。

图 7-98　将上下两条线的宽度设置为 1.5 磅

图 7-99　只显示顶部和底部两条边框线

在删除表格的边框线之后，如需查看边框线的位置，可以在功能区的【开始】选项卡中单击【边框】按钮的下拉按钮，然后在弹出的列表中选择【查看网格线】命令，系统将在表格中以虚线显示边框线，打印表格时不会打印这些虚线，如图 7-100 所示。

图 7-100　以虚线显示边框线

❻ 选择表格的第一行，打开【边框和底纹】对话框中的【边框】选项卡，在【宽度】下拉列表中选择【0.5 磅】，然后单击【预览】中的缩略图的底部边框线，在此位置添加一条宽度为 0.5 磅的边框线，如图 7-101 所示。最后单击【确定】按钮，完成三线表的制作。

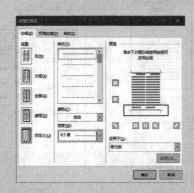

图 7-101　添加宽度为 0.5 磅的边框线

7.6.3 设置表格底纹

为表格标题行设置底纹的效果如图 7-102 所示。具体的操作方法为，在表格中选择要设置底纹的范围，然后打开【边框和底纹】对话框，在【底纹】选项卡的【填充】下拉列表中选择一种颜色，如图 7-103 所示，最后单击【确定】按钮。

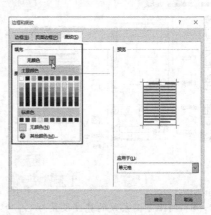

姓名	性别	年龄	籍贯
关洪	男	22	河北
周鹏	男	25	山西
王永	男	23	湖北
李萍	女	27	江苏

图 7-102　为表格标题行设置底纹

图 7-103　选择表格底纹的颜色

> **提示**
>
> 也可以使用图案作为表格的底纹，在【边框和底纹】对话框的【底纹】选项卡的【样式】下拉列表中选择一种图案，然后在【颜色】下拉列表中选择图案的颜色即可。

7.7 图表

虽然图表并非 Word 的优势功能，但是如果希望将表格中的数据以更直观、更易读的方式呈现出来，那么可以使用图表。本节将介绍在 Word 文档中创建和编辑图表的方法。

7.7.1 图表的组成

一个图表由多个部分组成，这些部分称为图表元素，不同的图表可以包含不同的图表元素。图 7-104 所示的图表包含以下几种图表元素。

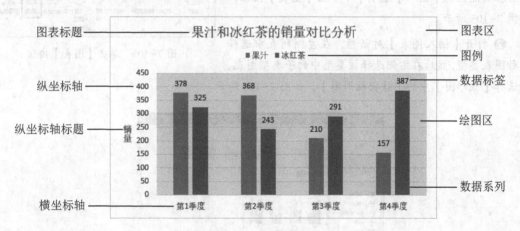

图 7-104　图表的组成

* 图表区：图表区与整个图表等大，其他图表元素都位于图表区中。选择图表区相当于选中了整个图表，选中的图表四周会显示边框及其上的 8 个控制点，使用鼠标拖动控制点可以调整图表的大小。

* 图表标题：图表顶部的文字，用于描述图表。

* 图例：图表标题下方带有颜色块的文字，用于标识不同的数据系列。

* 绘图区：图 7-104 中的浅灰色部分，作为数据系列的背景，数据系列、数据标签等图表元素位于绘图区中。

* 数据系列：位于绘图区中的矩形，同一种颜色的所有矩形构成一个数据系列，每个数据系列对应数据源中的一行数据或一列数据。数据系列中的每个矩形代表一个数据点，它对应数据源中的特定单元格的值。不同类型的图表的数据系列具有不同的形状。数据源就是用于创建图表的数据。

* 数据标签：数据系列顶部的数字。

• 坐标轴及其标题：坐标轴包括主要横坐标轴、主要纵坐标轴、次要横坐标轴、次要纵坐标轴4种，图7-104中只显示了主要横坐标轴和主要纵坐标轴。横坐标轴位于绘图区的下方，图7-104中的横坐标轴表示季度。主要纵坐标轴位于绘图区的左侧，图7-104中的纵坐标轴表示销量。坐标轴标题用于描述坐标轴，图7-104中的"销量"是纵坐标轴的标题。

除了上面介绍的图表元素之外，图表中还可以包含数据表。数据表通常显示在绘图区的下方，由于数据表占用较大的空间，所以很少在图表上显示数据表。

7.7.2 插入基础图表

基础图表是指 Word 中使用默认的预置数据绘制的图表。插入基础图表后，用户需要根据自己制作的表格中的数据替换图表中的预置数据，以便在图表中显示正确的数据。在文档中插入基础图表的操作步骤如下。

❶ 在文档中将插入点定位到要放置图表的位置，然后在功能区的【插入】选项卡中单击【图表】按钮，如图 7-105 所示。

图 7-105　单击【图表】按钮

❷ 打开【插入图表】对话框，在左侧列表中选择一种图表类型，然后在右侧选择该类型中的子类型图表，如选择【柱形图】中的【簇状柱形图】，如图 7-106 所示。

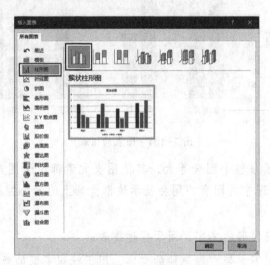

图 7-106　选择图表

💠 提示

图表类型决定数据以何种形式显示在图表中，即图表如何展示数据，不同类型的图表对观察和分析数据有着不同的作用。创建图表后，可以随时更改图表的类型。右击图表，在弹出的菜单中选择【更改图表类型】命令，然后选择所需的图表类型。

❸ 单击【确定】按钮，在文档中插入一个基础图表，并自动打开了一个 Excel 窗口，其中显示图表中的预置数据，如图 7-107 所示。

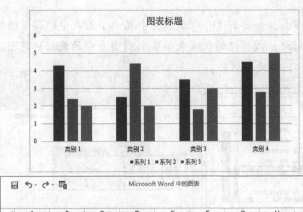

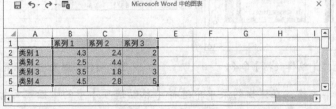

图 7-107　在文档中插入基础图表

7.7.3　编辑图表数据源使图表显示正确的数据

初始创建的基础图表中的数据是 Word 预置的，为了在图表上显示用户表格中的数据，需要编辑图表的数据源。

案例 7-6　使用柱形图展现表格中的销售数据

案例目标　文档中有一个包含销售数据的表格，现在要将这些数据显示在柱形图上，效果如图 7-108 所示。

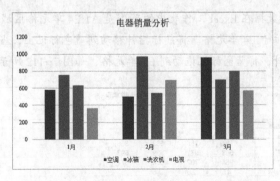

图 7-108　使用柱形图展现表格中的销售数据

案例实现

❶ 单击包含销售数据的表格的左上角的全选标记，选中该表格，然后按 Ctrl+C 组合键，将表格中的所有数据复制到剪贴板。

❷ 右击图表上的任意位置，在弹出的菜单中选择【编辑数据】命令，如图 7-109 所示。

❸ 打开 Excel 工作表，如图 7-110 所示，其中显示了图表中的预置数据。在数据区域的右下角有一个蓝色的标记，该标记的位置表示绘制到图表中的数据的范围，当前绘制到图表中的数据的范围是 A1:D5 单元格区域。

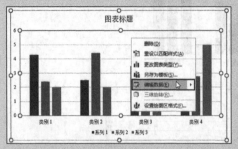

图 7-109　选择【编辑数据】命令

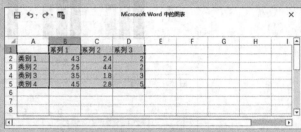

图 7-110　图表中的预置数据

❹ 右击 A1 单元格，在弹出的菜单中选择【粘贴选项】中的【匹配目标格式】命令，如图 7-111 所示，将步骤❶中复制到剪贴板中的表格数据粘贴到 Excel 工作表中。

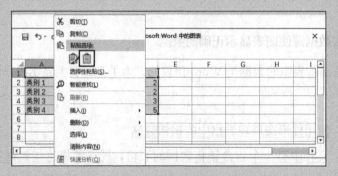

图 7-111　选择【粘贴选项】中的【匹配目标格式】命令

❺ 粘贴后的表格数据在 Excel 工作表中的范围是 A1:E4 单元格区域，现在需要调整蓝色标记的位置，使其正好位于 E4 单元格。将鼠标指针移动到蓝色标记上，当鼠标指针变为双向箭头时，向上拖动鼠标指针，将蓝色标记拖动到 E4 单元格，如图 7-112 所示。

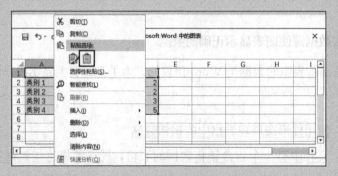

图 7-112　拖动蓝色标记调整数据的范围

❻ 单击 Excel 窗口右上角的【关闭】按钮，关闭窗口，Word 文档中的图表已经使用表格中的数据重新绘制，如图 7-113 所示。

❼ 单击图表顶部的"图表标题"，然后输入作为图表标题的文字，如图 7-114 所示。

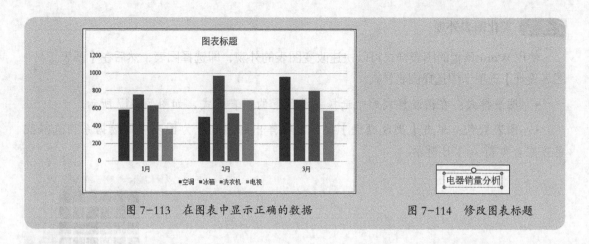

图 7-113　在图表中显示正确的数据 　　　图 7-114　修改图表标题

7.7.4 设置图表的布局方式

图表中显示正确的数据之后，可以根据需要调整图表元素的显示方式，例如移动图例的位置，或者将不重要的图表元素隐藏起来。可以使用以下两种方法调整图表的布局方式。

- 使用预置的图表布局。选择图表，然后在功能区的【图表工具 | 图表设计】选项卡中单击【快速布局】按钮，如图 7-115 所示，在弹出的列表中选择 Word 预置的图表布局，每一种图表布局提供了不同的图表元素并设置了图表元素摆放位置。

- 自定义图表布局。选择图表，然后在功能区的【图表工具 | 图表设计】选项卡中单击【添加图表元素】按钮，在弹出的列表中选择要调整的图表元素的名称对应的命令，然后在子列表中选择所需的命令。例如，选择【图例】⇨【顶部】命令，如图 7-116 所示，将图例放置到图表标题的下方。

图 7-115　单击【快速布局】按钮 　　　图 7-116　调整特定图表元素的布局

➕ 提示

可以在图表中单击图例，将其选中，然后将图例拖动到图表中的任意位置。

7.7.5 美化图表外观

使用 Word 预置的图表样式可以快速改变图表的外观，即选择图表，然后在【图表工具｜图表设计】选项卡中选择图表样式。

- 图表样式：在图表样式库中选择一种预置的图表样式，如图 7-117 所示。

- 图表颜色：单击【更改颜色】按钮，在弹出的列表中为图表中的数据系列选择配色方案，如图 7-118 所示。

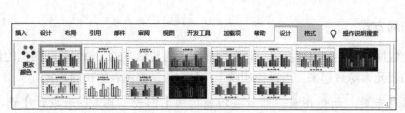

图 7-117　选择图表样式　　　　图 7-118　选择配色方案

还可以单独设置图表元素的格式，包括图表元素的边框和填充效果等。如果图表元素包含文字，则还可以设置文字的格式。这些设置在【图表工具｜格式】选项卡的【形状样式】和【艺术字样式】两个组中进行，如图 7-119 所示。

图 7-119　自定义图表元素的格式

7.8 排版常见问题解答

本节列举了一些表格和图表在创建、编辑与排版方面的常见问题，并给出了相应的解决方法。

7.8.1 在表格中输入的英文单词首字母自动转换为大写

在表格中输入英文单词并切换到下一个单元格时，刚刚输入的英文单词的首字母自动转换为大写。如果不想使首字母自动转换为大写，则可以通过设置 Word 选项来解决，操作步骤如下。

❶ 单击【文件】⇨【选项】命令，打开【Word 选项】对话框，在左侧选择【校对】选项卡，然后在右侧单击【自动更正选项】按钮，如图 7-120 所示。

❷ 打开【自动更正】对话框，在【自动更正】选项卡中取消选中【表格单元格的首字母大写】复选框，如图 7-121 所示，然后单击两次【确定】按钮。

图 7-120 单击【自动更正选项】按钮

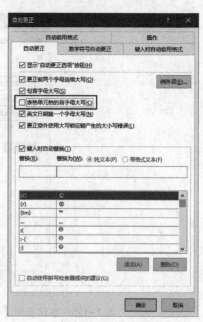

图 7-121 取消选中【表格单元格的
首字母大写】复选框

7.8.2 表格跨页断行

在创建的表格中，有的单元格可能包含多行内容，当这样的单元格正好位于页面底部时，单元格中的部分内容可能会显示到下一页，如图 7-122 所示。

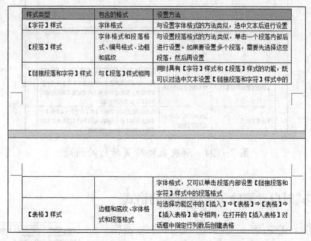

样式类型	包含的格式	设置方法
【字符】样式	字体格式	与设置字体格式的方法类似，选中文本后进行设置
【段落】样式	字体格式和段落格式、编号格式、边框和底纹	与设置段落格式的方法类似，单击一个段落内部后进行设置，如果要设置多个段落，需要先选择这些段落，然后再设置
【链接段落和字符】样式	与【段落】样式相同	同时具有【字符】样式和【段落】样式的功能，既可以对选中文本设置【链接段落和字符】样式中的
		字体格式，又可以单击段落内部设置【链接段落和字符】样式中的段落格式
【表格】样式	边框和底纹、字体格式和段落格式	与选择功能区中的【插入】⇒【表格】⇒【表格】⇒【插入表格】命令相同，在打开的【插入表格】对话框中指定行列数后创建表格

图 7-122 跨页表格中的一行内容分别显示在两个页面

通过设置表格的跨页断行选项可以解决此问题，操作步骤如下。

❶ 在表格中选择位于下一页中的所有行，然后右击选区，在弹出的菜单中选择【表格属性】命令。

❷ 打开【表格属性】对话框，在【行】选项卡中取消选中【指定高度】和【允许跨页断行】两个复选框，如图 7-123 所示，然后单击【确定】按钮。

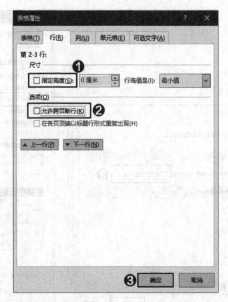

图 7-123 取消选中【指定高度】和【允许跨页断行】两个复选框

经过以上设置，在被两个页面分开显示的行中的内容会自动在第二个页面中完整显示，如图 7-124 所示。

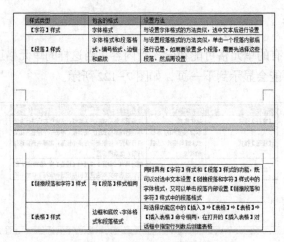

图 7-124 解决表格跨页断行的问题

7.8.3 应用表格样式时自动删除了手动设置的格式

在选择某种表格样式之前，如果已经手动为表格设置了格式，例如边框和底纹，则在应用表格样式后，这些手动设置的格式可能会被表格样式中的格式取代。如需在应用表格样式时保留之前手动设置的格式，可以在表格样式库中右击要应用的表格样式，然后在弹出的菜单中选择【应用并保持格式】命令，如图 7-125 所示。

图 7-125 选择【应用并保持格式】命令

7.9 ▶ 思考与练习

1. 新建一个文档，然后创建一个 6 行 3 列的表格，并让该表格的宽度可以随着文档页面的尺寸进行自动调整。

2. 创建一个错行表格，表格的左列包含 6 行，右列包含 5 行。

3. 利用表格实现图 7-126 所示的图片版式，其中的图片布局方式是嵌入型的。

4. 为表格设置图 7-127 所示的边框和底纹效果，外边框宽度为 1.5 磅，内边框宽度为 0.5 磅，从表格第一行开始设置隔行灰色底纹效果。

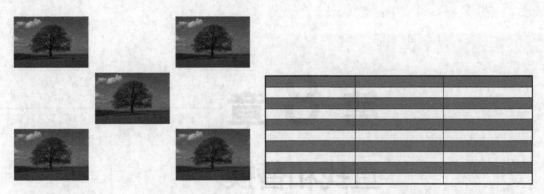

图 7-126　嵌入型图片排版　　　　　　　　图 7-127　边框和底纹效果

5. 对图 7-128 所示表格中的数据进行求和计算，将计算结果放入表格下方的"总销售额："右侧。

名称	1 月	2 月	3 月
电视	120000	150000	90000
空调	80000	70000	100000
冰箱	70000	90000	80000
手机	35000	56000	62000
总销售额：			

图 7-128　计算总销售额

第 8 章

查找和替换
——提高排版效率的法宝

查找和替换是 Word 中一个便捷高效但却容易被人忽视的功能。使用查找功能可以在文档中快速定位指定的内容，使用替换功能可以快速将文档中的指定内容修改为新内容。查找和替换还可以用于针对格式的操作，例如查找指定的格式或为内容设置格式。在查找和替换中使用通配符可以完成很多复杂的编辑和排版任务。本章将介绍查找和替换的用法，包括基本内容和格式的查找和替换，以及使用通配符进行复杂的查找和替换。

8.1 ▶ 查找和替换文本内容

使用查找功能可以定位或选择与设定的搜索文本相匹配的内容，使用替换功能可以修改匹配的内容。可以在整个文档范围内执行查找和替换操作，也可以在选中的内容范围内执行查找和替换操作，善用查找和替换功能可以显著提高编辑和排版内容的操作效率。

8.1.1 使用特定颜色突出显示查找到的匹配内容

如需在文档中快速查找指定的内容，例如特定的字、词、短语或句子，可以使用查找功能。在功能区的【开始】选项卡中单击【查找】按钮或按 Ctrl+F 组合键，打开【导航】窗格的【结果】选项卡，在搜索框中输入要查找的内容，系统将在页面中以黄色标记突出显示所有与搜索内容相匹配的内容，如图 8-1 所示。

在【导航】窗格中单击 ▲ 和 ▼ 按钮，将依次选中每一个匹配的内容。在搜索框下方的列表框中显示了每一个包含匹配内容的上下文，便于用户联系上下文查看匹配内容所在的位置。单击搜索框右侧的 × 按钮将删除搜索框中的内容，同时系统将自动清除页面中高亮显示的内容。单击搜索框右侧的下拉按钮，在弹出的列表中选择 Word 其他类型的内容，包括图形、表格、公式、脚注 / 尾注、批注等，如图 8-2 所示，可以在文档中按内容的类型进行查找。

图 8-1 突出显示所有与搜索内容相匹配的内容　　　　图 8-2 按内容的类型进行查找

提示

如果在搜索框中输入内容后，页面中没有突出显示所有匹配的结果，则可以单击搜索框右侧的下拉按钮，在弹出的菜单中选择【选项】命令，在打开的对话框中选中【全部突出显示】复选框，然后单击【确定】按钮，如图 8-3 所示。

图 8-3 选中【全部突出显示】复选框

如果用户习惯使用 Word 早期版本中的老式【查找和替换】对话框，则可以使用以下两种方法打开它。

- 单击【导航】窗格中搜索框右侧的下拉按钮，在弹出的列表中选择【高级查找】命令。
- 在功能区的【开始】选项卡中单击【查找】按钮的下拉按钮，然后在弹出的列表中选择【高级查找】命令，如图 8-4 所示。

使用上述两种方法中的任意一种方法都将打开【查找和替换】对话框的【查找】选项卡，在【查找内容】文本框中输入要查找的内容，然后单击【阅读突出显示】按钮，在弹出的列表中选择【全部突出显示】命令，如图 8-5 所示，将实现与【导航】窗格相同的效果。如果单击【阅读突出显示】按钮并选择【清除突出显示】命令，将清除文档中用于标记匹配项的高亮颜色。

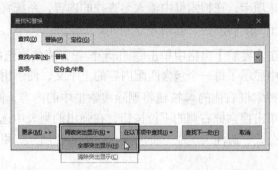

图 8-4 选择【高级查找】命令　　图 8-5 在【查找和替换】对话框的【查找】选项卡中进行查找

8.1.2 快速选择查找到的所有匹配内容

有时需要对找到的匹配内容执行一些统一的操作，例如为它们设置字体格式或将这些找到的内容提取到一个新文档中。首先在【查找和替换】对话框的【查找】选项卡中搜索指定内容，显示搜索结果后，单击【在以下项中查找】按钮，然后在弹出的列表中选择【主文档】命令，如图 8-6 所示，即可选中所有匹配的内容。

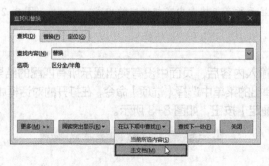

图 8-6 选择【主文档】命令

> **提示**
>
> 可以在不关闭【查找和替换】对话框的情况下对文档中的内容进行操作。例如，可以复制文档中的内容，然后将其粘贴到【查找内容】文本框中以用作要搜索的内容，从而代替手动输入。

8.1.3　快速修改错误的内容

替换功能常见的应用场景是修改文档中的错误内容，尤其适用于同一个错误出现在文档中多个位置的情况。

案例 8-1　将招聘启事中的所有"召聘"改为"招聘"

案例目标　图 8-7 所示的招聘启事中错将"招聘"输入为"召聘"，现在要更正此错误。

 **案例实现**

❶ 按 Ctrl+H 组合键，打开【查找和替换】对话框的【替换】选项卡。

❷ 在【查找内容】文本框中输入"召聘"，然后在【替换为】文本框中输入"招聘"，如图 8-8所示。

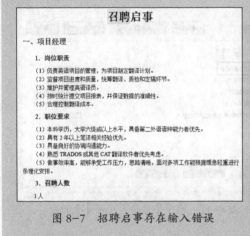

图 8-7　招聘启事存在输入错误

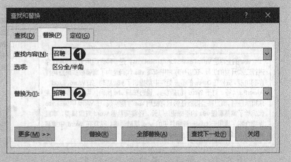

图 8-8　设置查找内容和替换内容

❸ 单击【全部替换】按钮，将文档中所有的"召聘"改为"招聘"。系统会在一个对话框中显示完成替换的数量，如图 8-9 所示，单击【确定】按钮关闭该对话框。

图 8-9　显示完成替换的数量

8.1.4　快速转换英文大小写

应用区分大小写功能，可以在查找和替换时区分英文字母的大小写形式。

案例 8-2　将所有的"vBa"改为"VBA"

案例目标　图 8-10 所示的文档中同时包含"vba"和"vBa"两种形式的同一个单词。现在要将所有的"vBa"改为"VBA"，而"vba"保持不变。

案例实现

❶ 按 Ctrl+H 组合键，打开【查找和替换】对话框的【替换】选项卡。

❷ 在【查找内容】文本框中输入“vBa”，在【替换为】文本框中输入“VBA”。

❸ 单击【更多】按钮（单击后，该按钮变为【更少】按钮），展开【查找和替换】对话框，选中【区分大小写】复选框，如图 8-11 所示。

❹ 单击【全部替换】按钮，将文档中所有的“vBa”改为“VBA”。

vba 的全称是 Visual·Basic·for·Applications，是一种专门用于对应用程序进行二次开发的工具。在应用程序中编写 vBa 代码是为了增强或扩展应用程序的功能。微软在 Office 的很多组件中都提供了 vBa 功能，如 Word、Excel、PowerPoint 等。对于 Word 排版而言，通过编写 vba 代码，可以更高效地完成排版任务，而且某些排版任务只有使用 vBa 才能实现。在 Word 中编写 vba 代码除了需要掌握 vBa 的基础语法以外，还需要熟悉 Word 对象模型。本章详细介绍了通用于 Office 各组件中的 vba 基础语法，以及在 Word 中编写 vBa 代码所需掌握的常用的 Word 对象模型。↵

图 8-10　存在错误的大小写的文档

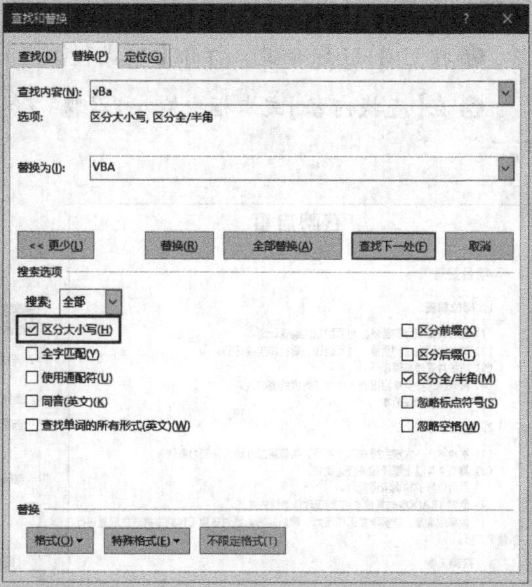

图 8-11　选中【区分大小写】复选框

8.1.5 快速转换文本的全角和半角格式

应用区分全 / 半角功能，可以在查找和替换时快速转换文本的全角和半角格式。

案例 8-3　将所有全角格式的“ＶＢＡ”改为半角格式

案例目标　图 8-12 所示的文档中的所有“VBA”都是全角格式的，现在要将它们转换为半角格式。

ＶＢＡ的全称是 Visual Basic for Applications，是一种专门用于对应用程序进行二次开发的工具。在应用程序中编写ＶＢＡ代码是为了增强或扩展应用程序的功能。微软在 Office 的很多组件中都提供了ＶＢＡ功能，如 Word、Excel、PowerPoint 等。对于 Word 排版而言，通过编写ＶＢＡ代码，可以更高效地完成排版任务，而且某些排版任务只有使用ＶＢＡ才能实现。在 Word 中编写ＶＢＡ代码除了需要掌握ＶＢＡ的基础语法以外，还需要熟悉 Word 对象模型。本章详细介绍了通用于 Office 各组件中的ＶＢＡ基础语法，以及在 Word 中编写ＶＢＡ代码所需掌握的常用的 Word 对象模型。

图 8-12　全角格式的“VBA”

案例实现

❶ 按 Ctrl+H 组合键，打开【查找和替换】对话框的【替换】选项卡。

❷在【查找内容】文本框中输入"vba"，然后在【替换为】文本框中输入"VBA"。

❸单击【更多】按钮，展开【查找和替换】对话框，取消选中【区分大小写】和【区分全/半角】复选框，如图8-13所示。

❹单击【全部替换】按钮，将文档中所有全角格式的"ＶＢＡ"改为半角格式的"VBA"。

由于Word中默认的查找和替换功能选中了【区分全/半角】复选框，因此用户在执行查找和替换操作时，系统会默认区分全角、半角来查找内容。如果选中该复选框，则必须输入全角格式的"ＶＢＡ"作为查找内容；而取消选中该复选框，则不必输入全角格式的内容。

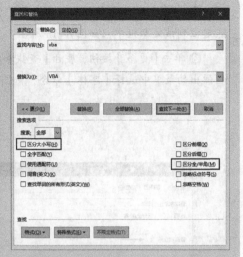

图8-13 取消选中【区分大小写】和【区分全/半角】复选框

8.2 查找和替换格式

用户不仅可以查找和替换文本内容，还可以查找和替换文本的格式，以便快速选择具有特定格式的文本或设置其格式。

8.2.1 批量为内容设置字体格式

使用替换功能可以快速为文档中的特定内容设置字体格式。

案例8-4 将工作总结中的所有"总结"一词加粗显示

案例目标 "总结"一词出现在工作总结中的多个位置，现在要为该词设置加粗格式，效果如图8-14所示。

工作总结

2022年在不经意间已从身边滑过，回首这一年，步步脚印.我于2020年3月份进入公司，在职期间，我非常感谢公司领导及各位同事的支持与帮助。在公司领导和各位同事的支持与帮助下，我很快融入了我们这个集体当中，成为大家庭的一员，在工作模式和工作方式上有了重大的突破和改变.在任职期间，我严格要求自己，做好自己的本职工作.现将2022年工作**总结**如下。

3，培养销售人员发现问题、**总结**问题、不断自我提高的习惯。培养销售人员发现问题、**总结**问题的目的在于提高销售人员综合素质，在工作中能发现问题、**总结**问题并能提出自己的看法和建议，业务能力提高到一个新的档次。

图8-14 将所有的"总结"加粗显示

 案例实现

❶按Ctrl+H组合键，打开【查找和替换】对话框的【替换】选项卡。

❷ 在【查找内容】文本框中输入"总结",然后单击【替换为】文本框的内部,将插入点定位到该文本框中,如图 8-15 所示。

❸ 单击【更多】按钮,展开【查找和替换】对话框,然后单击对话框底部的【格式】按钮,在弹出的菜单中选择【字体】命令,如图 8-16 所示。

图 8-15 输入查找内容并定位插入点

图 8-16 选择【字体】命令

❹ 打开【替换字体】对话框,在【字体】选项卡的【字形】列表框中选择【加粗】选项,然后单击【确定】按钮,如图 8-17 所示。

技巧 ❀❀

在将插入点定位到【替换为】文本框中之后,可以按 Ctrl+B 组合键设置加粗格式,而无须打开【替换字体】对话框。

❺ 返回【查找和替换】对话框,在【替换为】文本框的下方显示"字体:加粗"文字,如图 8-18 所示,以此来表示上一步设置的加粗格式。单击【全部替换】按钮,将所有的"总结"设置加粗格式。

图 8-17 选择【加粗】选项

图 8-18 设置的格式显示在【替换为】文本框的下方

> **提示**
>
> 　　只要在【替换为】文本框中设置了格式，即使在【替换为】文本框中没有输入任何内容；也可以执行正常的替换操作，此时执行的是格式替换。如果既没有在【替换为】文本框中设置格式，又没有在其中输入任何内容，则在执行替换操作时，系统将删除与查找内容匹配的内容。

8.2.2　批量更改内容的字体格式

　　案例 8-4 是通过查找和替换为特定的内容设置所需的格式，实际上，也可以针对具有特定格式的内容设置所需的格式，而无须在意内容本身。

案例 8-5　为文档中的所有红色文字设置倾斜和下划线效果

案例目标　为文档中的所有红色文字设置倾斜和下划线效果，只修改这些文字的格式，不修改内容本身，效果如图 8-19 所示。

> 查找和替换是 Word 提供的一个非常*强大*的功能。使用查找功能可以在文档中快速定位指定的内容，使用替换功能可以快速将文档中的指定内容*替换*为新内容。查找和替换还支持针对格式上的*操作*，包括查找指定的格式或指定内容设置格式。无论查找和替换内容本身还是格式，都可以将查找和替换操作一次性作用于文档所有*位置*上出现的同一个内容，实现批量处理，这对长文档的*编辑*和排版尤其有用。查找和替换中的通配符则提供了更灵活的处理方式，在查找和替换中使用通配符可以完成大量*复杂*的编辑与*搜索*任务。本章详细介绍了Word 查找和替换功能的用法，包括基本内容和格式的查找和替换，以及使用通配符进行的高级查找和替换，同时*列举*了数个实例。

图 8-19　为所有红色文字设置倾斜和下划线效果

案例实现

　　❶ 按 Ctrl+H 组合键，打开【查找和替换】对话框的【替换】选项卡，单击【更多】按钮，展开【查找和替换】对话框。

　　❷ 将插入点定位到【查找内容】文本框中，然后单击【格式】按钮，在弹出的列表中选择【字体】命令，打开【查找字体】对话框，在【字体】选项卡的【字体颜色】下拉列表中选择红色，然后单击【确定】按钮，如图 8-20 所示。

　　❸ 返回【查找和替换】对话框，将插入点定位到【替换为】文本框中，然后重复步骤❷的部分操作，打开【替换字体】对话框，在【字体】选项卡的【字形】列表框中选择【倾斜】选项，在【下划线线型】下拉列表中选择所需的线型，最后单击【确定】按钮，如图 8-21 所示。

　　❹ 返回【查找和替换】对话框，在【查找内容】和【替换为】两个文本框的下方分别显示了不同的格式，如图 8-22

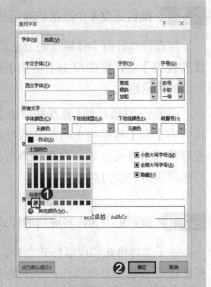

图 8-20　设置查找内容的字体格式

所示。单击【全部替换】按钮，即可为文档中的所有红色文字设置倾斜和下划线效果。

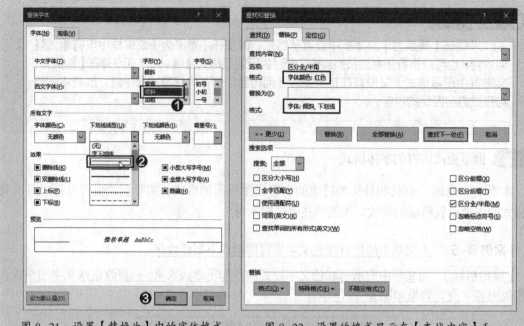

图 8-21　设置【替换为】中的字体格式

图 8-22　设置的格式显示在【查找内容】和
【替换为】两个文本框的下方

提示

如果在【查找内容】或【替换为】文本框中设置了错误的格式，可以单击【不限定格式】
按钮清除设置的所有格式，然后重新设置。

8.2.3　批量更改多个段落的段落格式文档

与查找和替换字体格式的方法类似，Word 也支持对段落格式进行查找和替换操作。在【查找和替换】对话框中单击【格式】按钮并选择【段落】命令，然后在【段落】对话框中设置所需的段落格式。

在图 8-23 所示的【查找和替换】对话框中的【查找内容】和【替换为】两个文本框的下方显示了设置好的段落格式，表示将文档中所有设置为居中对齐的段落格式改为左对齐。

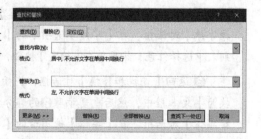

图 8-23　查找和替换段落格式

8.2.4　批量更改为内容应用的样式

除了字体格式和段落格式之外，Word 还支持对样式进行查找和替换操作。如果为内容设置了样式，则可以使用查找和替换功能快速找到指定的样式并替换为另一种样式。

在图 8-24 中，查找文档中应用了名为"标题 1"样式的所有内容，然后为这些内容应用名为"正文"的样式。为【查找内容】和【替换为】两项设置样式，需要单击【查找和替换】

对话框中的【格式】按钮，在弹出的菜单中选择【样式】命令，然后在打开的对话框中选择所需的样式。

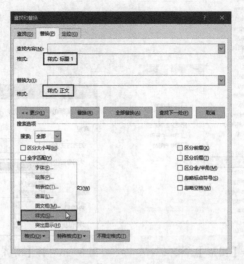

图 8-24　使用查找和替换功能更改为内容应用的样式

关于样式的更多内容，请参考本书第 3 章。

8.2.5　批量将所有嵌入型图片设置为居中对齐

使用查找和替换功能可以批量处理文档中的嵌入型图片，例如设置图片在水平方向上居中对齐。

案例 8-6　将论文中的所有嵌入型图片居中对齐

案例目标　将论文中的所有嵌入型图片设置为在水平方向上居中对齐。

❶ 按 Ctrl+H 组合键，打开【查找和替换】对话框的【替换】选项卡，单击【更多】按钮，展开【查找和替换】对话框。

❷ 将插入点定位到【查找内容】文本框中，然后单击【特殊格式】按钮，在弹出的菜单中选择【图形】命令，如图 8-25 所示。

❸ 将插入点定位到【替换为】文本框中，然后单击【格式】按钮，在弹出的菜单中选择【段落】命令，打开【替换段落】对话框，在【缩进和间距】选项卡的【对齐方式】下拉列表中选择【居中】选项，如图 8-26 所示，然后单击【确定】按钮。

❹ 返回【查找和替换】对话框，如图 8-27 所示。单击【全部替换】按钮，即可将所有嵌入型图片在水平方向上居中对齐。

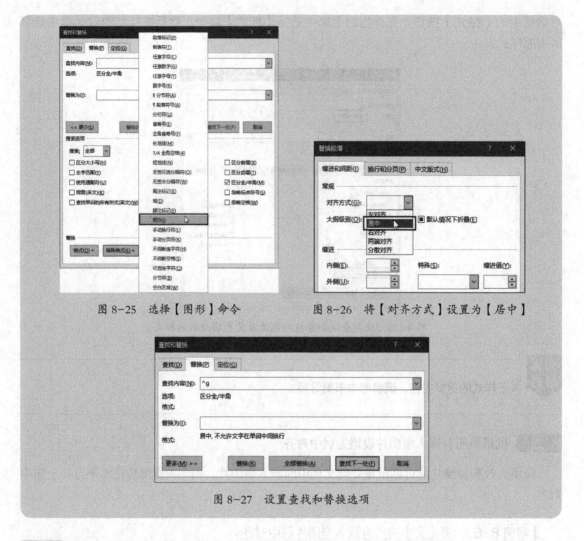

图 8-25 选择【图形】命令   图 8-26 将【对齐方式】设置为【居中】

图 8-27 设置查找和替换选项

8.2.6 批量删除所有嵌入型图片

使用查找和替换功能可以快速删除文档中的所有嵌入型图片。打开【查找和替换】对话框中的【替换】选项卡，然后在【查找内容】文本框中输入"^g"，在【替换为】文本框中不输入任何内容，最后单击【全部替换】按钮即可。

8.3 使用通配符进行查找和替换

本章前面介绍的查找和替换操作只能处理简单的任务，对于复杂的任务而言，需要使用通配符才能完成。在开始使用通配符进行查找和替换之前，需要了解通配符的使用规则和注意事项。

8.3.1 通配符的使用规则和注意事项

通配符是 Word 查找和替换功能中的一类特殊字符，其中的每个字符都有特定的含义，而非字符本身的含义。例如，"*"代表零个或任意多个字符，"?"代表任意单个字符。如需一次性处理具有共性的一系列内容，则需要使用通配符，例如查找以字母 C 开头的英文单词或所有的 3 位数。表 8-1 列出了在 Word 中查找和替换内容时可以使用的通配符及其用法。

表 8-1　在 Word 中查找和替换内容时可以使用的通配符及其用法

通配符	说明	用法
?	任意单个字符	c?t，可查找到 cat、cut，但查找不到 coat
*	零个或任意多个字符	c*t，可查找到 cat、cut，也可查找到 coat
<	单词的开头	<(view)，可查找到 viewer，但查找不到 review
>	单词的结尾	(view)>，可查找到 review，但查找不到 viewer
[]	指定字符之一	c[au]t，可查找到 cat、cut，但查找不到 cot
[-]	指定范围内的任意单个字符	[0-9]，可查找到 0～9 的任一数字
[!]	括号内字符范围以外的任意单个字符	[!0-9]，可查找到除 0～9 以外的其他任何内容
{n}	n 个前一字符或表达式	ro{2}t，可查找到 root，但查找不到 rot
{n,}	至少 n 个前一字符或表达式	ro{1,}t，可查找到 root，也可查找到 rot
{n,m}	n 到 m 个前一字符或表达式	10{1-3}，可查找到 10、100 和 1000
@	一个或一个以上的前一字符或表达式	ro@t，可查找到 rot、root，与 {1,} 的功能类似
(n)	表达式，用于将内容分组，以便在替换代码中以组为单位单独处理各个部分	如果查找 (word)，可以在替换时使用 \1 表示 word；如果查找 (word)(excel)，可以使用 \1 和 \2 分别表示 word 和 excel

如需在查找或替换时使用通配符，需要在【查找和替换】对话框的【查找】或【替换】选项卡中单击【更多】按钮，然后选中【使用通配符】复选框，如图 8-28 所示。

使用通配符时需要注意以下几点。

• 在【查找内容】文本框中输入的内容严格区分大小写。

• 通常在【查找内容】文本框中输入通配符，并且必须在英文半角状态下输入。

• 如需查找通配符本身的字符，例如"*""?""\"等，需要在每一个字符的左侧添加"\"。例如，查找"?"字符需要输入"\?"。

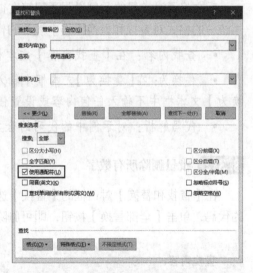

图 8-28　选中【使用通配符】复选框

• 图 8-29 所示为选中【使用通配符】复选框之前和之后，【查找内容】和【替换为】两个文本框中可以使用的特殊符号，左侧的两个图显示了可以在【查找内容】文本框中使用的特殊符号，右侧的两个图显示了可以在【替换为】文本框中使用的特殊符号。在单击【特殊格式】按钮后弹出的列表中可以选择这些特殊符号，也可以直接在【查找内容】和【替换为】文本框中输入与这些特殊符号等效的代码，这些代码以"^"符号开头，如段落标记的代码为"^p"或"^13"。本书附录 3 列出了特殊符号对应的代码。

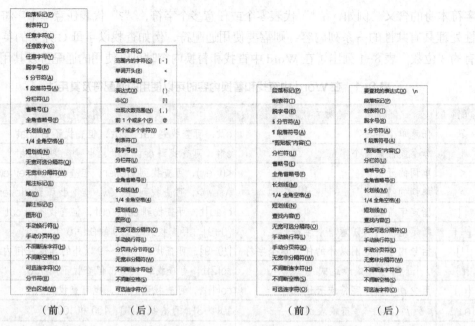

段落标记(P)		任意字符(C)	?		段落标记(P)		要查找的表达式(X)	\n
制表符(T)		范围内的字符(G)	[-]		制表符(T)		段落标记(P)	
任意字符(C)		单词开头(B)	<		脱字号(R)		制表符(T)	
任意数字(G)		单词结尾(E)	>		§ 分节符(A)		脱字号(R)	
任意字母(Y)		表达式(X)	()		¶ 段落符号(A)		§ 分节符(A)	
脱字号(R)		非(X)	[!]		"剪贴板"内容(C)		¶ 段落符号(A)	
§ 分节符(A)		出现次数范围(N)	{,}		分栏符(U)		"剪贴板"内容(C)	
¶ 段落符号(A)		前 1 个或多个(P)	@		省略号(E)		分栏符(U)	
分栏符(U)		零个或多个字符(0)	*		全角省略号(F)		省略号(E)	
省略号(E)		制表符(T)			长划线(M)		全角省略号(F)	
全角省略号(F)		脱字号(R)			1/4 全角空格(4)		长划线(M)	
长划线(M)		分栏符(U)			短划线(N)		1/4 全角空格(4)	
1/4 全角空格(4)		省略号(E)			查找内容(I)		短划线(N)	
短划线(N)		全角省略号(F)			无宽可选分隔符(O)		查找内容(I)	
无宽可选分隔符(O)		长划线(M)			手动换行符(L)		无宽可选分隔符(O)	
无宽非分隔符(W)		1/4 全角空格(4)			手动分页符(K)		手动换行符(L)	
尾注标记(D)		短划线(N)			无宽非分隔符(S)		手动分页符(K)	
域(D)		图形(I)			不间断连字符(H)		无宽非分隔符(S)	
脚注标记(F)		无宽可选分隔符(O)			不间断空格(S)		不间断连字符(H)	
图形(I)		手动换行符(L)			可选连字符(O)		不间断空格(S)	
手动换行符(L)		分页符/分节符(K)					可选连字符(O)	
手动分页符(K)		无宽非分隔符(S)						
不间断连字符(H)		不间断连字符(H)						
不间断空格(S)		不间断空格(S)						
可选连字符(O)		可选连字符(Y)						
分节符(B)								
空白区域(W)								

（前）	（后）		（前）	（后）

图 8-29　选中【使用通配符】复选框前后【查找内容】和【替换为】两个文本框中可以使用的特殊符号

- 在对页数较多、内容复杂的文档进行查找和替换之前，建议先保存并备份文档，以免发生 Word 无响应的情况，甚至导致文档损坏。

后文将通过大量的示例说明通配符在查找和替换中的用法。为了便于描述，每个示例都使用统一的格式对查找和替换操作中涉及的代码进行说明，包括以下 3 个部分。

- 查找内容：在【查找内容】文本框中输入的查找代码。

- 替换为：在【替换为】文本框中输入的替换代码。某些示例中不包括该项，表示在【替换为】文本框中不输入任何内容或设置任何格式。

- 代码解析：对示例中的代码的含义进行说明。

8.3.2 批量删除所有数字

在【查找和替换】对话框的【替换】选项卡中选中【使用通配符】复选框，然后输入下面的代码，单击【全部替换】按钮，即可删除文档中的所有数字。

> **查找内容**: [0-9]
>
> **代码解析**:
>
> "[0-9]"表示 0 ~ 9 中的任意一个数字。
>
> 不使用通配符也可以完成相同的操作，即取消选中【使用通配符】复选框，然后输入下面的代码。
>
> **查找内容**: ^#

8.3.3 批量删除所有英文

在【查找和替换】对话框的【替换】选项卡中选中【使用通配符】复选框，然后输入下面的代码，单击【全部替换】按钮，即可删除文档中的所有英文。

> **查找内容：** [A-Za-z]
>
> **代码解析：**
>
> "[A-Za-z]"表示大写字母 A～Z 和小写字母 a～z。
>
> 不使用通配符也可以完成相同的操作，即取消选中【使用通配符】复选框，然后输入下面的代码。
>
> **查找内容：** ^$

8.3.4　批量删除所有汉字

在【查找和替换】对话框的【替换】选项卡中选中【使用通配符】复选框，然后输入下面的代码，单击【全部替换】按钮，即可删除文档中的所有汉字。

> **查找内容：** [一 - 隀]
>
> **代码解析：**
>
> "一"是汉字中的第一个字，"隀"是汉字中的最后一个字，"[一 - 隀]"表示所有汉字。使用以下两种方法可以输入"隀"字。

- 输入"FA29"，"FA"的大小写均可，然后按 Alt+X 组合键。

- 在功能区的【插入】选项卡中单击【符号】按钮，在弹出的列表中选择【其他符号】命令，打开【符号】对话框。在【符号】选项卡中将【字体】设置为【（普通文本）】，将【子集】设置为【CJK 兼容汉字】，然后在下方选择【隀】后单击【插入】按钮，如图 8-30 所示。

8.3.5　批量删除所有英文和英文标点符号

在【查找和替换】对话框的【替换】选项卡中选中【使用通配符】复选框，然后输入下面的代码，单击【全部替换】按钮，即可删除文档中的所有英文和英文标点符号。

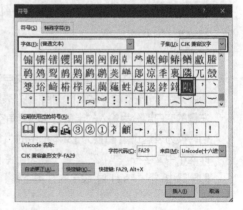

图 8-30　使用【符号】对话框输入"隀"字

> **查找内容：** [^1-^127]
>
> **代码解析：**
>
> 由本书附录 3 可知，所有英文字母和英文标点符号的 ASCII 编码位于 1～127，因此，"[^1-^127]"表示所有的英文字母和英文标点符号。
>
> 如果文档中的内容不止一段，为了在删除所有英文字母和英文标点符号时不会破坏段落格式，可以使用下面的代码，跳过表示段落标记的"^13"，这样在删除时会保留段落标记。
>
> **查找内容：** [^1-^12^14-^127]

8.3.6 批量删除所有中文标点符号

在【查找和替换】对话框的【替换】选项卡中选中【使用通配符】复选框，然后输入下面的代码，单击【全部替换】按钮，即可删除文档中的所有中文标点符号。

> **查找内容：** [!－－陽 ^1-^127]
>
> **代码解析：**
>
> 删除所有中文标点符号相当于保留所有汉字、英文字母和英文标点符号。由于"[－－陽]"表示所有汉字，"[^1-^127]"表示所有英文字母和英文标点符号，所以"[－－陽 ^1-^127]"表示所有汉字、英文字母和英文标点符号，而通配符中的"!"符号表示指定范围之外的内容，因此，"[!－－陽 ^1-^127]"表示非汉字、非英文字母以及非英文标点符号的内容，即本例要查找的目标——中文标点符号。

8.3.7 批量删除中文字符之间的空格

在【查找和替换】对话框的【替换】选项卡中选中【使用通配符】复选框，然后输入下面的代码，单击【全部替换】按钮，即可删除文档中的所有中文字符之间的空格。这些空格包括半角空格、全角空格和不间断空格。"中文字符之间"是指汉字之间、中文标点符号之间、汉字与中文标点符号之间。

> **查找内容：** ([!^1-^127])[　 ^s]{1,}([!^1-^127])
>
> **替换为：** \1\2
>
> **代码解析：**
>
> 本例中的中文字符是指所有非西文字符，"[!^1-^127]""[!^1-^127]"表示非西文字符，即两个中文字符，它们之间的"[　 ^s]{1,}"表示一个或多个空格，其中的"^s"表示不间断空格，"^s"左侧的空白部分为输入的半角空格和全角空格。使用圆括号分别将两个"[!^1-^127]"括起，可将它们转换为表达式。【替换为】文本框中的"\1"和"\2"代表【查找内容】文本框中的两个"[!^1-^127]"，即两个中文字符，"\1\2"连在一起表示将【查找内容】文本框中两个"[!^1-^127]"之间的部分删除，即删除由"[　 ^s]{1,}"表示的3类空格。

> **提示**
>
> 除了可以使用空格键输入半角空格之外，还可以使用代码"^32"来表示半角空格。

8.3.8 批量删除所有空白段落

在【查找和替换】对话框的【替换】选项卡中选中【使用通配符】复选框，然后输入下面的代码，单击【全部替换】按钮，即可删除文档中的所有空白段落。

> **查找内容：** ^13{2,}
>
> **替换为：** ^p

代码解析：

"^13" 表示段落标记，由于文档中两段内容之间的空白段落可能不止一个，所以使用 "{2,}" 表示两个或两个以上。"^13{2,}" 表示两个或两个以上的段落标记。由于选中了【使用通配符】复选框，因此，在【查找内容】文本框中只能使用 "^13" 来表示段落标记，而在【替换为】文本框中可以使用 "^p" 或 "^13" 来表示段落标记。

8.3.9　批量删除所有重复段落

案例 8-7　批量删除员工绩效考核管理制度中的所有重复段落

案例目标　将员工绩效考核管理制度中所有重复出现的段落删除，效果如图 8-31 所示。

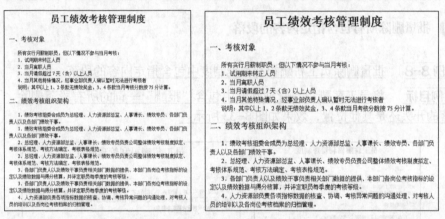

图 8-31　批量删除所有重复出现的段落

案例实现

在【查找和替换】对话框的【替换】选项卡中选中【使用通配符】复选框，然后输入下面的代码，如图 8-32 所示。反复单击【全部替换】按钮，直到无法再进行替换为止，即可删除文档中的所有重复段落。

图 8-32　设置查找和替换选项

查找内容： (<[!^13]*^13)(*)\1

替换为： \1\2

代码解析：

查找代码由3部分组成，两对圆括号分别为两个表达式，第一个表达式"(<[!^13]*^13)"用于查找以非段落标记开头的一个段落，第二个表达式"(*)"用于查找第一个找到段落之后的任意内容。"\1"表示重复第一个表达式，即查找与由"(<[!^13]*^13)"代码找到的段落内容相同的下一个段落，因此，【查找内容】文本框中的代码用于定位包含两个重复段落及其之间的所有内容。【替换为】文本框中的代码"\1\2"表示将找到的内容替换为【查找内容】文本框中的前两部分，即删除【查找内容】文本框中"\1"表示的重复段落。

8.3.10 批量删除所有包含指定内容的段落

案例 8-8 批量删除员工薪酬福利管理制度中包含指定内容的段落

案例目标 将员工薪酬福利管理制度中包含"报酬"一词的所有段落删除，无论该词位于段落的开头还是其他位置，效果如图8-33所示。

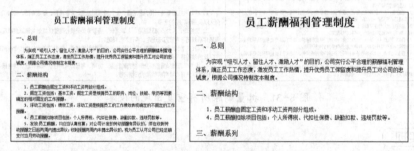

图 8-33 批量删除包含指定内容的段落

案例实现

在【查找和替换】对话框的【替换】选项卡中选中【使用通配符】复选框，然后输入下面的代码，如图8-34所示。单击【全部替换】按钮，即可删除文档中所有包含"报酬"一词的段落。

图 8-34 设置查找和替换选项

查找内容： <[!^13]@ 报酬 *^13

代码解析：

　　"[!^13]"表示任何一个非段落标记的字符，"<"表示词的开头，"@"表示一个以上的前一个字符或表达式，因此，由以上 3 个部分组成的"<[!^13]@"表示以非段落标记开头的一个或多个字符。"报酬 *^13"表示包含"报酬"在内的以段落标记结尾的内容。整个代码"<[!^13]@报酬 *^13"表示以非段落标记的字符开头，并且包含"报酬"在内的段落。

8.3.11　批量删除所有以英文字母开头的段落

案例8-9　批量删除所有以英文字母开头的歌词

案例目标　歌词中包含中文和英文，每行歌词都是独立的一段，现在要删除所有英文歌词，效果如图 8-35 所示。

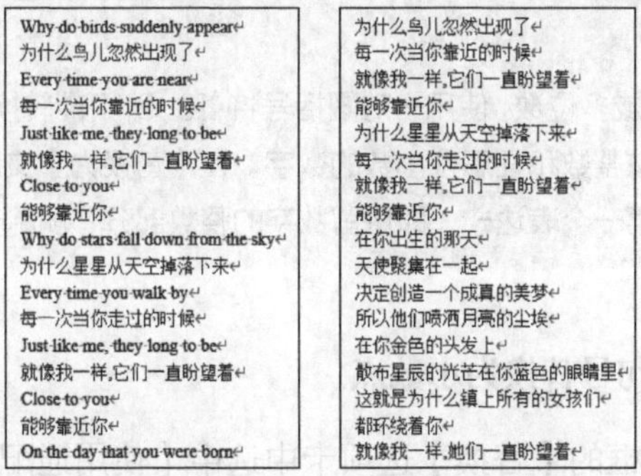

Why do birds suddenly appear↵
为什么鸟儿忽然出现了↵
Every time you are near↵
每一次当你靠近的时候↵
Just like me, they long to be↵
就像我一样，它们一直盼望着↵
Close to you↵
能够靠近你↵
Why do stars fall down from the sky↵
为什么星星从天空掉落下来↵
Every time you walk by↵
每一次当你走过的时候↵
Just like me, they long to be↵
就像我一样，它们一直盼望着↵
Close to you↵
能够靠近你↵
On the day that you were born↵

为什么鸟儿忽然出现了↵
每一次当你靠近的时候↵
就像我一样，它们一直盼望着↵
能够靠近你↵
为什么星星从天空掉落下来↵
每一次当你走过的时候↵
就像我一样，它们一直盼望着↵
能够靠近你↵
在你出生的那天↵
天使聚集在一起↵
决定创造一个成真的美梦↵
所以他们顺洒月亮的尘埃↵
在你金色的头发上↵
散布星辰的光芒在你蓝色的眼睛里↵
这就是为什么镇上所有的女孩们↵
都环绕着你↵
就像我一样，她们一直盼望着↵

图 8-35　批量删除所有以英文字母开头的歌词

案例实现

　　在【查找和替换】对话框的【替换】选项卡中选中【使用通配符】复选框，然后输入下面的代码，如图 8-36 所示。单击【全部替换】按钮，即可删除所有以英文字母开头的歌词。

图 8-36　设置查找和替换选项

> **查找内容：** [A-Za-z][!^13]@^13
>
> **代码解析：**
>
> "[A-Za-z]"表示所有的大写字母和小写字母，"[!^13]@"表示一个以上的非段落标记，"[A-Za-z][!^13]@^13"表示以字母开头、包含一个以上的非段落标记且以段落标记结尾的内容，即以字母开头的段落。

8.3.12 批量删除所有数字的小数部分

在【查找和替换】对话框的【替换】选项卡中选中【使用通配符】复选框，然后输入下面的代码，单击【全部替换】按钮，即可删除所有数字的小数部分。

> **查找内容：** ([0-9]{1,}).[0-9]{1,}
>
> **替换为：** \1
>
> **代码解析：**
>
> "[0-9]{1,}"表示一位或多位数，使用一对圆括号将"[0-9]{1,}"转换为一个表达式；"([0-9]{1,}).[0-9]{1,}"表示包含任意位整数和任意位小数的数字。在【替换为】文本框中使用"\1"表示只保留【查找内容】文本框中的第一个表达式，即保留数字的整数部分，删除数字的小数部分。

8.3.13 批量将数字中的句号替换为小数点

在【查找和替换】对话框的【替换】选项卡中选中【使用通配符】复选框，然后输入下面的代码，单击【全部替换】按钮，即可将所有数字中的句号替换为小数点。

> **查找内容：** ([0-9]{1,})。([0-9]{1,})
>
> **替换为：** \1.\2
>
> **代码解析：**
>
> 本例代码的含义与 8.3.12 小节介绍的代码的含义基本相同，区别在于在【查找内容】文本框中使用两对圆括号将两组"[0-9]{1,}"分别转换为表达式，且将中间的小数点转换为句号；然后在【替换为】文本框中使用"\1"和"\2"分别代表两个表达式，在它们之间插入小数点。

8.3.14 批量在表格中的两个字姓名之间添加全角空格

案例 8-10 批量在员工信息表中的两个字姓名之间添加全角空格

案例目标 表格的第一列为两个字或三个字的姓名，为了使所有姓名左右两端对齐，需要在两个字的姓名之间添加一个全角空格，效果如图 8-37 所示。

姓名	性别	年龄	籍贯
唐辉	男	23	河北
陈波	男	31	山东
刘铭晨	男	28	辽宁
朱安	女	25	四川
孙邵瑾	女	32	湖北
朱超	男	27	广东
谢辉	男	35	山西

姓名	性别	年龄	籍贯
唐　辉	男	23	河北
陈　波	男	31	山东
刘铭晨	男	28	辽宁
朱　安	女	25	四川
孙邵瑾	女	32	湖北
朱　超	男	27	广东
谢　辉	男	35	山西

添加前　　　　　　　　　　　　　　　添加后

图 8-37　批量在表格中的两个字姓名之间添加全角空格

案例实现

选择表格第一列中的所有姓名，在【查找和替换】对话框的【替换】选项卡中选中【使用通配符】复选框，然后输入下面的代码，如图 8-38 所示。单击【全部替换】按钮，然后在打开的对话框中单击【否】按钮，如图 8-39 所示，即可在所有两个字的姓名之间插入一个全角空格。

图 8-38　设置查找和替换选项　　　图 8-39　单击【否】按钮完成替换操作

查找内容： <(?)(?)>

替换为： \1　\2

代码解析：

"?"表示任意一个字符，使用圆括号将"?"转换为一个表达式。由于要查找的是两个字的姓名，为了将字数限定为两个字，需要使用"<"和">"限定查找内容的开始和结尾部分，以实现只查找两个字的目的。【替换为】文本框中的"\1"和"\2"之间的空白是一个全角空格。

8.3.15　批量为表格中的金额添加货币符号

案例 8-11　批量为商品销售明细表中的金额添加货币符号

案例目标　表格第二列中的数字表示金额，为了使这些数字的含义更明确，现在要在每个数字的开头添加货币符号，效果如图 8-40 所示。

产品	金额
大米	800
酱油	300
食用油	1200
味精	240
白糖	180

产品	金额
大米	￥800
酱油	￥300
食用油	￥1200
味精	￥240
白糖	￥180

添加前　　　　　　　　　　　　添加后

图 8-40　批量为表格中的金额添加货币符号

案例实现

在【查找和替换】对话框的【替换】选项卡中选中【使用通配符】复选框，然后输入下面的代码，如图 8-41 所示。单击【全部替换】按钮，即可在表格中所有数字的开头添加货币符号。

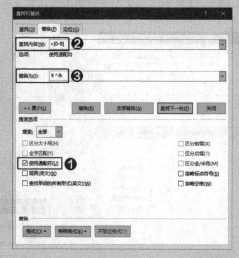

图 8-41　设置查找和替换选项

查找内容：<[0-9]

替换为：￥^&

代码解析：

"[0-9]"表示所有数字，"<[0-9]"表示以数字开头的内容。"^&"表示在【查找内容】文本框中输入的所有内容。在"^&"左侧输入"￥"，表示在以数字开头的内容左侧添加一个货币符号。

提示

可以在中文输入法状态下按 Shift+4 组合键输入"￥"。

8.3.16　批量删除多余的半角空格

从网页中复制并粘贴到 Word 文档中的内容通常会带有一些空格，这些空格出现的位置有以下几种情况。

- 英文单词之间。

- 汉字之间。

- 汉字和英文之间。

手动删除这些空格不但浪费时间，还很容易出现遗漏。下面将介绍同时存在以上几种空格时的删除方法。需要注意的是，两个英文单词之间需要保留一个空格，不能将该空格删除。删除这些空格的操作步骤如下。

❶ 将两个或多个空格替换为一个空格。在【查找和替换】对话框的【替换】选项卡中选中【使用通配符】复选框，然后输入下面的代码，单击【全部替换】按钮，即可将两个或两个以上的空格替换为一个空格。

查找内容: ^32{2,}

替换为: ^32

❷ 修改【查找内容】和【替换为】两个文本框中的代码，然后单击【全部替换】按钮，将英文单词之间的空格替换为 6 个星号（其他符号也可以，此处以星号为例）。

查找内容: ([A-Za-z])( )([A-Za-z])

替换为: \1******\3

代码解析:

　　"([A-Za-z])( )([A-Za-z])"表示查找英文字母和英文字母之间包括 1 个空格的内容，使用 3 对圆括号将代码的 3 个部分各自转换为表达式。

❸ 修改【查找内容】文本框中的代码，将【替换为】文本框留空，即不输入任何内容，然后单击【全部替换】按钮，删除中文和英文之间的空格。

查找内容: ^32

❹ 修改【查找内容】和【替换为】两个文本框中的代码，将英文单词之间的 6 个星号还原为一个空格。

查找内容: *{6}

替换为: ^32

代码解析:

　　由于"*"是通配符，查找"*"本身需要在其左侧添加"\"。

8.3.17 批量为表格中的金额添加千位分隔符

批量为商品销售明细表中的金额添加千位分隔符

案例目标 表格第 3 列中的数字都是表示金额的 4 位数，现在要为每个数字添加千位分隔符，效果如图 8-42 所示。

年度	产品	销售额（万元）
2017 年	空调	3500
2018 年	空调	3780
2019 年	空调	4350
2020 年	空调	3920
2021 年	空调	5390

年度	产品	销售额（万元）
2017 年	空调	3,500
2018 年	空调	3,780
2019 年	空调	4,350
2020 年	空调	3,920
2021 年	空调	5,390

添加前　　　　　　　　　　　　　　　　　添加后

图 8-42 批量为表格中的金额添加千位分隔符

在【查找和替换】对话框的【替换】选项卡中选中【使用通配符】复选框，然后输入下面的代码，如图 8-43 所示。单击【全部替换】按钮，即可为所有金额添加千位分隔符，而跳过第一列中的年份数字。

图 8-43 设置查找和替换选项

查找内容： <([0-9])([0-9]{3})>

替换为： \1,\2

代码解析：

"[0-9][0-9]{3}"表示查找一个 4 位数，由于要在数字的第一位和第二位之间插入千位分隔符，因此，需要将数字的第一位和后三位分为两组，使用两对圆括号将两组代码转换为两个表达式。由于表格的第一列的年份是结尾带"年"字的 4 位数，为了避免为年份数字添加千位分隔符，需要使用"<"和">"限定只查找以数字结尾的 4 位数。在【替换为】文本框中使用"\1"代表 4 位数中的第一位，"\2"代表 4 位数中的后 3 位，在它们之间输入一个千位分隔符","。

8.3.18 批量为每段开头的冒号及其左侧的文字设置粗体

案例 8-13 批量为每段开头的冒号及其左侧的文字设置粗体

案例目标 为每个段落开头的冒号及其左侧的文字设置粗体，效果如图 8-44 所示。

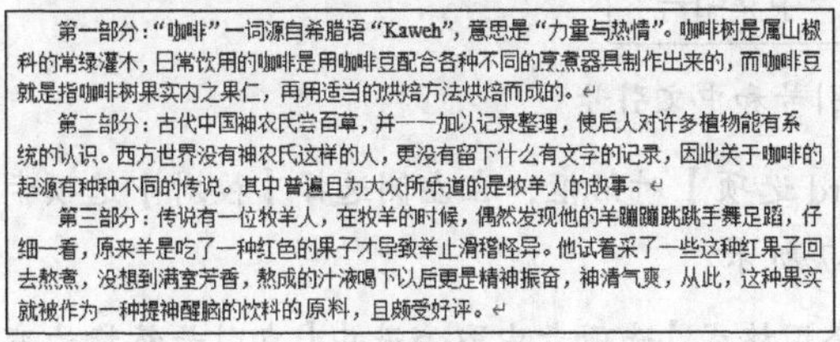

第一部分："咖啡"一词源自希腊语"Kaweh"，意思是"力量与热情"。咖啡树是属山椒科的常绿灌木，日常饮用的咖啡是用咖啡豆配合各种不同的烹煮器具制作出来的，而咖啡豆就是指咖啡树果实内之果仁，再用适当的烘焙方法烘焙而成的。

第二部分：古代中国神农氏尝百草，并一一加以记录整理，使后人对许多植物能有系统的认识。西方世界没有神农氏这样的人，更没有留下什么有文字的记录，因此关于咖啡的起源有种种不同的传说。其中普遍且为大众所乐道的是牧羊人的故事。

第三部分：传说有一位牧羊人，在牧羊的时候，偶然发现他的羊蹦蹦跳跳手舞足蹈，仔细一看，原来羊是吃了一种红色的果子才导致举止滑稽怪异。他试着采了一些这种红果子回去熬煮，没想到满室芳香，熬成的汁液喝下以后更是精神振奋，神清气爽，从此，这种果实就被作为一种提神醒脑的饮料的原料，且颇受好评。

设置前

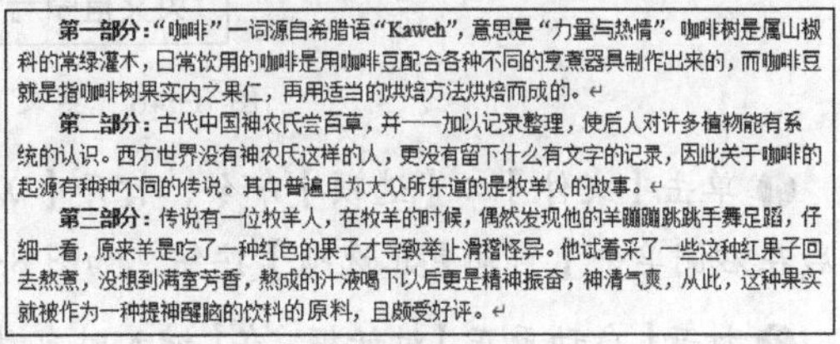

第一部分："咖啡"一词源自希腊语"Kaweh"，意思是"力量与热情"。咖啡树是属山椒科的常绿灌木，日常饮用的咖啡是用咖啡豆配合各种不同的烹煮器具制作出来的，而咖啡豆就是指咖啡树果实内之果仁，再用适当的烘焙方法烘焙而成的。

第二部分：古代中国神农氏尝百草，并一一加以记录整理，使后人对许多植物能有系统的认识。西方世界没有神农氏这样的人，更没有留下什么有文字的记录，因此关于咖啡的起源有种种不同的传说。其中普遍且为大众所乐道的是牧羊人的故事。

第三部分：传说有一位牧羊人，在牧羊的时候，偶然发现他的羊蹦蹦跳跳手舞足蹈，仔细一看，原来羊是吃了一种红色的果子才导致举止滑稽怪异。他试着采了一些这种红果子回去熬煮，没想到满室芳香，熬成的汁液喝下以后更是精神振奋，神清气爽，从此，这种果实就被作为一种提神醒脑的饮料的原料，且颇受好评。

设置后

图 8-44 批量为每段开头的冒号及其左侧的文字设置粗体

📝 **案例实现**

在【查找和替换】对话框的【替换】选项卡中选中【使用通配符】复选框，然后输入下面的代码。将插入点定位到【替换为】文本框中，然后按 Ctrl+B 组合键设置加粗格式，如图 8-45 所示。单击【全部替换】按钮，即可将每个段落开头的冒号及其左侧的文字设置为粗体。

图 8-45 设置查找和替换选项

查找内容: [!^13]@:

代码解析:

"^13"表示段落标记，"!"表示范围之外，由以上两部分组成的"[!^13]"表示非段落标记的任意一个字符。"@"表示一个以上的前一字符或表达式。因此，"[!^13]@:"表示冒号及冒号之前的一个或一个以上的非段落标记的任意数量的字符，即从冒号开始一直到段落起始位置之间的所有内容。

8.3.19 一次性将英文直引号替换为中文引号

图8-46中，左侧的引号为英文半角状态下输入的英文直引号，右侧的引号为中文引号，在中文文稿中，通常需要将所有的英文直引号更改为中文引号。操作步骤如下。

"英文直引号" "中文引号"

图8-46 英文直引号和中文引号

❶ 单击【文件】➪【选项】命令，打开【Word选项】对话框，在左侧选择【校对】选项卡，然后在右侧单击【自动更正选项】按钮，如图8-47所示。

❷ 打开【自动更正】对话框，在【键入时自动套用格式】选项卡中取消选中【直引号替换为弯引号】复选框，如图8-48所示，然后单击两次【确定】按钮。

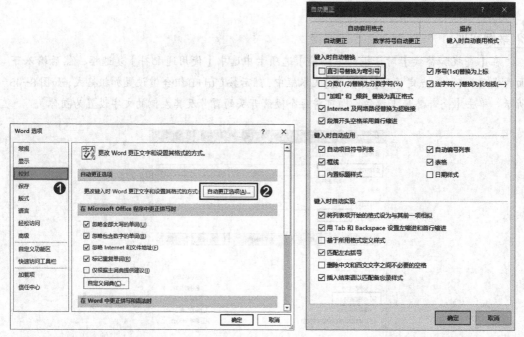

图8-47 单击【自动更正选项】按钮　　图8-48 取消选中【直引号替换为弯引号】复选框

❸ 打开【查找和替换】对话框的【替换】选项卡，选中【使用通配符】复选框，然后输入下面的代码，如图8-49所示。单击【全部替换】按钮，即可将所有的英文直引号替换为中文引号。

查找内容: "(*)"

替换为: "\1"

代码解析:

""(*)""表示查找英文直引号中的内容，使用一对圆括号将双引号中的内容转换为表达式。【替换为】文本框中使用"\1"表示英文直引号中的内容，然后使用正确的中文引号将其括起，从而实现只替换引号而不改变其中的内容的目的。

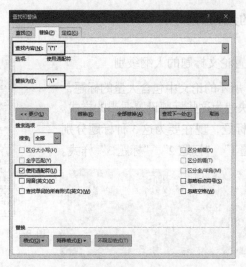

图 8-49 设置查找和替换选项

8.3.20 快速为所有参考文献的编号添加方括号

案例 8-14 快速为所有参考文献的编号添加方括号

案例目标 为所有参考文献的编号添加方括号，效果如图 8-50 所示。

> **1.2.1 功能区的组成**
>
> 功能区[1]由选项卡、组、命令 3 个部分组成，每个选项卡顶部的标签表示选项卡的名称，比如【开始】选项卡、【视图】选项卡。单击标签将切换到相应的选项卡，并显示其中包含的命令。每个选项卡中的命令按照功能类别被划分为多个组，组中的命令是用户可以执行的操作。
>
> **1.5.1 状态栏**
>
> 状态栏[2]位于 Excel 程序窗口的底部，其中显示与当前操作有关的一些信息。由于选中了一个包含数字的单元格区域，因此在状态栏中将显示对该区域中的数字进行求和、计数、求平均值的统计结果。
>
> # 参考文献
>
> [1] 宋翔.Excel 技术与应用大全[M].北京:人民邮电出版社,2022.
> [2] 宋翔.Windows 10 技术与应用大全[M].北京:人民邮电出版社,2017.

图 8-50 快速为所有参考文献的编号添加方括号

案例实现

在【查找和替换】对话框的【替换】选项卡中选中【使用通配符】复选框，然后输入下面的代码，最后单击【全部替换】按钮，即可为所有参考文献的编号添加方括号。

查找内容: ^e

替换为: [^&]

代码解析:

"^e"表示尾注标记，"^&"表示在【查找内容】文本框中输入的所有内容，"[^&]"表示在找到的每一个尾注标记两侧添加方括号。

8.3.21 批量设置标题的大纲级别

案例 8-15 批量设置论文标题的大纲级别

案例目标 图8-51所示的论文中包含大量的标题，使用查找和替换功能可以快速为这些标题设置适当的样式。假设论文中包含以下3种标题，现在要为这3种标题分别设置 Word 中内置的"标题 1""标题 2""标题 3"样式。

一级标题：第1章……

二级标题：1.1……

三级标题：1.1.1……

图 8-51 文档中包含3个级别的标题

案例实现

（1）设置一级标题。

在【查找和替换】对话框的【替换】选项卡中选中【使用通配符】复选框，然后输入下面的代码，如图 8-52 所示。单击【全部替换】按钮，即可为包含"第1章""第2章"等文字的段落设置"标题 1"样式。

查找内容： 第 [0-9]{1,2} 章

替换为： 不输入任何内容，但是要将格式设置为 Word 中内置的"标题 1"样式

代码解析：

"[0-9]"表示所有数字，由于章编号可能超过 9，因此，需要使用"{1,2}"限定查找的数字为 1～2 位数，也可以使用"{1,}"查找一位或多位数。

（2）设置二级标题。

修改【查找内容】和【替换为】两个文本框中的代码和格式，如图 8-53 所示。

图 8-52 设置一级标题的查找和替换选项　　图 8-53 设置二级标题的查找和替换选项

查找内容： [0-9]{1,2}.[0-9]{1,2}

替换为： 不输入任何内容，但是要将格式设置为 Word 中内置的"标题 2"样式

代码解析：

由于二级标题的格式为"x.y"，x 和 y 都表示数字，因此，需要使用"[0-9]{1,2}"查找每一个数字，然后在两组"[0-9]{1,2}"之间输入一个英文句点。

（3）设置三级标题。

修改【查找内容】和【替换为】两个文本框中的代码和格式，如图 8-54 所示。

查找内容： [0-9]{1,2}.[0-9]{1,2}.[0-9]{1,2}

替换为： 不输入任何内容，但是要将格式设置为 Word 中内置的"标题 3"样式

代码解析：

在二级标题的代码的基础上再多加一组"[0-9]{1,2}"，并使用英文句点连接。

图 8-54　设置三级标题的查找和替换选项

8.4　排版常见问题解答

本节列举了一些在查找和替换的设置与应用方面的常见问题，并给出了相应的解决方法。

8.4.1　使用通配符进行查找和替换时没有任何效果

在查找和替换过程中输入了有效的通配符，但是执行查找和替换操作后，没有任何效果。出现该问题的原因可能有以下两种。

- 输入的查找代码有误，系统无法正确匹配要查找和替换的内容。

• 在输入的查找代码中使用了通配符，但是没有在【查找和替换】对话框中选中【使用通配符】复选框。

8.4.2 总是无法查找和替换完全匹配的内容

执行替换操作时，可能会出现替换掉的内容包含并不想替换的内容的问题。换言之，出现了无法正确替换完全匹配的内容的问题。可以在输入查找代码时考虑以下几点。

• "*"是 Word 中查找和替换功能中的通配符，代表任意数量的字符，可以指定很大的范围。该符号虽然用起来很方便，但是如果考虑不周，可能会替换掉不该替换的内容。

• 根据替换的内容是一个段落中的某个部分还是整段内容，来决定是否要在查找代码中设置"^13"段落标记。

• 查找的内容是否包含所有英文字母，如果是，则需要使用"[A-Za-z]"代码，因为在使用通配符的情况下，【查找内容】文本框中是严格区分英文字母大小写的。

• 对数字进行操作之前，需要确定是对所有数字进行操作，还是只对指定位数的数字进行操作。如果有位数限制，则需要使用"<"和">"限定数字的位数。例如，3 位数可以使用"<[0-9][0-9][0-9]>"或"<[0-9]{3}>"代码。

8.5 思考与练习

1. 如何将文档中所有设置了四号隶书的文字批量更改为五号楷体？

2. 如何快速删除文档中的叠字（例如"平平安安""日日夜夜"）？

3. 如何快速为文档中包含"第 1 章""第 2 章"的标题应用"标题 1"样式？

4. 如何批量删除所有以汉字开头的段落？

5. 如何快速将文档中的所有歌曲超链接地址提取出来（假设每个超链接地址以"http"开头、"mp3"结尾）？

第 9 章

自动化和域
——让文档更智能

本书第 1 章在介绍 Word 排版中的 7 个重要原则时，对可自动更新原则进行了讨论，这是 Word 排版中的一个非常重要的原则。很多文档都包含大量的编号以及其他可变内容，编辑和排版文档时，这些可变内容随时都可能发生变化。如果能够充分利用 Word 自动化功能来管理和维护这些可变内容，将会极大地提高排版效率，同时还能减小出错的概率。域是绝大多数 Word 自动化功能的底层技术，掌握域的概念和用法，将对灵活使用自动化功能完成排版任务起到事半功倍的效果。本章将介绍 Word 自动化功能在不同排版任务中的使用方法，以及域的相关知识及其在排版中的实际应用。

9.1 创建多级编号

在很多实际应用中，需要同时为多个级别的内容创建相应的编号，这类内容和编号的形式类似于书籍目录。使用 Word 中的多级编号功能，不但可以快速创建这类编号，还有利于编号的后期维护。本节将介绍在 Word 中创建多级编号的方法。

9.1.1 了解多级编号

在类似书籍这种内容复杂的文档中，章节标题呈现出层次结构。图 9-1 所示为一本书中某一章的标题结构，该章有一个章标题，该标题的编号形如"第 2 章"。该章包含多个节，每个节标题的编号形如"2.1""2.2"。每一节又包含多个小节，每个小节标题的编号形如"2.1.1""2.2.1"。无论是从编号的外观还是从与编号关联的标题的含义方面来看，这些标题及其编号具有不同的级别，为具有类似结构的标题设置的编号就是多级编号。

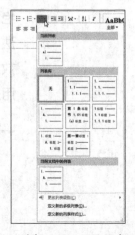

第 2 章 模板——让文档页面格式一劳永逸
  2.1 页面的组成结构
    2.1.1 版心
    2.1.2 页边距
    2.1.3 页眉和页脚
    2.1.4 天头和地脚
  2.2 设置页面的尺寸及其相关元素
    2.2.1 设置纸张大小
    2.2.2 设置版心大小
    2.2.3 设置页眉和页脚的大小
    2.2.4 设置页面方向
    2.2.5 让同一文档同时包含横竖两个方向的页面
    2.2.6 为页面添加边框和背景
    2.2.7 为页面添加水印效果
    2.2.8 为文档添加封面
  2.3 设计文档的版面布局
    2.3.1 纯文字类文档的版面设计
    2.3.2 文、表类文档的版面设计

图 9-1 具有 3 个级别的标题和编号结构

Word 预置了一些多级编号以便于用户直接使用，用户也可以根据需求，创建新的多级编号。在 Word 中，用户最多可创建 9 个级别的编号。为内容设置多级编号后，当调整这些内容的位置或在其中添加或删除内容时，系统会自动调整多级编号的次序。此外，设置多级编号后，用户可以在文档中的其他位置对多级编号进行交叉引用。

关于交叉引用的更多内容，请参考本章 9.6.2 小节。

9.1.2 应用 Word 预置的多级编号

如需为内容设置多级编号，可以先选择要设置的内容，然后在功能区的【开始】选项卡中单击【多级列表】按钮，在弹出的列表中选择一种 Word 预置的多级编号，如图 9-2 所示。

如果在设置多级编号之前，选中的所有内容具有相同的缩进格式，则在设置多级编号之后，为这些内容设置的编号都是同一个级别的，如图 9-3 所示。出现这种问题是由于多级编号中的不同编号级别是基于段落缩进设置的。

如需改变段落的编号级别，可以将插入点定位到段落的起始位置，然后按一次或多次 Tab 键，直到显示所需级别的编号。如需同时设置多个段落的编号，可以选中这些段落后按 Tab 键，如图 9-4 所示。

图 9-2 选择 Word 预置的多级编号

I.→ 为严明纪律，奖惩分明，提高员工工作积极性，提高工作效率和经济效率，特制订本制度。↵
II.→ 适用范围：全体员工。↵
III.→ 对员工的奖惩实行精神鼓励和思想教育为主、经济奖惩为辅的原则。↵
IV.→ 奖励办法↵
V.→ 本公司设立如下奖励方法，酌情使用：↵
VI.→ 通告表扬；↵
VII.→ 奖金奖励；↵
VIII.→ 晋升提级；↵
IX.→ 有下列表现的员工应给予通告表扬：↵
X.→ 品德端正，工作努力；↵
XI.→ 维护公司利益，为公司争得荣誉，防止或挽救事故与经济损失有功；↵
XII.→ 一贯忠于职守，积极负责，廉洁奉公。↵

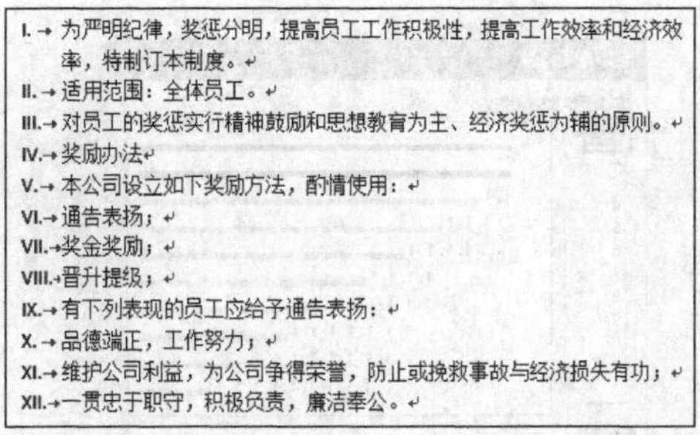

图 9-3 设置的多级编号没有显示级别

I.→ 为严明纪律，奖惩分明，提高员工工作积极性，提高工作效率和经济效率，特制订本制度。↵
II.→ 适用范围：全体员工。↵
III.→ 对员工的奖惩实行精神鼓励和思想教育为主、经济奖惩为辅的原则。↵
IV.→ 奖励办法↵
V.→ 本公司设立如下奖励方法，酌情使用：↵
A.→ 通告表扬；↵
B.→ 奖金奖励；↵
C.→ 晋升提级；↵
VI.→ 有下列表现的员工应给予通告表扬：↵
A.→ 品德端正，工作努力；↵
B.→ 维护公司利益，为公司争得荣誉，防止或挽救事故与经济损失有功；↵
C.→ 一贯忠于职守，积极负责，廉洁奉公。↵

图 9-4 使用 Tab 键为段落设置不同级别的编号

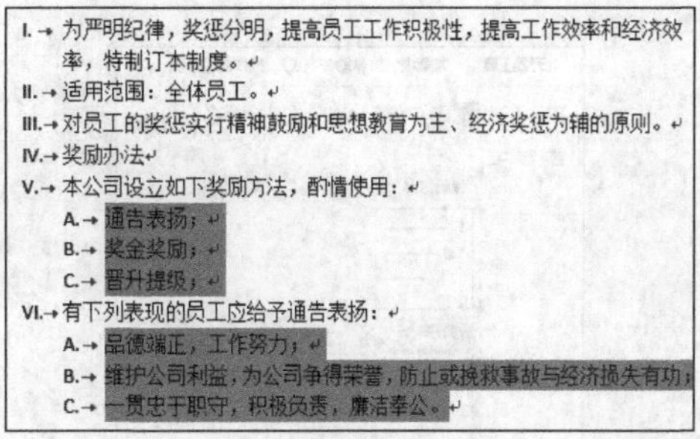

提示

如果多次按 Tab 键使段落产生多余的缩进格式导致编号格式错误，则可以按 Shift+Tab 组合键减少缩进格式。换言之，每按一次 Tab 键，会使段落编号下降一级，每按一次 Shift+Tab 组合键，会使段落编号上升一级。

9.1.3 创建多级编号

多级编号是一个比较复杂的编号系统，创建多级编号时需要考虑各级编号之间的关联和编号的格式。本节以论文中常见的章节编号为例来介绍创建多级编号的方法。

案例 9-1 为论文中的章节标题创建多级编号

案例目标 创建包含 3 个级别的多级编号，各级编号的格式如下，其中的 × 表示数字。

- 章标题：1 级编号，编号形式为“第 × 章”。
- 节标题：2 级编号，编号形式为“×.×”。
- 小节标题：3 级编号，编号形式为“×.×.×”。

案例实现

❶ 新建或打开一个文档，在功能区的【开始】选项卡中单击【多级列表】按钮，然后在弹出的列表中选择【定义新的多级列表】命令，如图 9-5 所示。

❷ 打开【定义新多级列表】对话框，在【单击要修改的级别】列表框中显示了编号的 9 个级别，选择表示 1 级编号的【1】，如图 9-6 所示，然后进行以下设置。

- 在【此级别的编号样式】下拉列表中选择【1,2,3,...】，如图 9-7 所示。
- 在【输入编号的格式】文本框中数字“1”的左、右两侧分别输入“第”和“章”，如图 9-8 所示。

❸ 在【单击要修改的级别】列表框中选择【2】，对 2 级编号进行以下设置。

- 将【输入编号的格式】文本框中的所有内容删除，然后在【包含的级别编号来自】下拉列表中选择【级别 1】，如图 9-9 所示。设置该项是为了当文档中包含多个 1 级标题时，可以为每个 1 级标题下属的 2 级标题从 1 开始编号，而不会使所有 2 级标题的编号顺延。

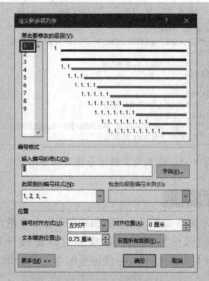

图9-5 选择【定义新的多级列表】命令 图9-6 选择【单击要修改的级别】列表框中的【1】

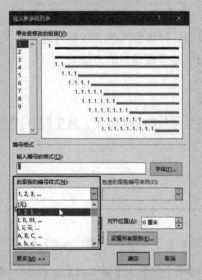

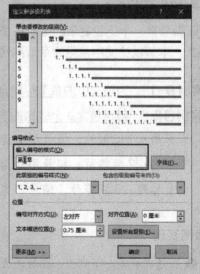

图9-7 选择编号样式 图9-8 设置1级编号的格式

- 在【输入编号的格式】文本框中的"1"的右侧输入一个英文句点，然后在【此级别的编号样式】下拉列表中选择【1,2,3,…】，此时将在【输入编号的格式】文本框中显示形如"1.1"的编号格式，如图9-10所示。

❹ 在【单击要修改的级别】列表框中选择【3】，对3级编号进行以下设置。

将【输入编号的格式】文本框中的所有内容删除，在【包含的级别编号来自】下拉列表中选择【级别1】，然后在【输入编号的格式】文本框中"1"的右侧输入一个英文句点，接着在【包含的级别编号来自】下拉列表中选择【级别2】，如图9-11所示。最后在【此级别的编号样式】下拉列表中选择【1,2,3,…】，此时将在【输入编号的格式】文本框中显示形如"1.1.1"的编号格式，如图9-12所示。

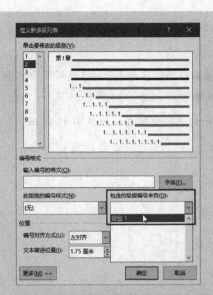

图 9-9　选择用于确定编号数字的编号级别

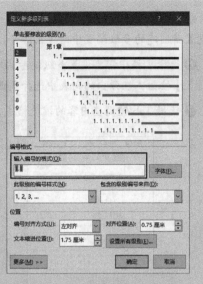

图 9-10　创建 2 级编号

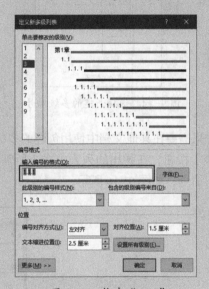

图 9-11　构建 "1.1"　　　　　　　　　　图 9-12　构建 "1.1.1"

提 示

可以在【定义新多级列表】对话框中设置【编号对齐方式】和【文本缩进位置】，以便控制多级编号的缩进位置。如需统一设置各级编号的缩进位置，则可以单击【设置所有级别】按钮，然后在打开的对话框中进行设置，如图 9-13 所示。

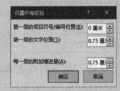

图 9-13　统一设置各级编号的缩进位置

❺ 设置完成后单击【确定】按钮，关闭【定义新多级列表】对话框，在插入点位置会自动设置新创建的多级编号中的1级编号。

❻ 选择文档中需要设置多级编号的所有内容，然后在功能区的【开始】选项卡中单击【多级列表】按钮，在弹出的列表中选择前面创建的多级编号，如图9-14所示。

❼ 使用Tab键调整内容的缩进格式，使编号显示为正确的级别，如图9-15所示。

图9-14　选择新建的多级编号

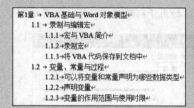

图9-15　为内容设置正确的多级编号

如果需要在其他文档中使用创建的多级编号，则需在功能区的【开始】选项卡中单击【多级列表】按钮，在弹出的列表中右击所需的多级编号，然后在弹出的列表中选择【保存到列表库】命令，如图9-16所示。

图9-16　选择【保存到列表库】命令

如果需要从列表中删除多级编号，则可以在列表库中右击要删除的多级编号，然后在弹出的菜单中选择【从列表库中删除】命令。

9.1.4 将多级编号与样式关联

最初创建的多级编号具有默认的字体格式和段落格式，如果将多级编号与样式关联，就能使多级编号具有样式中包含的格式，而且在使用这些样式为内容设置格式时，也会为内容设置样式中包含的多级编号。需要注意的是，与多级编号关联的样式必须是 Word 内置的样式。

如果需要将多级编号与样式关联，可以在【定义新多级列表】对话框中单击【更多】按钮，然后在【单击要修改的级别】列表框中选择要关联的编号级别，再在【将级别链接到样式】下拉列表中选择要与编号关联的样式，如图 9-17 所示。最后单击【确定】按钮。

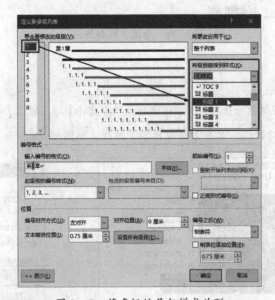

图 9-17　将多级编号与样式关联

9.2　自动为图片和表格编号

一些内容复杂的文档会包含很多图片和表格，编辑和排版这类文档时，通常需要为其中的图片和表格添加带有编号的注释性文字。使用 Word 中的题注功能可以使这项工作变得简单，尤其体现在编号的维护上，当移动图片和表格的位置时，使用题注功能添加的编号可以自动更新，从而确保编号始终具有正确的顺序。

9.2.1 使用题注功能为图片和表格编号

使用题注功能可以在图片或表格的上方或下方添加注释性文字，可以将这类文字称为"题注"。题注以"图""表"等文字开始，称为"题注标签"，用以表示题注的类别。在题注标签的后面有一个数字，表示图片或表格的编号。编号后面的文字是对图片或表格的简要说明。

案例 9-2　为论文中的所有图片添加题注

案例目标　使用题注功能为论文中的所有图片添加题注，效果如图 9-18 所示。

2. 使用开始屏幕

可以将 Excel 程序的启动命令添加到【开始】屏幕来启动 Excel。单击 Windows 任务栏左侧的【开始】按钮，在打开的【开始】菜单中右击【Excel】命令，然后在弹出的菜单中选择【固定到"开始"屏幕】命令，即可将 Excel 启动命令添加到【开始】屏幕，如图所示。

图 1 将命令添加到开始屏幕

3. 使用任务栏

图 9-18　为图片添加题注

❶右击要添加题注的第一张图片，在弹出的菜单中选择【插入题注】命令，如图 9-19 所示。

❷打开【题注】对话框，单击【新建标签】按钮，如图 9-20 所示。

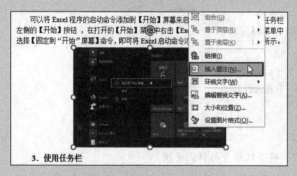

图 9-19　选择【插入题注】命令　　　　　　　图 9-20　单击【新建标签】按钮

❸打开【新建标签】对话框，在文本框中输入"图"，然后单击【确定】按钮，如图 9-21 所示。

❹返回【题注】对话框，【标签】中自动选择了上一步创建的题注标签。然后在【题注】文本框中输入对图片的简要描述，如图 9-22 所示。可以在题注编号与说明文字之间输入一个空格，以增加一定的间距。单击【确定】按钮，为图片添加题注。使用相同的方法为文档中的其他图片添加题注。

图 9-21　创建题注标签　　　　　　　　图 9-22　为题注输入简要描述

✚ 提 示

如果创建了错误的题注标签，则可以在【题注】对话框的【标签】下拉列表中选择该标签，然后单击【删除标签】按钮将其删除。

为表格添加题注的方法与为图片添加题注的方法类似。先选择整个表格，然后打开【题注】对话框进行设置。表格的题注通常位于表格的上方，所以需要在【题注】对话框中将【位置】设置为【所选项目上方】，如图9-23所示。

图 9-23　设置表格题注的位置

9.2.2　在图表编号的开头添加章编号

创建的题注编号默认只有一个数字，该数字表示与题注关联的对象（即图片或表格）在文档中的序号，例如"图1""图2""图3"等。对于像书籍这种包含章节结构的复杂文档而言，可能需要在题注中使用两个数字表示对象的编号，第一个数字表示对象在文档中所在的章编号，第二个数字表示对象在该章中的序号，例如文档中第2章的第3张图片可表示为"图2-3"。

为了在题注中设置正确的章编号，需要在插入题注之前，为Word内置的"标题1"～"标题9"样式设置多级编号，具体方法请参考本章9.1.3小节和9.1.4小节。然后通过以下设置，即可在题注编号中显示章编号。操作步骤如下。

❶ 在功能区的【引用】选项卡中单击【插入题注】按钮，如图9-24所示。

❷ 打开【题注】对话框，单击【编号】按钮，如图9-25所示。

图 9-24　单击【插入题注】按钮

图 9-25　单击【编号】按钮

❸ 打开【题注编号】对话框，选中【包含章节号】复选框，然后在【章节起始样式】下拉列

表中选择要作为题注编号中第一个数字的样式，例如【标题1】，再在【使用分隔符】下拉列表中选择题注编号中的两个数字之间的分隔符号，如图9-26所示，最后单击【确定】按钮。

❹返回【题注】对话框，可以看到题注编号现在由两个数字组成，如图9-27所示。单击【关闭】按钮，关闭【题注】对话框，此时虽未为任何内容添加题注，但是已将设置的题注保存下来了。

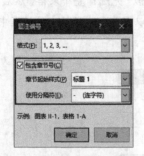 

图9-26　设置题注编号的格式　　　　图9-27　带有章编号的题注

9.3　添加与管理脚注和尾注

脚注位于页面的底部，用于对当前页面中的特定内容进行补充说明。尾注位于文档的结尾，用于列出正文中标记的引文出处等内容。在复杂文档的创作和编辑过程中，经常会涉及脚注和尾注的操作，使用Word提供的相关功能可以使脚注和尾注的添加和维护工作变得更容易。

9.3.1　插入脚注和尾注

脚注是在一个页面底部添加的对本页某处内容的说明性文字。可以在一个页面中添加多个脚注，Word会根据添加的顺序依次为这些脚注编号，调整脚注的位置时，为了保持脚注编号的正确顺序，Word会自动更正脚注中的编号。脚注由脚注引用标记、脚注分隔线、脚注引用编号和脚注内容4个部分组成，如图9-28所示。

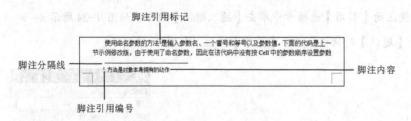

图9-28　脚注的组成部分

在文档中插入脚注之前，需要先选择要插入脚注的内容，或者将插入点定位到该内容的右侧，然后在功能区的【引用】选项卡中单击【插入脚注】按钮，插入点将自动跳转到当前页面的底部，然后输入脚注的内容即可。除了脚注内容之外，脚注的其他3个部分都由Word自动创建。将鼠标指针指向脚注引用标记时，Word会自动显示脚注内容，如图9-29所示。

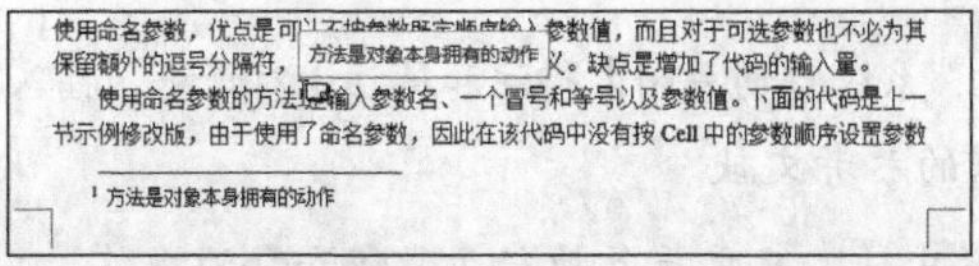

图 9-29　鼠标指针指向脚注引用标记时自动显示脚注内容

　　尾注位于文档的结尾，即文档最后一个段落的下方，而不是文档最后一页的底部。如果需要插入尾注，则可以在功能区的【引用】选项卡中单击【插入尾注】按钮，然后输入尾注的内容。

　　如果需要设置脚注和尾注的格式，则可以修改"脚注引用""脚注文本""尾注引用""尾注文本"4 个样式。为了快速找到文档中插入的脚注，可以在功能区的【引用】选项卡中单击【下一条脚注】按钮，Word 会自动定位到下一条脚注。

案例 9-3　为论文添加可自动编号的参考文献

案例目标　为论文添加可自动编号的参考文献，效果如图 9-30 所示。

1.2.1　功能区的组成

　　功能区由选项卡、组、命令 3 个部分组成，每个选项卡顶部的标签表示选项卡的名称，比如【开始】选项卡、【视图】选项卡。单击标签将切换到相应的选项卡，并显示其中包含的命令。每个选项卡中的命令按照功能类别被划分为多个组，组中的命令是用户可以执行的操作。

参考文献

1　宋翔.Excel 技术与应用大全 [M].北京:人民邮电出版社,2022.

图 9-30　为论文添加可自动编号的参考文献

✍ 案例实现

　　❶ 按 Ctrl+End 组合键，将鼠标指针移动到文档结尾，然后按 Ctrl+Enter 组合键，插入一个分页符。

　　❷ 在新的空白页的顶部输入"参考文献"，将其居中对齐，并为其设置合适的字体格式。

　　❸ 将鼠标指针定位到要插入参考文献标记的位置，然后单击功能区中的【引用】▷【脚注】组中的对话框启动器，打开【脚注和尾注】对话框，进行以下几项设置，如图 9-31 所示。

* 选中【尾注】单选按钮，然后在右侧的下拉列表中选择【文档结尾】。

* 将【编号格式】设置为【1,2,3,…】。

* 将【起始编号】设置为【1】。

* 将【编号】设置为【连续】。

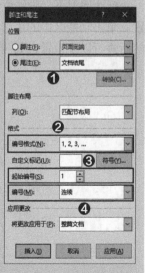

图 9-31　设置尾注格式

➕ 提示

　　参考文献标记是指在正文中每个引用参考文献的位置上的编号，在正文的结尾会列出与编号相对应的所有参考文献。

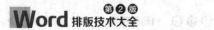

④ 单击【插入】按钮，系统自动关闭【脚注和尾注】对话框，插入点自动定位到"参考文献"几个字的下方，输入所需的参考文献。

⑤ 如需添加更多参考文献，只需重复执行步骤③和④的操作。

⑥ 切换到草稿视图，在功能区的【引用】选项卡中单击【显示备注】按钮，如图9-32所示。

⑦ 在 Word 窗口下方打开【尾注】下拉列表，从中选择【尾注分隔符】选项，如图9-33所示。

图9-32　单击【显示备注】按钮

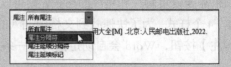

图9-33　选择【尾注分隔符】选项

⑧ 选中尾注分隔符，如图9-34所示，然后按 Delete 键，即可删除位于文档结尾的参考文献上方的横线。

图9-34　选中尾注分隔符

交叉参考　本例制作的参考文献的编号没有方括号，为其添加方括号的方法请参考本书第8章的8.3.20小节。

9.3.2　调整脚注和尾注的位置

默认情况下，脚注位于页面底部，尾注位于文档结尾。用户可以随时改变脚注和尾注的位置。单击功能区中的【引用】⇨【脚注】组中的对话框启动器，打开【脚注和尾注】对话框，然后进行以下设置，如图9-35所示。

图9-35　调整脚注和尾注的位置

• 如需调整脚注的位置，可以选中【脚注】单选按钮，然后在右侧的下拉列表中选择脚注的位置。

- 如需调整尾注的位置，可以选中【尾注】单选按钮，然后在右侧的下拉列表中选择尾注的位置。

提示

如果已经在文档中插入了脚注，则可以直接使用鼠标拖动脚注引用标记来改变脚注的位置，或者通过剪切和粘贴操作移动脚注。

9.3.3 设置脚注和尾注的编号方式

可以在【脚注和尾注】对话框的【格式】组中为脚注和尾注的引用标记设置编号格式，如图 9-36 所示。在【编号格式】下拉列表中选择预置的一种编号，然后在【起始编号】文本框中为脚注和尾注设置起始编号值。如果预置的编号格式无法满足应用需求，则可以自定义引用标记，或者单击【符号】按钮后选择更多的符号。

默认情况下，文档中的所有脚注都是依次编号的，如果需要以"页"为单位对脚注进行编号，则可以在【脚注和尾注】对话框的【编号】下拉列表中选择【每页重新编号】选项，如图 9-37 所示。如果在文档中设置了分节，则可以在【编号】下拉列表中选择【每节重新编号】选项，从而以"节"为单位对脚注进行编号。对尾注的设置与此类似。

图 9-36　设置脚注或尾注的编号格式

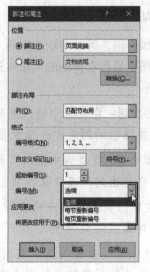

图 9-37　设置脚注或尾注的编号方式

9.3.4 在脚注和尾注之间转换

用户可以随时在脚注和尾注之间转换，即将脚注改为尾注或将尾注改为脚注。单击功能区中的【引用】⇨【脚注】组中的对话框启动器，打开【脚注和尾注】对话框，然后单击【转换】按钮，在打开的对话框中选择所需的转换方式，最后单击【确定】按钮，如图 9-38 所示。

图 9-38　在脚注和尾注之间转换

【转换注释】对话框中的可选项根据文档中存在的脚注和尾注而变。例如，如果文档中只包含脚注，那么在打开的【转换注释】对话框中只有【脚注全部转换成尾注】单选按钮可用。

9.3.5 删除脚注和尾注

如果需要删除文档中的脚注和尾注，将脚注和尾注的引用标记删除即可。删除引用标记的方法与删除普通文本的方法相同，选中引用标记后按 Delete 键即可。

9.4 设置页码

页码通常位于页面的底部或顶部，是大型文档不可缺少的组成部分。以页面结构而言，页码位于页面的页眉或页脚中，因此，适用于页眉和页脚的大多数操作也同样适用于页码。本节将介绍创建适合不同应用需求的页码的方法。

9.4.1 添加页码

如需添加页码，可以在功能区的【插入】选项卡中单击【页码】按钮，然后在弹出的菜单中选择添加页码的位置，如图 9-39 所示。

- 页面顶端：在页眉中插入页码。选择【页面顶端】命令，然后在弹出的列表中选择预置的页码样式。

图 9-39　选择添加页码的位置

- 页面底端：在页脚中插入页码。选择【页面底端】命令，然后在弹出的列表中选择预置的页码样式。

- 页边距：在页面的左或右页边距中插入页码。选择【页边距】命令，然后在弹出的列表中选择预置的页码样式。

- 当前位置：在插入点当前所在的位置插入页码。选择【当前位置】命令，然后在弹出的列表中选择预置的页码样式。

可以在添加页码前或添加页码后设置页码的数字格式，例如"-2-""II"等。在功能区的【插入】选项卡中单击【页码】按钮，然后在弹出的菜单中选择【设置页码格式】命令，打开【页码格式】对话框，在【编号格式】下拉列表中选择所需的页码格式，如图 9-40 所示。

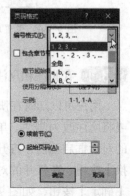

如果在文档中设置了分节，则可以选中【续前节】单选按钮，使当前页码紧接着上一节页码续排。如需将页码从 1 或指定数字开始编排，则可以选中【起始页码】单选按钮，然后在右侧的文本框中输入所需的数字。

图 9-40　设置页码格式

9.4.2 为一个文档设置多种格式的页码

对于一个大型文档而言，通常需要为文档中的不同部分设置不同格式的页码。为了在一个文档中设置多种格式的页码，需要在文档中的各个部分之间插入分节符，并断开节与节之间的关联，然后为各节设置所需的页码。

案例 9-4 为员工考勤管理制度中的目录和正文设置不同格式的页码

案例目标 员工考勤管理制度由目录和正文两部分组成，目录位于员工考勤管理制度的开头，现在要将目录所在页面的页码设置为罗马数字，将正文所在页面的页码设置为阿拉伯数字。

案例实现

❶ 将插入点定位到目录下方第一段文字的开头，然后在功能区的【布局】选项卡中单击【分隔符】按钮，在弹出的列表中选择【分节符】类别中的【下一页】命令，如图 9-41 所示。

❷ Word 将在目录及其下方第一段之间插入一个分节符，并将目录之后的内容移到下一页，从而使目录在单独的一页中，如图 9-42 所示。

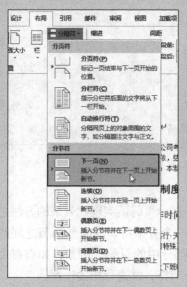

图 9-41 选择【下一页】命令

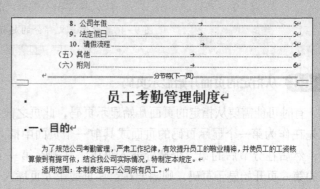

图 9-42 在目录的结尾插入一个分节符

❸ 双击正文第一页的页脚区域，进入页脚编辑状态，此时页脚的两侧显示"页脚-第 2 节-"和"与上一节相同"，如图 9-43 所示。

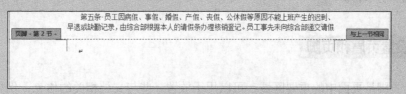

图 9-43 进入正文第一页的页脚编辑状态

❹ 在功能区的【设计】选项卡中单击【链接到前一节】按钮，使该按钮弹起，如图 9-44 所示。此时页脚中的"与上一节相同"文字自动消失，表示当前节中的页脚与上一节断开，如图 9-45 所示。

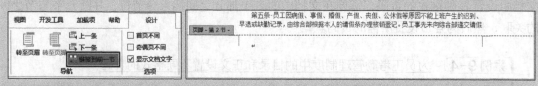

图 9-44 单击【链接到前一节】按钮　　　　图 9-45 当前节的页脚与上一节断开

❺ 在正文部分的页脚中插入阿拉伯数字的页码，在目录部分的页脚中插入罗马数字的页码，然后按 Esc 键，退出页脚编辑状态。这样就为目录和正文添加了两种格式的页码。

> **提示**
>
> 为了使正文部分第一页的页码从 1 开始，需要打开【页码格式】对话框，然后选中【起始页码】单选按钮，并在其右侧的文本框中输入"1"，如图 9-46 所示。

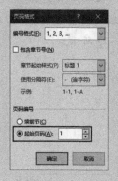

图 9-46 设置正文部分的起始页码

9.4.3 从指定的页面开始显示页码

有时可能需要从指定的页面开始显示页码，此页之前不显示页码。实现此效果的方法是，首先在作为第一个显示页码的页面或其前一个页面中插入一个分节符，并断开两节之间的关联；然后在分节后的第二个部分插入页码，并删除第一个部分中的页码。例如，如需在文档中的第 6 页开始显示页码，则需要在第 5 页或第 6 页插入分节符，并进行相关设置。

> **提示**
>
> 如果需要使文档中的第一页的页码与其他页不同，则可以使用本章 9.5.2 小节介绍的方法，而无须插入分节符。

9.5 设置页眉和页脚

页眉和页脚是页面中的重要区域，可以用于放置一些与文档相关的信息，例如文档名称、章节标题、页码等。本节将介绍适用于不同需求的页眉和页脚的设置方法。

9.5.1　在页眉和页脚中输入固定不变的内容

前面介绍插入页码的操作时，实际上已经在使用页眉和页脚操作了。无论在页眉和页脚中添加什么内容，都遵循以下 3 个步骤。

进入页眉和页脚编辑状态 ⇨ 添加内容 ⇨ 退出页眉和页脚编辑状态。

双击页面中的页眉或页脚区域，即可进入页眉和页脚编辑状态。此时版心中的内容将显示为浅灰色，页眉和页脚中的内容则显示为黑色。退出页眉和页脚编辑状态后，版心中的内容会显示为黑色，页眉和页脚中的内容则显示为浅灰色。通过内容颜色的深浅可以识别当前所处的编辑状态。

与在版心中添加内容的方法类似，可以在页眉和页脚中添加各种类型的内容，包括文字、表格、图片、图表、形状、文本框、艺术字等。进入页眉和页脚编辑状态后，将自动激活功能区中的【页眉和页脚工具｜页眉和页脚】选项卡，该选项卡中包含与页眉和页脚相关的命令和选项。图 9-47 所示为在页眉中输入了文档的名称。按 Esc 键可退出页眉和页脚编辑状态。

图 9-47　在页眉中输入所需的内容

注　意

　　如果在页眉或页脚中插入了尺寸较大的内容，例如图片或形状，页眉或页脚区域会自动增大，以便可以完全容纳其中的内容。

9.5.2　使首页的页眉和页脚与其他页不同

如果需要使文档第一页的页眉或页脚与其他页不同，则可以双击页眉或页脚区域，进入页眉和页脚编辑状态，然后在功能区的【页眉和页脚工具｜页眉和页脚】选项卡中选中【首页不同】复选框，如图 9-48 所示。

图 9-48　选中【首页不同】复选框

9.5.3　使奇数页和偶数页拥有不同的页眉和页脚

如果需要使文档中的奇数页和偶数页拥有不同的页眉和页脚，则可以进入页眉和页脚编辑状态，然后在功能区的【页眉和页脚工具｜页眉和页脚】选项卡中选中【奇偶页不同】复选框，如图 9-49 所示。

图 9-49　选中【奇偶页不同】复选框

> **注 意**
>
> 　　如果在执行上述操作之前已经在页眉和页脚中输入了内容，在选中【奇偶页不同】复选框之后，则只保留所有奇数页的页眉和页脚中的内容，并自动删除所有偶数页的页眉和页脚中的内容。

9.5.4　从指定的页面开始显示页眉和页脚

　　如果需要从指定的页面开始显示页眉和页脚，插入分节符并断开两节之间的关联即可。操作方法与本章 9.4.3 小节介绍的从指定的页面开始显示页码类似，唯一区别在于 9.4.3 小节介绍的是在页眉或页脚中插入页码，而本节是在页眉或页脚中插入包含页码在内的任何内容。

9.5.5　使每一页的页眉和页脚都不相同

　　如果需要使每一页的页眉和页脚中的内容都不相同，则可以在每一页插入一个"连续"类型的分节符，然后进入页眉和页脚编辑状态，在功能区的【页眉和页脚工具 | 设计】选项卡中单击【链接到前一条页眉】按钮，使该按钮弹起，断开页与页之间的页眉和页脚的关联。最后在每一页的页眉和页脚中添加所需的内容。

9.6　引用和定位

　　书签和交叉引用是在文档中用于定位和引用内容的两个工具。使用书签可以标记文档中的某个范围或插入点的位置，为以后在文档中引用内容或定位提供方便。使用交叉引用可以在文档中的某个位置引用另一个位置上的内容，为文档中的两个位置建立关联。本节将介绍书签和交叉引用的使用方法。

9.6.1　使用书签快速跳转到文档中的特定位置

　　Word 中的书签可以包含文档中的任何部分，既可以是选中的某个文档范围，也可以只是一个插入点。创建书签的操作步骤如下。

　　❶ 选择要创建书签的文档范围。如果未选中任何内容，则将为当前插入点位置创建书签。然后在功能区的【插入】选项卡中单击【书签】按钮，如图 9-50 所示。

　　❷ 打开【书签】对话框，在【书签名】文本框中输入书签的名称，如图 9-51 所示。单击【添加】按钮，即可创建一个书签，并自动关闭【书签】对话框。

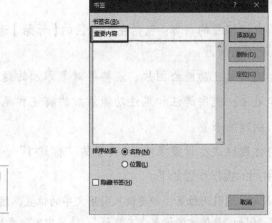

图 9-50　单击【书签】按钮　　　　　图 9-51　输入书签的名称

创建书签后，无论插入点位于文档中的哪个位置，都可以使用书签快速跳转到书签指向的位置。在功能区的【插入】选项卡中单击【书签】按钮，打开【书签】对话框，在列表框中选择一个书签名，如图 9-52 所示，然后单击【定位】按钮，即可跳转到书签指向的位置。如果创建的书签代表的是一个选中范围，则在单击【定位】按钮之后，将自动选中该范围中的内容。

如果需要删除书签，可以打开【书签】对话框，在列表框中选择要删除的书签名，然后单击【删除】按钮。

除了可以使用书签快速定位或选择内容之外，还可以将书签用于交叉引用，通过书签实现在表格外计算表格内的数据，通过书签创建表示页面范围的索引。书签的这些应用方法将在本章和其他章中进行介绍。

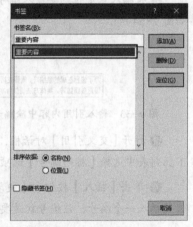

图 9-52　选择书签名

9.6.2　交叉引用不同位置上的内容

在本书中包含很多交叉引用，当在文档中的当前位置讨论或提及另一个位置上的内容时，就需要使用交叉引用。例如类似"请参考本章 9.1.3 小节和 9.1.4 小节"的文字，就是交叉引用。

为了便于描述，将输入"请参考本章 9.1.3 小节和 9.1.4 小节"文字的位置称为"引用位置"，将文字中的编号所指向的位置称为"被引用位置"。在文档的编辑和排版过程中，"被引用位置"上的内容很可能会出现多次调整和移动，导致"被引用位置"上的内容中的编号也需要随之同步调整。例如，将原来的 9.1.3 小节调整到了 9.2.6 小节。此时需要在"引用位置"处将之前输入的"9.1.3"手动修改为"9.2.6"。如果文档中存在大量类似的内容，逐一检查并修改这些内容不但费时，还很容易出错。

交叉引用正是 Word 为这类应用场景提供的功能，使用该功能可以使引用位置处的编号由 Word 自动维护，一旦被引用位置上的内容发生改变，Word 会自动更新引用位置上的编号，以确保两个位置上的内容保持一致。只要是在 Word 中创建的具有自动编号的内容，都可以被

设置为交叉引用，这些内容包括以下几类。

- 设置了自动编号的内容：包括在功能区的【开始】选项卡中使用【编号】命令或【多级列表】命令设置的编号。
- 题注：使用题注功能为图片、表格等对象添加的题注。
- 脚注和尾注：使用脚注和尾注功能添加的脚注和尾注。
- 书签：创建的书签。
- 内置的标题样式：设置了 Word 内置的"标题 1"～"标题 9"样式的内容。

创建交叉引用的操作步骤如下。

❶ 将插入点定位到引用位置，即要输入引用文字的位置，然后输入要引用的内容中除编号之外固定不变的内容，例如"具体方法请参考本章节"，将其中可能发生变化的编号留空，如图 9-53 所示。

❷ 将插入点定位到要输入编号的位置，然后在功能区的【插入】选项卡中单击【交叉引用】按钮，如图 9-54 所示。

为了设置正确的章编号，需要在插入题注之前先为 Word 设置多级编号，具体方法请参考本章节。然后进行以下

图 9-53　输入引用内容中除编号之外固定不变的内容　　图 9-54　单击【交叉引用】按钮

❸ 打开【交叉引用】对话框，在【引用类型】下拉列表中选择【标题】选项，在【引用内容】下拉列表中选择【标题编号】选项，然后在下方的列表框中选择要引用的内容，如图 9-55 所示。

❹ 单击【插入】按钮和【关闭】按钮，关闭【交叉引用】对话框，在步骤❷中创建的插入点位置插入一个编号，该编号就是要引用的可变内容，如图 9-56 所示。

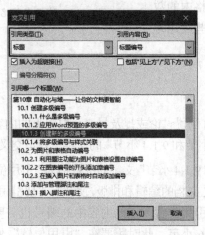

为了设置正确的章编号，需要在插入题注之前先为 Word 设置多级编号，具体方法请参考本章 10.1.3 节。然后进行

图 9-55　设置交叉引用　　　　　　图 9-56　插入要引用的可变内容

如果被引用位置上的内容发生改变，右击引用位置上的内容，在弹出的菜单中选择【更新域】命令，即可使引用位置上的内容根据被引用位置上的内容进行同步更新。如果在文档中的多个位置创建了交叉引用，则可以按 Ctrl+A 组合键选中文档中的所有内容，然后按 F9 键对所有交叉引用进行更新。

9.7 使用域

在 Word 文档中插入的书签、页码、目录、索引等一切可能发生变化的内容，都是基于一种称为"域"的技术。域是 Word 中所有自动化功能的底层技术，掌握域的基本知识和使用方法，可以更灵活地使用 Word 自动化功能。本节将介绍域的相关知识和实际应用。

9.7.1 域的组成

在 Word 文档中插入的很多内容其本质都是域。例如，将插入点定位到文档中的空白处，然后在功能区的【插入】选项卡中单击【日期和时间】按钮，打开【日期和时间】对话框，在【可用格式】列表框中选择一种日期格式，然后选中【自动更新】复选框，最后单击【确定】按钮，如图 9-57 所示。将在文档中插入当前的系统日期。单击这个日期时，日期下方会显示灰色底纹，如图 9-58 所示。单击日期之外的其他位置时，灰色底纹会自动消失。具有这种状态的灰色底纹是域的标志。保存并关闭该文档，第二天打开它时，会发现其中的日期自动更新为第二天的日期。

图 9-57　【日期和时间】对话框　　　　图 9-58　使用域插入的日期

上面这个简单的示例，表明域具有以下两个特点。

- 在域的范围内单击，域会自动显示灰色底纹。在域的范围外单击，灰色底纹会自动消失。

- 使用域输入的内容，具有自动更新数据的功能。

右击前面输入的日期，在弹出的菜单中选择【切换域代码】命令，日期将变为图 9-59 所示的域代码，它显示了一个域的基本结构，各部分的含义如下。

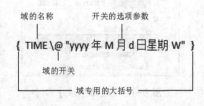

图 9-59　域代码的结构

- TIME：域的名称。

- \@：域的开关，用于设置域的格式。域有 3 个通用开关，分别为 "*" "\#" "\@"，这 3 个开关可以控制很多域的显示结果，它们的用法将在本章 9.7.14 小节、9.7.15 小节和 9.7.16 小节进行介绍。

- "yyyy 年 M 月 d 日星期 W"：双引号及其中的内容是开关使用的参数，对于上面的域代码中的 "\@" 开关而言，双引号中的内容用于指定一种日期格式。

- 域专用的大括号：必须按 Ctrl+F9 组合键由 Word 自动插入，用户手动输入的大括号不能被 Word 识别为域。

交叉参考　关于域的更多组合键，请参考本书附录 1。

9.7.2　创建域及其注意事项

创建域有以下两种方法。

- 使用【域】对话框。
- 手动输入域代码。

1. 使用【域】对话框

使用【域】对话框插入域的操作步骤如下。

❶将插入点定位到要插入域的位置，然后在功能区的【插入】选项卡中单击【文档部件】按钮，在弹出的菜单中选择【域】命令，如图 9-60 所示。

❷打开【域】对话框，在【类别】下拉列表中选择【(全部)】或某个类别，然后在下方的列表框中选择所需的域，如图 9-61 所示。

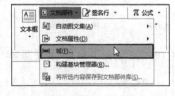

图 9-60　选择【域】命令

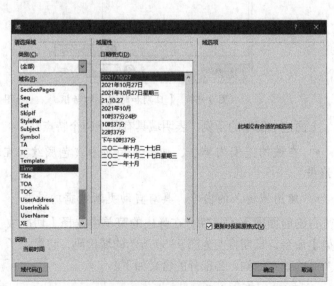

图 9-61　选择所需的域

❸选择所需的域之后，对话框的右侧会显示与该域有关的选项，设置好之后单击【确定】按钮，Word 将在插入点所在的位置插入域并显示其结果而非域代码。

2. 手动输入域代码

将插入点定位到要输入域代码的位置，然后按 Ctrl+F9 组合键，Word 自动插入一对域专用的大括号及其中的两个空格，在两个空格之间输入域代码，最后按 F9 键更新域代码，使其显示域结果。

> ✚ 提 示
>
> 域可以嵌套，类似于 Excel 公式中的嵌套函数。当输入嵌套域的域代码时，必须确保每个域都有属于其自身的一对域专用的大括号。

手动输入域代码时，必须遵循严格的语法规则，否则输入后可能无法显示正确的结果。输入域代码时需要注意以下几点。

- 域专用的大括号必须使用 Ctrl+F9 组合键插入。
- 域名不区分大小写。
- 在域专用的大括号的内侧各保留一个空格。
- 域名与其开关或属性之间保留一个空格。
- 域开关与选项之间保留一个空格。
- 如果参数中包含空格，则必须将参数放入英文双引号中。
- 输入路径时，必须使用双反斜线 "\\" 作为路径分隔符。

9.7.3 显示域的最新结果

域的优点是可以对其得到的数据进行更新，以保持数据的最新结果。极少数的域可以自动更新，无须人工干预，例如 AutoNum 域。大多数域需要用户手动执行更新域的命令，才能更新域的结果，例如 Time 域。更新域有以下几种方法。

- 在域的范围内单击，然后按 F9 键。如需更新文档中的所有域，则可以按 Ctrl+A 组合键，在选中文档中的所有内容之后按 F9 键。
- 在域的范围内右击，在弹出的菜单中选择【更新域】命令。
- 在不同的视图之间切换。
- 单击【文件】⇨【选项】命令，打开【Word 选项】对话框，在【显示】选项卡中选中【打印前更新域】复选框，然后打印文档。

9.7.4 使域在文档中清晰可见

在文档中插入域之后，默认只有在域的范围内单击时，才会显示域的灰色底纹。如需使文档中的所有域清晰可见，可以使灰色底纹始终显示出来。单击【文件】⇨【选项】命令，打开【Word 选项】对话框，在左侧选择【高级】选项卡，然后在右侧的【域底纹】下拉列表中选择【始终显示】选项，最后单击【确定】按钮，如图 9-62 所示。

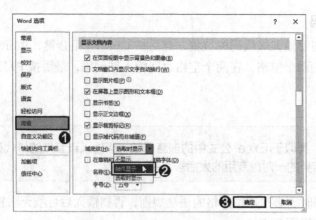

图 9-62　设置域底纹的显示方式

9.7.5　快速定位域

虽然在文档中通过域的灰色底纹可以很容易看出哪些是域，但是如果在文档中创建了很多不同的域，并想要修改某个特定的域时，能否快速定位到该域将直接影响操作效率的高低。使用以下两种方法可以定位文档中的域。

- 　使用 F11 键。每按一次 F11 键，将从当前位置向文档结尾的方向查找域，找到后自动选中该域。按 Shift+F11 组合键，将从当前位置向文档开头的方向查找域并将其选中。

- 　使用【查找和替换】对话框。按 F5 键，打开【查找和替换】对话框的【定位】选项卡，在【定位目标】列表框中选择【域】选项，然后在【请输入域名】下拉列表中选择要查找的域或输入域的名称，如图 9-63 所示。单击【前一处】或【下一处】按钮，将向文档开头或结尾的方向查找指定的域。

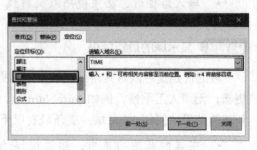

图 9-63　使用定位功能查找域

9.7.6　在域结果和域代码之间切换

当需要修改域代码时，可以先将域结果切换为域代码，有以下几种方法。

- 　在域的范围内右击，在弹出的菜单中选择【切换域代码】命令，如图 9-64 所示。

- 　在域的范围内单击，然后按 Shift+F9 组合键。再次按 Shift+F9 组合键将重新显示域结果。

- 　按 Alt+F9 组合键，将显示文档中所有域的域代码。再次按 Alt+F9 组合键，将所有域代码显示为域结果。

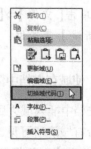

图 9-64　选择【切换域代码】命令

9.7.7　编辑域的内容

如果要修改域的内容，可以使用以下两种方法。

● 使用【域】对话框。在要修改的域的范围内右击，在弹出的菜单中选择【编辑域】命令，在打开的【域】对话框中修改域的相关设置。

● 编辑域代码。使用 9.7.6 小节介绍的任意一种方法切换到域代码状态，然后编辑域代码。完成后按 F9 键更新域并显示域结果。

9.7.8 禁止更新域

如果不想使域被意外更新，则可以禁止这些域的更新功能。在域的范围内单击，然后按 Ctrl+F11 组合键，即可将该域锁定。右击处于锁定状态的域，在弹出的菜单中，【更新域】命令显示为灰色，表示该命令当前处于禁用状态，如图 9-65 所示。如果需要恢复域的更新功能，则在域的范围内单击后按 Ctrl+Shift+F11 组合键。

9.7.9 删除文档中的域

图 9-65 锁定域之后将

如果需要删除一个域，可以将插入点定位到该域的开头，然后按 禁用【更新域】命令
一次 Delete 键，Word 将自动选中该域，再按一次 Delete 键即可将其删除。也可以选中要删除的域，然后按 Delete 键将其删除。

如果需要删除文档中的所有域，则可以使用替换功能快速完成。按 Alt+F9 组合键显示文档中所有域的域代码，然后按 Ctrl+H 组合键，打开【查找和替换】对话框的【替换】选项卡，在【查找内容】文本框中输入"^d"，【替换为】文本框中不输入任何内容，如图 9-66 所示。单击【全部替换】按钮，即可删除文档中的所有域。

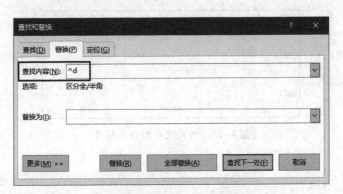

图 9-66 使用替换功能快速删除文档中的所有域

9.7.10 使用 EQ 域输入分数和数学方程式

EQ 域主要用于输入复杂的数学公式以及实现文本的特殊排列效果。例如，可以使用 EQ 域输入分数。将插入点定位到要输入分数的位置，然后按 Ctrl+F9 组合键，自动插入一对域专用的大括号，在大括号中输入图 9-67 所示的代码，按 F9 键更新域并显示输入的分数。还可以使用 EQ 域输入数学方程式，如图 9-68 所示。

{ EQ \f(5,6) } ⇨ $\frac{5}{6}$　　　　{ EQ \b \lc \{ (\a (x+2y=10,3x-5y=3)) } ⇨ $\begin{cases}x+2y=10\\3x-5y=3\end{cases}$

图 9-67　使用 EQ 域输入分数　　　　　9-68　使用 EQ 域输入数学方程式

表 9-1 列出了 EQ 域包含的开关及其说明。

表 9-1　EQ 域包含的开关及其说明

开关	说明
\a()	数组开关，用于创建二维数组
\b()	括号开关，用于添加括号
\d()	位移开关，用于将下一个字符向左或向右移动指定的磅数
\f(,)	分数开关，用于创建分数
\()	列表开关，用于将指定的多个元素组成一个列表
\o()	重叠开关，用于将括号内的多个元素重叠在一起
\r(,)	根号开关，用于创建根式
\s()	上标或下标开关，用于创建上下标
\x()	方框开关，使用方框将括号内的元素包围起来
\i(,,)	积分开关，用于创建积分

9.7.11　使用 SEQ 域快速为公式编号

案例 9-5　使用 SEQ 域快速为论文中的公式添加编号

案例目标　论文中有多个公式，现在要为这些公式添加编号，效果如图 9-69 所示。

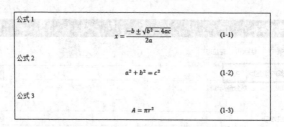

图 9-69　为论文中的公式编号

案例实现

❶ 在文档中创建一个 1 行 3 列的表格，将行高设置为 1 厘米，文本在单元格中的水平和垂直方向上都居中对齐，然后将表格的边框删除，如图 9-70 所示。

图 9-70　创建基础表格

❷ 在表格的第 2 列输入公式，在第 3 列输入公式的编号，例如 "(1-1)"。编号的第 2 个数字是用 SEQ 域输入的，方法是在【域】对话框中选择【Seq】，然后在右侧的【域代码】文本框中输入 "SEQ 公式"，如图 9-71 所示。

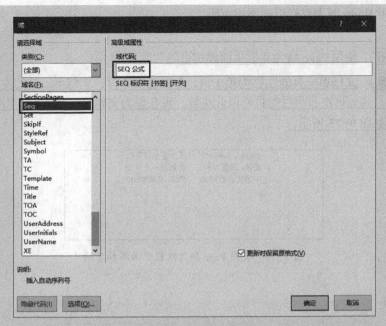

图 9-71　设置 SEQ 域

❸ 单击【确定】按钮，将使用 SEQ 域得到的编号输入到表格的第 3 列，如图 9-72 所示。

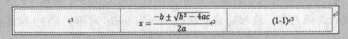

图 9-72　在表格中输入公式和编号

❹ 将第一个公式所在的表格复制到其他有公式的位置，使用当前位置的公式替换表格第 2 列中的公式，如图 9-73 所示。

❺ 选择文档中的所有内容，然后按 F9 键，即可使所有公式的编号更正为正确的序号。使用本例中的方法为公式添加的编号，可以正常进行交叉引用，如图 9-74 所示。

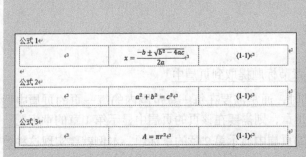

图 9-73　更正表格中的公式

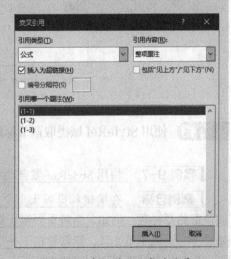

图 9-74　交叉引用公式的编号

9.7.12 使用 Page 域为双栏页面添加页码

案例 9-6 使用 Page 域为双栏页面添加页码

案例目标 文档第一页的左栏为第 1 页，右栏为第 2 页，文档第二页的左栏为第 3 页，右栏为第 4 页，其他页左右两栏的页码以此类推。现在要为文档每一页的左、右两栏各添加一个页码，效果如图 9-75 所示。

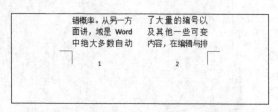

图 9-75　使用 Page 域为双栏页面添加页码

案例实现

进入文档中任意页的页脚编辑状态，然后分别设置左、右两栏的页码。

❶ 设置左栏页码。输入"第"和"页"两个字，然后将插入点定位到这两字之间，按两次 Ctrl+F9 组合键，插入两对域专用的大括号，在内层的大括号中输入"Page"，在外层大括号中输入域代码的其他内容，输入的完整域代码如图 9-76 所示。按 F9 键更新域，即可显示左栏的页码。

❷ 设置右栏页码。将页脚中的左栏域代码复制到该页面的右侧，然后按 Shift+F9 组合键显示域代码，将域代码修改为图 9-76 所示的内容。按 F9 键更新域，即可显示右栏的页码。

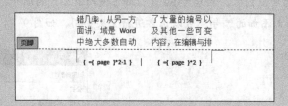

图 9-76　在页脚中输入的左栏和右栏域代码

9.7.13 使用 StyleRef 域提取章节标题

案例 9-7 使用 StyleRef 域自动将章节标题提取到页眉中

案例目标 在编辑和排版大型文档时，通常需要在每一章范围内的每一页的页眉中添加该章的章标题。例如，当前页面属于第 1 章，则需要在该页的页眉中显示第 1 章的章标题。如果下一页属于第 2 章，则需要在下一页的页眉中显示第 2 章的章标题。本例就要实现这种效果，自动将章标题提取到页眉中。

案例实现

❶ 进入任意一页的页眉编辑状态，在功能区的【页眉和页脚工具｜页眉和页脚】选项卡中单击【文档部件】按钮，然后在弹出的菜单中选择【域】命令。

❷ 打开【域】对话框，在【类别】下拉列表中选择【(全部)】，在【域名】列表框中选择【StyleRef】。在【样式名】列表框中选择为章标题设置的样式，例如【标题1】，并选中【插入段落编号】复选框，然后单击【确定】按钮，如图 9-77 所示。

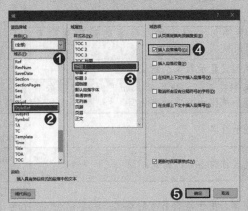

图 9-77　设置 StyleRef 域

❸ 将在页眉中插入所选标题样式的编号，如图 9-78 所示。重复步骤❶、步骤❷，为其他选项做相同的设置，但是不要选中【插入段落编号】复选框。单击【确定】按钮后，将在标题编号的右侧插入标题内容，如图 9-79 所示。

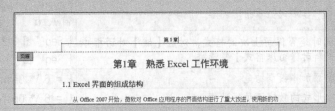

图 9-78　在页眉中自动插入章标题的编号

图 9-79　在页眉中自动插入章标题的内容

提示

可以在页眉中插入标题编号之后输入一个空格，以便为标题编号和标题内容之间保留一定的间距。

9.7.14 使用"*"开关创建自定义的文本格式

在很多域中可以使用"*"开关，该开关用于设置文本的字符格式。表9-2列出了"*"开关包含的参数及其说明。

表9-2 "*"开关包含的参数及其说明

参数	说明	域代码
alphabetic	将数字结果转换为小写字母。1～26对应a～z，27～52对应aa～zz，最大可以显示数字780对应的字母	{ = 1 * alphabetic }，返回a { = 2 * alphabetic }，返回b
Alphabetic	将数字结果转换为大写字母，数字的转换规则与alphabetic相同	{ = 1 * Alphabetic }，返回A { = 2 * Alphabetic }，返回B
Arabic	以阿拉伯数字形式显示数字，默认设置	{ = 2^3 * Arabic }，返回8
Caps	以首字母大写形式显示指定内容，如果内容包含多个英文单词，每个单词的首字母都大写	{ UserName * Caps }，返回首字母大写的当前用户名，如Songxiang
Cardtext	以英文形式显示数字	{ =123 * Cardtext }，返回one hundred twenty-three
Charformat	显示结果与域名称首字母的格式相同	{ Quote "Word" * Charformat }，返回Word
Dollartext	Cardtext的变体，用于检查书写的格式	{ =123.45 * Dollartext }，返回one hundred twenty-three and 45/100
Firstcap	以首字母大写形式显示指定内容，如果内容包含多个英文单词，只有第一个单词的首字母大写	{ UserName * Firstcap }，返回首字母大写的当前用户名，如Songxiang
Hex	以十六进制显示数字	{ = 168 * Hex }，返回A8
Lower	以小写字母形式显示指定内容	{ Quote * lower "WORD" }，返回word
Mergeformat	更新域时是否保留上次的格式，对应【域】对话框中的【更新时保留原格式】复选框	{ Seq "图" * Mergeformat } { Seq "图" }
Ordinal	为数字添加序数词结尾	{ = 6 * Ordinal }，返回6th
Ordtext	为文字形式的数字添加序数词	{ = 6 * Ordtext }，返回sixth
Roman	以罗马数字格式显示数字	{ = 6 * Roman }，返回VI
Upper	以大写字母形式显示指定内容	{ QUOTE * Upper "word" }，返回WORD

9.7.15 使用"\#"开关创建自定义的数字格式

在很多域中可以使用"\#"开关，该开关用于设置数字的数字格式，但是仅改变数字的显示，不会改变数字的数值。表9-3列出了"\#"开关包含的参数及其说明。

表9-3 "\#"开关包含的参数及其说明

参数	说明	域代码
#	指定结果中必须显示的数字位数。如果在结果中该位置没有数字，则显示空格	{ = 6 \# ##.## }，返回"空格6.空格空格"

参数	说明	域代码
0	指定结果中必须显示的数字位数。如果在结果中该位置没有数字，则显示 0	{ = 6 \# 00.00 }，返回 06.00
x	截去 x 左边的数字。如果 x 在小数点右边，Word 会将结果舍入 x 所在的位	{ = 68.68 \# x.x }，返回 8.7
%、$、* 等	在结果中添加指定的符号	{ = 168 \# #$ }，返回 168$
+	在为正数的结果前添加一个正号，在为负数的结果前添加一个负号，在为 0 的结果前添加一个空格	{ = 10-2 \# +# }，返回 +8
–	在为负数的结果前添加一个减号，在为正数或为 0 的结果前添加一个空格	{ = 2-10 \# +# }，返回 –8
.	确定小数点的位置	{ = 168 \# #.00 }，返回 168.00
,	每三个数字间用此分隔符分开	{ = 1680 \# #, }，返回 1,680
;	分别为使用分号分隔的正、负数或正、负、0 三类数设置格式，使用双引号将设置的参数括起来	{ = 10-2 \# "+#;-#" }，返回 +8 { = 2-10 \# "+#;-#" }，返回 –8
文本	在结果中添加文本，使用单引号将文本括起来	{ = 168 \# #' 元 ' }，返回 168 元

9.7.16 使用 Date 域和 "\@" 开关创建自定义的日期和时间格式

"\@" 开关用于设置日期和时间的格式。表 9-4 列出了 "\@" 开关包含的参数及其说明。

表 9-4　"\@" 开关包含的参数及其说明

参数	说明	域代码
yy	以两位数显示年份，如 2015 年显示为 15	{ Date \@ "yy" }
yyyy	以四位数显示年份，如 2015	{ Date \@ "yyyy" }
M	以实际的数字显示月份，1～12，M 必须大写	{ Date \@ "M" }
MM	在个位数月份左侧自动补 0，01～12，M 必须大写	{ Date \@ "MM" }
MMM	以英文缩写形式表示月份，如 Mar，M 必须大写	{ Date \@ "MMM" }
MMMM	以英文全称形式显示月份，如 March，M 必须大写	{ Date \@ "MMMM" }
d	以实际的数字显示日期，1～31	{ Date \@ "d" }
dd	在个位数日期左侧自动补 0，01～31	{ Date \@ "dd" }
ddd	以英文缩写形式表示日期，如 Fri	{ Date \@ "ddd" }
dddd	以英文全称形式显示日期，如 Friday	{ Date \@ "dddd" }
h	以 12 小时制显示小时数，1～12	{ Date \@ "h" }
hh	以 12 小时制显示小时数，个位数左侧自动补 0，01～12	{ Date \@ "hh" }
H	以 24 小时制显示小时数，0～23	{ Date \@ "H" }
HH	以 24 小时制显示小时数，个位数左侧自动补 0，00～23	{ Date \@ "HH" }
m	以实际的数字显示分钟数，0～59	{ Date \@ "m" }
mm	在个位数的分钟数左侧自动补 0，00～59	{ Date \@ "mm" }
AM/PM	以 12 小时制表示时间，AM 表示上午，PM 表示下午	{ Date \@ "AM/PM" }
am/pm	以 12 小时制表示时间，am 表示上午，pm 表示下午	{ Date \@ "am/pm" }

9.8 排版常见问题解答

本节列举了一些在 Word 自动化和域的设置与应用方面的常见问题，并给出了相应的解决方法。

9.8.1 无法删除页眉中的横线

双击文档顶部的页眉区域后，即使未输入任何内容，在退出页眉编辑状态之后，仍会在页眉中显示一条横线。如需删除该横线，可以进入页眉编辑状态，然后打开【样式】窗格，选择【全部清除】样式即可，如图 9-80 所示。

如果在页眉中包含设置好格式的内容，则可以进入页眉编辑状态，选择页眉中的段落标记，然后在功能区的【开始】选项卡中单击【边框】按钮的下拉按钮，在弹出的菜单中选择【无框线】命令，如图 9-81 所示，即可删除页眉中的横线，但是不会改变内容的格式。

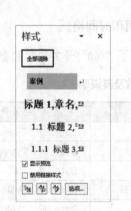

图 9-80　选择【全部清除】样式

图 9-81　选择【无框线】命令

9.8.2 无法删除脚注分隔线

在文档中插入脚注之后，将在页面底部显示一条分隔线，在分隔线下方即可输入脚注内容。由于无法选中这条分隔线，所以不能删除它。使用下面的方法可以删除脚注分隔线，操作步骤如下。

❶ 打开要删除脚注分隔线的文档，然后在功能区的【视图】选项卡中单击【草稿】按钮，如图 9-82 所示。

❷ 切换到草稿视图，在功能区的【引用】选项卡中单击【显示备注】按钮，如图 9-83 所示。

图 9-82　单击【草稿】按钮

图 9-83　单击【显示备注】按钮

如果文档中同时包含脚注和尾注，则在单击【显示备注】按钮之后，将显示图 9-84 所示的对话框，从中需要选择要查看的注释类型。

图 9-84　选择要查看的注释类型

❸ 在 Word 窗口底部显示备注窗格，在其中的【脚注】下拉列表中选择【脚注分隔符】选项，如图 9-85 所示。

❹ 按住鼠标左键拖动脚注分隔线，即可将其选中，如图 9-86 所示。按 Delete 键将其删除，返回页面视图，将不再显示脚注分隔线，如图 9-87 所示。

图 9-85　选择【脚注分隔符】选项

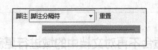

图 9-86　选中脚注分隔线

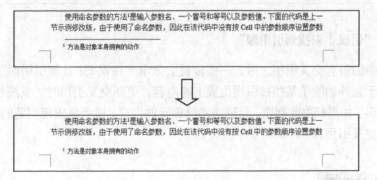

图 9-87　删除脚注分隔线

9.8.3　脚注被页脚中的内容覆盖

当页面中同时包含脚注和页脚内容时，脚注有时会被页脚中的内容覆盖。当脚注和页脚都占据较大的空间且页面中还包含分节符时，可能就会出现此问题。如需解决此问题，可以删除分节符，或者在脚注文字上方添加一些空行。

9.8.4　题注变为"图一 -1"格式

如果文档中的章标题使用形如"第一章""第二章"的中文数字编号，则在为图片添加题注时将显示"图一 -1"。如需显示"图 1-1"，则可以使用下面的方法，操作步骤如下。

❶ 单击任意一个包含章标题的段落，然后在功能区的【开始】选项卡中单击【多级列表】按钮，在弹出的列表中选择【定义新的多级列表】命令。

❷ 打开【定义新多级列表】对话框，单击【更多】按钮展开该对话框。在【单击要修改的级别】列表框中选择【1】，并选中【正规形式编号】复选框，如图9-88所示，章编号将自动被更正为阿拉伯数字形式，然后单击【确定】按钮。

❸ 按 Ctrl+A 组合键，选中文档中的所有内容，然后按 F9 键更新所有域，使所有题注编号显示为阿拉伯数字，从而将题注更正为"图1-1"的形式。

❹ 再次打开【定义新多级列表】对话框，取消选中【正规形式编号】复选框，然后单击【确定】按钮，使章编号恢复为中文数字格式。

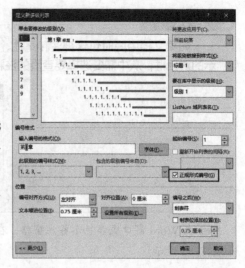

图9-88　选中【正规形式编号】复选框

注意

该方法适合不再对文档中的域进行更新的情况，如果以后更新文档中的所有域，则题注编号将恢复为"图一-1"的形式。

9.8.5　显示"错误！未找到引用源"

更新文档中的所有交叉引用之后，一些位置会显示"错误！未找到引用源"提示信息。出现此问题是由于意外删除了某些被引用位置上的内容，更新交叉引用时，系统找不到被删除的内容而导致错误。如需解决此问题，可以撤销已删除的内容，或者将出现问题的交叉引用删除，然后重新创建交叉引用。

9.9　思考与练习

1. 创建一个包含 3 个编号级别的多级编号，一级编号的格式为"第 × 章"，二级编号的格式为"第 × 节"，三级编号的格式为"第 × 小节"，其中 × 表示具体的数字。

2. 为自己编写的一篇文档中的所有图片和表格顺序编号，并使用"图表"二字作为图片和表格题注的标签。

3. 假设一篇文档中包含目录、正文和附录 3 个部分，如何在目录和附录部分插入罗马数字格式的页码，而在正文部分插入阿拉伯数字格式的页码？

4. 假设一篇文档共有 10 页，如何让文档的前两页和后两页不显示页眉，而只有 3 ～ 8 页显示页眉？

5. 在文档中输入域代码时需要注意哪些问题？

第10章

目录和索引
——大型文档不可或缺的元素

目录是大型文档的重要组成部分，其中包含文档中的各级标题及其在文档中的页码。目录不但可以展现文档内容的组织方式，便于用户快速了解文档的整体框架结构，还可以使用户快速跳转到特定标题所在的页面。索引通常出现在专业性较强的书籍结尾，其中包括书中出现的重要词语及其在书中的位置。在 Word 中可以根据实际情况，选择不同的方法创建目录和索引，本章将介绍创建目录和索引的方法。

10.1 ▶ 创建目录

在书籍或复杂文档的正文内容之前，通常会有一个目录，目录中包含不同级别的标题，每个标题与正文中的标题相对应，便于用户快速跳转到特定标题所在的页面。此外，用户还可以为文档中的图片和表格创建图表目录，以便通过目录快速浏览和定位文档中的图片和表格。本节将介绍创建目录的几种方法。

10.1.1 了解目录

如果用户曾经创建过目录，可能会发现文档中所有设置标题样式的内容会被提取到目录中，这里说的标题样式是指Word内置的"标题1""标题2""标题3"等样式。为标题设置哪种样式并不是创建目录的关键，正文中的标题是否会被提取到目录中，关键在于为标题设置的大纲级别。此外，目录中不同级别的标题具有不同的缩进格式，如图10-1所示，能够体现出层次感，这种层次感也是由标题的大纲级别决定的。

例如，内置的"标题1"样式的大纲级别为1级，因此，所有设置了"标题1"样式的内容都将作为目录的一级标题（即顶级标题）；"标题2"样式的大纲级别为2级，所有设置了"标题2"样式的内容都将作为目录的二级标题；其他内置标题样式以此类推。

图10-1　目录中不同级别的标题
具有不同的缩进格式

在Word中创建目录主要遵循以下两个原则。

- 内容的大纲级别决定其是否会被提取到目录中，只有大纲级别为1级～9级的内容才会被提取到目录中。

- 内容的大纲级别决定其在目录中的标题级别。

基于以上两个原则，以下两种情况中的内容不会被提取到目录中。

- 大纲级别设置为【正文文本】。

- 创建目录时有一个用于指定目录级别的选项，大纲级别小于该数字的内容不会被提取到目录中。例如，创建目录时将目录级别指定为3级，则Word只会提取大纲级别为1级～3级的内容。如果将某个标题的大纲级别设置为4级，则该内容不会被提取到目录中。

如需设置内容的大纲级别，可以右击要设置的段落，在弹出的菜单中选择【段落】命令，打开【段落】对话框，在【缩进和间距】选项卡的【大纲级别】下拉列表中选择所需的大纲级别，如图10-2所示。

图10-2　设置内容的大纲级别

10.1.2 使用内置标题样式或大纲级别创建目录

如果为内容应用 Word 内置的标题样式，则在创建目录时，这些内容会被自动提取到目录中。

案例 10-1 使用内置的标题样式为员工考勤管理制度创建目录

案例目标 为第一行标题设置"标题 1"样式，为以"一、""二、"等数字开头的段落设置"标题 2"样式，为以"（一）""（二）"等数字开头的段落设置"标题 3"样式，为以"1.""2."等数字开头的段落设置"标题 4"样式，然后为应用了前 3 种样式的标题创建目录，效果如图 10-3 所示。

图 10-3 使用内置的标题样式创建目录

案例实现

❶ 将插入点定位到第一行的标题中，然后打开【样式】窗格，单击【标题 1】样式，为"员工考勤管理制度"标题设置"标题 1"样式。

❷ 由于要设置标题 2～标题 4 样式的段落不止一个，为了提高操作效率，可以使用查找和替换功能批量操作，方法请参考本书第 8 章中的案例 8-15。

❸ 设置好正确的样式之后，将插入点定位到文档结尾的一个空白段落中，然后在功能区的【引用】选项卡中单击【目录】按钮，在弹出的列表中选择【自动目录 1】或【自动目录 2】命令，如图 10-4 所示，即可在插入点所在位置创建目录。

图 10-4 选择【自动目录 1】或【自动目录 2】命令

提示

无论将"标题 1""标题 2""标题 3"这几个标题样式的大纲级别设置为几级，只要是设置了这 3 个标题样式的内容，其就会被提取到目录中。

如果没有为内容应用内置的标题样式，但是又想为这些内容创建目录，则可以为它们设置适当的大纲级别，在创建目录时 Word 同样会将这些内容提取到目录中。

案例 10-2 使用大纲级别为员工考勤管理制度创建目录

案例目标 正文中的标题没有设置内置的标题样式，现在要为正文标题设置适当的大纲级别，然后为这些标题创建目录。

案例实现

❶ 将插入点定位到第一行的标题中，然后打开【段落】对话框，在【缩进和间距】选项卡的【大纲级别】下拉列表中选择【1级】，如图 10-5 所示，然后单击【确定】按钮。

❷ 使用与步骤❶类似的方法，将以"一、""二、"等数字开头的段落的大纲级别设置为【2级】，将以"（一）""（二）"等数字开头的段落的大纲级别设置为【3级】。

图 10-5 设置大纲级别

❸ 将插入点定位到要放置目录的位置，然后在功能区的【引用】选项卡中单击【目录】按钮，在弹出的菜单中选择【自动目录1】或【自动目录2】命令，即可在插入点所在位置创建目录，目录中的标题就是前面将大纲级别设置为 1级、2级、3级的内容。

案例 10-3 为员工考勤管理制度创建 4 级目录

案例目标 在案例 10-1 中，为员工考勤管理制度中的不同内容设置了标题 1～标题 4 这 4 种样式，现在要为 4 种样式对应的标题创建目录，效果如图 10-6 所示。

图 10-6 创建 4 级目录

案例实现

❶ 将插入点定位到要放置目录的位置，然后在功能区的【引用】选项卡中单击【目录】按钮，在弹出的列表中选择【自定义目录】命令，如图 10-7 所示。

❷ 打开【目录】对话框的【目录】选项卡，将【显示级别】设置为【4】，然后单击【确定】按钮，如图 10-8 所示。

图 10-7　选择【自定义目录】命令

图 10-8　设置目录的显示级别

提示

如需灵活指定出现在目录中的样式，可以在【目录】对话框的【目录】选项卡中单击【选项】按钮，然后在打开的对话框中为各个样式设置表示目录级别的数字，数字越小，目录级别越高，如图 10-9 所示。

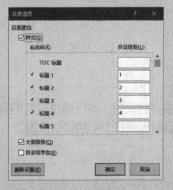

图 10-9　灵活指定出现在目录中的样式及其目录级别

10.1.3　使用 TC 域将任意内容添加到目录中

如需将文档中的任意文字提取到目录中，则本章前面介绍的使用标题样式和大纲级别这两

种方式就无能为力了。此时可以使用第三种方式——目录项域，使用该方式可以将没有设置标题样式或大纲级别的内容提取到目录中。

案例 10-4 将任意内容提取到目录中

案例目标 在图 10-10 中，黑框中的"选项卡、组、命令"文字既没有设置标题样式，也没有设置大纲级别，现在要将该文字提取到目录中，并在目录中显示为三级标题，效果如图 10-11 所示。

图 10-10 要提取到目录中的文字　　　　图 10-11 将指定的内容提取到目录中

案例实现

❶ 在文档中选择要添加到目录中的内容，即"选项卡、组、命令"文字。

❷ 按 Alt+Shift+O 组合键，打开【标记目录项】对话框，自动将选中的内容添加到【目录项】文本框中。然后在【级别】文本框中输入一个数字，它表示当前选中的内容要在目录中显示的级别，此处设置为 3，如图 10-12 所示。

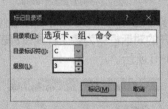

图 10-12 设置【级别】

提示

当要在一个文档中创建多个目录时，可以通过设置不同的【目录标识符】来区分不同的目录，否则无须更改【目录标识符】中的默认设置。

技巧

可以在不关闭【标记目录项】对话框的情况下，继续在文档中选择要添加到目录中的内容。重新激活【标记目录项】对话框时，在【目录项】文本框中会自动显示新选中的内容。

❸ 单击【标记】按钮，将选中的"选项卡、组、命令"文字标记为目录项。然后单击【关闭】按钮，关闭【标记目录项】对话框。

> ➕ **提示**
>
> 如果在文档中显示格式编辑标记，则会在文档中看到类似图 10-13 所示的 TC 域代码，这是将内容标记为目录项后 Word 自动添加的。

▪1.1.2· **功能区的组成**↵

功能区由 选项卡、组、命令 TC "选项卡、组、命令" \f C \l "3" 个部分
项卡顶部的标签表示选项卡的名称，比如【开始】选项卡、【视图】选项卡。

图 10-13 将内容标记为目录项之后显示的 TC 域代码

❹ 将插入点定位到要放置目录的位置，然后打开【目录】对话框的【目录】选项卡，单击【选项】按钮，打开【目录选项】对话框，选中【目录项字段】复选框，然后单击【确定】按钮，如图 10-14 所示。

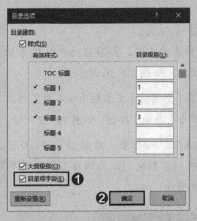

图 10-14 选中【目录项字段】复选框

如果熟悉 TC 域的语法，可以直接在文档中输入 TC 域代码来标记目录项。表 10-1 列出了 TC 域包含的开关及其说明。

表 10-1 TC 域包含的开关及其说明

开关	说明
\f	用于包含多个目录的文档，对应【标记目录项】对话框中的【目录标识符】
\l	用于为标记的内容指定大纲级别。开关中的"l"是字母"L"的小写形式，而非数字"1"
\n	用于取消所标记内容在目录中的页码

10.1.4 使用 TOC 域为指定范围中的内容创建目录

有时可能只需为文档中的部分内容创建目录，此时可以使用 TOC 域和书签来实现。

案例 10-5 为指定范围中的内容创建目录

案例目标 为黑框中的内容创建目录，如图 10-15 所示。

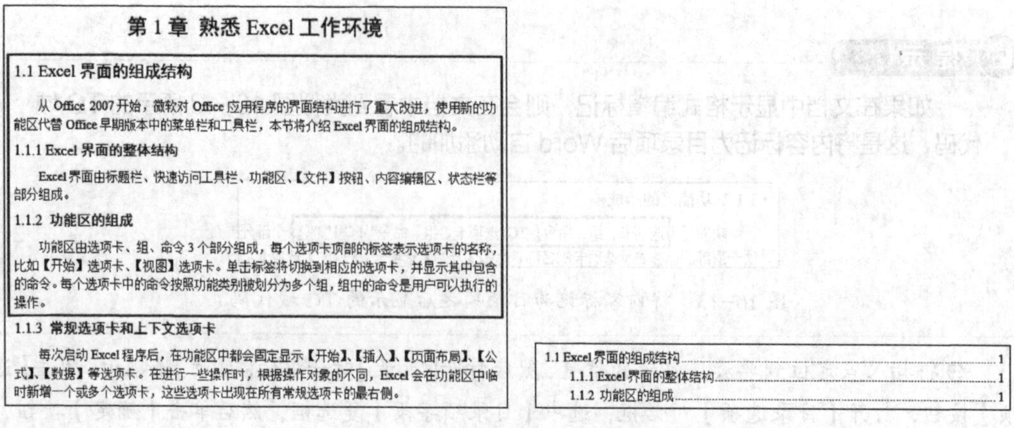

第 1 章 熟悉 Excel 工作环境
1.1 Excel 界面的组成结构
从 Office 2007 开始，微软对 Office 应用程序的界面结构进行了重大改进，使用新的功能区代替 Office 早期版本中的菜单栏和工具栏，本节将介绍 Excel 界面的组成结构。
1.1.1 Excel 界面的整体结构
Excel 界面由标题栏、快速访问工具栏、功能区、【文件】按钮、内容编辑区、状态栏等部分组成。
1.1.2 功能区的组成
功能区由选项卡、组、命令 3 个部分组成，每个选项卡顶部的标签表示选项卡的名称，比如【开始】选项卡、【视图】选项卡。单击标签将切换到相应的选项卡，并显示其中包含的命令。每个选项卡中的命令按照功能类别被划分为多个组，组中的命令是用户可以执行的操作。
1.1.3 常规选项卡和上下文选项卡
每次启动 Excel 程序后，在功能区中都会固定显示【开始】、【插入】、【页面布局】、【公式】、【数据】等选项卡。在进行一些操作时，根据操作对象的不同，Excel 会在功能区中临时新增一个或多个选项卡，这些选项卡出现在所有常规选项卡的最右侧。
1.1 Excel 界面的组成结构 1
1.1.1 Excel 界面的整体结构 1
1.1.2 功能区的组成 1

图 10-15　为指定范围中的内容创建目录

案例实现

❶ 在文档中选择要创建目录的内容，然后在功能区的【插入】选项卡中单击【书签】按钮，如图 10-16 所示。

联机视频
链接
书签
交叉引用
批注
媒体
链接
批注

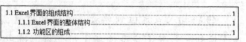

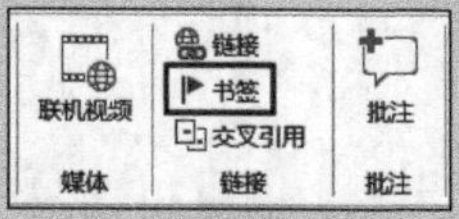

图 10-16　单击【书签】按钮

❷ 打开【书签】对话框，在【书签名】文本框中输入书签的名称，例如“局部目录”，然后单击【添加】按钮，如图 10-17 所示。

❸ 将插入点定位到要放置目录的位置，然后按 Ctrl+F9 组合键，插入一对域代码专用的大括号，在大括号中输入域代码“TOC \b 局部目录”，其中的“局部目录”就是在步骤❷中创建的书签名，如图 10-18 所示。

书签
书签名(B):
局部目录
❶
添加(A)
❷
删除(D)
定位(G)
排序依据:
名称(N)
位置(L)
隐藏书签(H)
取消

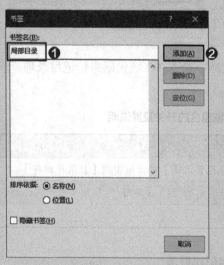

图 10-17　为选中的内容创建书签

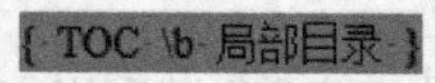

{ TOC \b 局部目录 }

图 10-18　输入 TOC 域代码

❹ 输入好域代码之后，单击域代码的内部，然后按 F9 键，或者右击域代码并在弹出的菜单中选择【更新域】命令，执行更新域代码的操作，即可显示为选中的内容创建的目录。

在文档中创建的目录实际上是 TOC 域代码。表 10-2 列出了 TOC 域包含的开关及其说明。

表10-2 TOC 域包含的开关及其说明

开关	说明
\a	创建不包含题注标签和编号的图表目录
\b	使用书签指定文档中要创建目录的内容范围
\c	创建指定标签的图表目录
\d	指定序列与页码之间的分隔符，其后紧跟分隔符，分隔符需要用英文双引号括起来
\f	使用目录项域创建目录
\h	在目录中创建目录标题和页码之间的超链接
\l	指定出现在目录中的目录项的标题级别，其后紧跟表示级别的数字，数字需用英文双引号括起来
\n	创建不包含页码的目录
\o	使用大纲级别创建目录，其后紧跟表示级别的数字，数字需用英文双引号括起来
\p	指定目录标题与页码之间的分隔符，其后紧跟分隔符，分隔符需用英文双引号括起来
\s	使用序列类型创建目录
\t	使用 Word 内置标题样式以外的其他样式创建目录
\u	使用应用的段落大纲级别创建目录
\w	保留目录项中的制表符
\x	保留目录项中的换行符
\z	切换到 Web 版式视图时隐藏目录中的页码

 关于域代码的输入方法和注意事项，请参考本书第 9 章。

10.1.5 使用 RD 域为多个文档创建总目录

如需为相关的多个文档创建总目录，可以使用以下几种方法。

• 先在各个文档中创建目录，然后将所有目录复制并粘贴到一起。使用这种方法，每次在一个文档中创建目录时，需要通过上一个目录的结束页码来计算下一个目录的起始页码，烦琐且易出错。

• 使用主控文档功能将多个文档合并到一起，然后在主控文档中创建总目录。

• 使用 RD 域为多个文档创建总目录。

使用 RD 域为多个文档创建总目录时，事先需要做好 3 个准备工作。

• 将相关的多个文档放在同一个文件夹中。

• 在相关的多个文档所在的文件夹中新建一个文档，用于存放创建的总目录。

• 由于 RD 域引用的文档顺序会影响最终创建的总目录中的标题顺序，因此需要排列好多个文档的次序。

案例 10-6 使用 RD 域为论文中的多个文档创建总目录

案例目标 图 10-19 中，一个文件夹中有第 1 章、第 2 章和第 3 章 3 个文档，现在要为它们创建总目录，并将其保存在该文件夹中名为"总目录"的文档中。

图 10-19 使用 RD 域为多个文档创建总目录

案例实现

❶ 在 Word 中打开"总目录"文档，然后在功能区的【插入】选项卡中单击【文档部件】按钮，在弹出的列表中选择【域】命令，如图 10-20 所示。

❷ 打开【域】对话框，进行以下几项设置，如图 10-21 所示。

• 在【类别】下拉列表中选择【(全部)】，然后在【域名】列表框中选择【RD】。

• 在【文件名或 URL】文本框中输入要创建总目录的第一个文档的名称，此处为"第 1 章 .docx"。

• 选中【路径相对于当前文档】复选框。

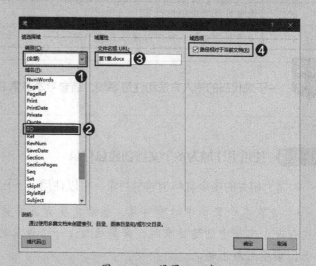

图 10-20 选择【域】命令　　　　图 10-21 设置 RD 域

提 示

在【文件名或 URL】文本框中输入文件名时，必须包含文件的扩展名，Word 2003 文档的扩展名是 .doc，Word 2007 及更高版本 Word 的文档扩展名是 .docx 或 .docm。如果选中【路径相对于当前文档】复选框，则只需输入文件名，而无须输入文档的完整路径。如果未选中该复选框，则在输入文档的完整路径时，需要在文件夹名称之间使用"\\"替换原来的"\"。

❸ 单击【确定】按钮，在文档中插入 RD 域代码，如图 10-22 所示。

❹ 重复步骤❶～❸的操作，为其他两个文档设置 RD 域，完成后的 RD 域代码如图 10-23 所示，最后使用【目录】对话框创建总目录即可，效果如图 10-24 所示。

{ RD · · 第 1 章 .docx \f }

图 10-22　插入第一个文档的 RD 域代码

{ RD · · 第 1 章 .docx \f }
{ RD · · 第 2 章 .docx \f }
{ RD · · 第 3 章 .docx \f }

图 10-23　创建完成的所有 RD 域代码

图 10-24　创建的总目录

技巧 •••

输入第一个文档的 RD 域代码之后，可以直接复制该域代码，然后修改复制后的域代码中的文档名称，即可快速得到其他文档的 RD 域代码。

➕ 提示

为了在创建的目录中使各章标题的页码按顺序排列，需要在创建目录之前为各个文档添加正确的页码。

10.1.6　在一个文档中创建多个目录

如需在一个文档中创建多个目录，可以先使用本章前面介绍的方法在文档中创建一个目录。当创建第二个目录时，将显示图 10-25 所示的信息，单击【否】按钮，将在保留第一个目录的情况下创建第二个目录。创建更多目录的方法以此类推。

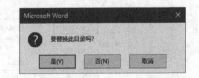

图 10-25　创建多个目录时显示的信息

10.1.7　创建图表目录

除了为文档中的标题创建目录之外，还可以为文档中的图片和表格创建目录，目录中包含的是为图片和表格设置的题注。为图片和表格创建图表目录之前，需要先为它们添加题注，还要检查题注是否满足以下两个条件。

- 为图片和表格设置正确的题注标签，图片和表格的题注标签应该使用不同的文字加以区分。例如，图片的题注标签使用"图"，表格的题注标签使用"表"。

- 图片和表格的题注需要使用功能区的【引用】选项卡中的【插入题注】命令创建，这是因为 Word 会自动为使用该方法创建的题注应用名为"题注"的样式，而 Word 默认使用该样式创建图表目录。

案例 10-7 为论文创建图表目录

案例目标 假设已经为论文中的所有图片和表格添加了题注，现在要为这些图片和表格创建图表目录，效果如图 10-26 所示。

图 10-26 创建图表目录

 案例实现

❶ 将插入点定位到要放置图表目录的位置，然后在功能区的【引用】选项卡中单击【插入表目录】按钮，如图 10-27 所示。

❷ 打开【图表目录】对话框的【图表目录】选项卡，在【题注标签】下拉列表中选择图片使用的题注标签【图】，然后选中【包括标签和编号】复选框，如图 10-28 所示。单击【确定】按钮，创建一个包含所有图片的题注的目录。

图 10-27 单击【插入表目录】按钮　　图 10-28 选择题注标签

实际上，可以使用任意一种样式创建图表目录，前提是为图片和表格的题注设置了该样式。因此，图片和表格的题注并非必须使用题注功能进行添加，也可以手动输入图片和表格的题注，然后为它们设置一种样式，以后可以使用该样式创建图表目录。

创建图表目录时，也需要先打开【图表目录】对话框的【图表目录】选项卡，然后单击【选项】按钮，打开【图表目录选项】对话框，在【样式】下拉列表中选择为图片和表格的题注设置的样式，【样式】复选框会被自动选中，如图 10-29 所示。单击两次【确定】按钮，即可为应用了该样式的内容创建图表目录。

图 10-29　选择用于创建图表目录的样式

10.2　管理目录

创建目录后，可以随时修改目录的格式，或者在文档内容发生变化时，使目录保持同步更新，也可以将目录转换为普通文本，还可以将不需要的目录删除。本节将介绍以上 4 种操作。

10.2.1　修改目录格式

可以在创建目录时或创建目录后，修改目录格式，类似于修改任何一种样式的格式。目录格式由名为"目录 1"～"目录 9"的 9 个样式控制，它们与目录中的 9 个级别的标题一一对应。修改目录格式的操作步骤如下。

❶ 在功能区的【引用】选项卡中单击【目录】按钮，然后在弹出的列表中选择【自定义目录】命令，打开【目录】对话框，单击【修改】按钮。

❷ 打开【样式】对话框，选择要修改的与目录标题对应的样式，然后单击【修改】按钮，如图 10-30 所示。

❸ 打开【修改样式】对话框，对目录的格式进行修改，操作方法与第 3 章介绍的修改任何一种样式的方法类似。

修改图表目录格式的方法与此类似，只需打开【图表目录】对话框，单击【修改】按钮，然后在打开的对话框中单击【修改】按钮进行修改即可，如图 10-31 所示。

图 10-30　修改正文标题目录的格式

图 10-31　修改图表目录的格式

10.2.2 使目录与文档中的标题同步更新

如果更改了文档的标题或图表的题注，包括内容和位置两方面，只需对目录执行更新操作，即可快速同步更新目录。更新目录有以下几种方法。

- 在目录的范围内单击，然后按 F9 键。
- 在目录的范围内右击，然后在弹出的菜单中选择【更新域】命令，如图 10-32 所示。
- 在目录的范围内单击，然后在功能区的【引用】选项卡中单击【更新目录】按钮，如图 10-33 所示。

使用任意一种方法都会显示图 10-34 所示的【更新目录】对话框，如需同时更新目录的标题和页码，则选中【更新整个目录】单选按钮，否则选中【只更新页码】单选按钮，此操作只更新目录的页码，而目录的内容保持不变。

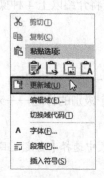  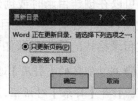

图 10-32　选择【更新域】命令　图 10-33　单击【更新目录】按钮　图 10-34　选择更新目录的方式

10.2.3 将目录转换为普通文本

创建的目录默认具有域特有的灰色底纹，而且在按住 Ctrl 键时单击目录标题，会自动跳转到文档中与标题对应的位置。如果不会再对目录进行任何修改，则可以将其转换为普通文本，断开目录与文档标题之间的关联，也可以避免出现一些关于目录的错误提示。

案例 10-8　将目录转换为普通文本

案例目标　将创建的目录转换为普通文本，断开目录与文本标题之间的关联。

案例实现

❶ 选择目录的所有内容，然后按 Ctrl+Shift+F9 组合键，将目录的所有内容转换为带有下划线的蓝色超链接文字，如图 10-35 所示。

❷ 选中转换后的内容，然后按 Ctrl+D 组合键，打开【字体】对话框，在【字体】选项卡中将【字体颜色】设置为【黑色】，将【下划线】设置为【(无)】，如图 10-36 所示，最后单击【确定】按钮。

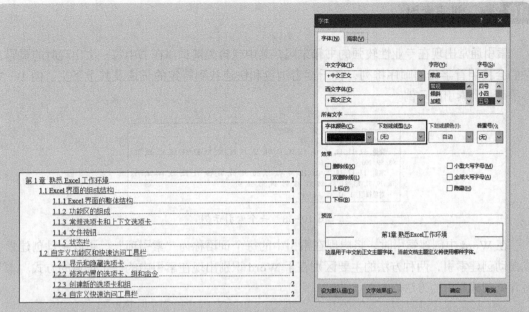

图 10-35　将目录转换为带有下划线的超链接文字　图 10-36　设置目录的字体颜色并去除下划线

技巧 ●●

对于较长的目录，使用拖动的方法选择整个目录非常麻烦。这里提供一个快速的方法：将插入点定位到目录第一个标题的第一个字符左侧，即整个目录的起始位置，然后按一次 Delete 键，即可自动选中整个目录。

10.2.4　删除目录

如需删除文档中的目录，只要选中整个目录，然后按 Delete 键即可。如果是使用案例 10-1 和案例 10-2 中的方法创建的目录，则需要先单击目录，然后在上方单击【更新目录】左侧的按钮，在弹出的菜单中选择【删除目录】命令，如图 10-37 所示。

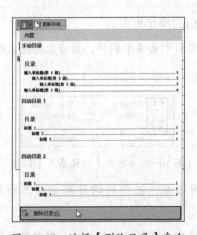

图 10-37　选择【删除目录】命令

10.3 创建索引

索引通常出现在专业性较强的书籍末尾，其中包含关键词语在书中每一次出现时的页码，它们会按照首字母的顺序排列，便于读者浏览和快速找到特定的词语及其上下文。图 10-38 所示是一个索引的示例。

Function 过程，17，19，20，21，98
Sub 过程，17，18，19，20，98
变量，12，13，14，15，16，17，18，20，21，22，25，26，27，32，37，51，52，53，55，78，98，99，100
常量，12，17，18，20，21，25，26，46，55，56，58，67，68，69，71，72，73，74，76，77，78，79，81，83，84，85，86，87，88，93，94，95，96，97
对象模型，1，41，42，44，54

图 10-38　一个索引示例

在 Word 中创建索引时，将出现在索引中的每个词语称为"索引项"。可以手动创建索引或自动创建索引，两种方法的主要区别在于 Word 识别出现在索引中的每个词语的方式。本节将介绍创建索引的方法。

10.3.1 通过手动标记索引项创建索引

创建索引的基本方法是手动标记索引项，即标记想要出现在索引中的每个词语，标记的目的是使系统在创建索引时可以识别出哪些词语将要出现在索引中。完成词语的标记后，即可开始创建索引。

注意

创建索引前应该隐藏 XE 域代码，这是因为在文档中显示 XE 域代码会增加页面数量，导致出现在索引中的词语的页码出现误差。如需隐藏 XE 域代码，可以在功能区的【开始】选项卡中单击【显示/隐藏编辑标记】按钮，使该按钮弹起。如果 XE 域代码仍然显示，则可以单击【文件】⇨【选项】命令，打开【Word 选项】对话框，在左侧选择【显示】选项卡，然后在右侧取消选中【隐藏文字】复选框。

手动标记索引项并创建索引的操作步骤如下。

❶ 在文档中选择要出现在索引中的某个词语，然后在功能区的【引用】选项卡中单击【标记条目】按钮，如图 10-39 所示。

图 10-39　单击【标记条目】按钮

❷ 打开【标记索引项】对话框，选中的词语被自动添加到【主索引项】文本框中，如图 10-40 所示。

❸ 单击【标记】按钮，对选中的词语进行标记。如果要将该词语在文档中的所有出现位置都

进行标记，则可以单击【标记全部】按钮。标记一个词语后，该词语的右侧将显示 XE 域代码，如图 10-41 所示。

图 10-40　标记索引项

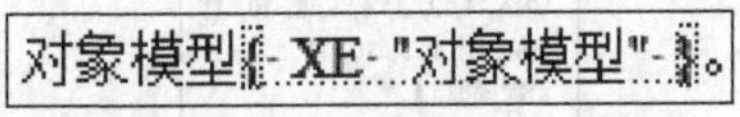

对象模型·-·XE·"对象模型"·¦·

图 10-41　在标记后的词语右侧显示 XE 域代码

＋ 提 示

> 如果看不到 XE 域代码，则需要在功能区的【开始】选项卡中单击【显示 / 隐藏编辑标记】按钮，以便在文档中显示格式编辑标记。

❹ 重复步骤❶～❸，标记要出现在索引中的每一个词语。完成后单击【关闭】按钮，关闭【标记索引项】对话框。

注 意

> 如果词语中包含英文冒号，则需要在【主索引项】文本框中的冒号左侧输入一个 "\"，否则 Word 会将冒号右侧的内容当作次索引项（次索引项将在 10.3.2 小节介绍）。

❺ 将插入点定位到要放置索引的位置，然后在功能区的【引用】选项卡中单击【插入索引】按钮，打开【索引】对话框，如图 10-42 所示（它与创建目录时打开的【目录】对话框类似）。在【索引】对话框中可以对创建的索引进行以下几种设置。

- 设置索引的分栏数量：在【栏数】文本框中输入表示索引分栏数量的数字。

- 设置索引的布局类型：选择多级索引的排列方式。缩进式的索引排列方式类似多级目录，不同级别的索引呈现缩进结构；接排式的索引没有层次感，不同级别的相关索引排列在一行。

- 设置索引的页码显示方式：如果选中【页码右对

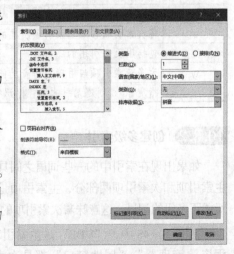

图 10-42　【索引】对话框

齐】复选框，Word 会将索引的页码创建为类似目录的页码格式。

- 设置索引中词语的排序方式：在【排序依据】下拉列表中选择索引中的词语按笔画或拼音首字母排序。

- 设置索引中的词语格式：与修改目录格式类似，单击【修改】按钮，可以修改索引中词语的格式。

❻ 根据需要对索引选项进行设置，然后单击【确定】按钮，将在插入点位置创建索引。图 10-43 所示为创建的单栏索引。

在创建好的单栏索引的范围内右击，在弹出的菜单中选择【切换域代码】命令，将在文档中显示图 10-44 所示的 Index 域代码（创建索引实际上是自动插入了 Index 域代码）。表 10-3 列出了 Index 域包含的开关及其说明。

```
VBA, 1, 2, 3, 4, 5, 8, 10, 11
VBE, 1, 4, 5, 10, 11
对象模型, 1
宏, 1, 2, 3, 4, 8, 9, 10, 11
```

图 10-43　单栏索引

`{ INDEX \y \o "P" \c "1" \z "2052" }`

图 10-44　索引的 Index 域代码

表 10-3　Index 域包含的开关及其说明

开关	说明
\b	使用书签指定文档中要创建索引的内容范围
\c	指定索引的栏数，其后紧跟表示栏数的数字，数字需用英文双引号括起来
\d	指定序列与页码之间的分隔符，其后紧跟分隔符，分隔符需用英文双引号括起来
\e	指定索引项与页码之间的分隔符，其后紧跟分隔符，分隔符需用英文双引号括起来
\f	只使用指定的词条类型来创建索引
\g	指定在页码范围内使用的分隔符，其后紧跟分隔符，分隔符需用英文双引号括起来
\h	指定索引中各字母之间的距离
\k	指定交叉引用和其他条目之间的分隔符，其后紧跟分隔符，分隔符需用英文双引号括起来
\l	指定多页引用页码之间的分隔符，其后紧跟分隔符，分隔符需用英文双引号括起来
\p	将索引限制为指定的字母
\r	将次索引项移入主索引项所在的行中
\s	包括用页码引用的序列号
\y	为多音索引项启用确定拼音功能
\z	指定 Word 创建索引的语言标识符

10.3.2　创建多级索引

如果出现在索引中的一些词语之间具有层级关系，则可以创建多级索引。在多级索引中包含主索引项和次索引项两部分，主索引项是索引中位于顶级的词语，次索引项是位于顶级词语下一级或下多级的词语，这意味着次索引项的含义是相对而言的。

在图 10-45 中，"VBE" 是主索引项，"代码窗口""工程资源管理器""属性窗口"都是次索引项，因为它们都是 VBE 的组成部分，它们与 VBE 之间是从属关系。

```
VBE
    代码窗口, 9, 10, 11
    工程资源管理器, 9, 10, 11
    属性窗口, 9, 10, 11
```

图 10-45　一个多级索引的示例

创建多级索引的操作步骤如下。

❶ 在文档中复制要标记为次索引项的词语，例如"属性窗口"，然后在功能区的【引用】选项卡中单击【标记条目】按钮，打开【标记索引项】对话框。

❷ 选中的内容被自动添加到【主索引项】文本框中，将该文本框中的内容修改为主索引项的词语，例如"VBE"。然后单击【次索引项】文本框的内部，按 Ctrl+V 组合键，将上一步复制的次索引项词语粘贴到该文本框中，如图 10-46 所示。单击【标记全部】按钮，对文档中的相同词语进行标记。

❸ 重复步骤❶～❷，对其他所有需要在索引中作为次索引项出现的词语进行标记。

❹ 将插入点定位到要放置索引的位置，然后在功能区的【引用】选项卡中单击【插入索引】按钮，打开【索引】对话框，设置所需的选项，最后单击【确定】按钮，即可创建多级索引。

图 10-46 标记主索引项和次索引项

➕ **提示**

还可以使用另一种方法标记多级索引，即在【标记索引项】对话框的【主索引项】文本框中输入主索引项和次索引项的组合形式，如图 10-47 所示。例如"VBE: 属性窗口"，使用英文冒号分隔主索引项与次索引项，冒号左侧的内容表示主索引项，冒号右侧的内容表示次索引项。

图 10-47 直接输入主索引项和次索引项

10.3.3 通过自动标记索引文件创建索引

当要标记为索引的词语数量较多时，手动标记索引项的方法不但耗时，还很容易出现遗漏，此时可以使用自动标记索引项功能。使用该功能时，需要先创建一个自动标记索引文件，在其中创建一个两列多行的表格，行数由要标记的词语数量决定。在表格的左列中输入要标记为索引项的词语，无论它是主索引项还是次索引项。在表格的右列中输入主索引项和次索引项的关系，即使用冒号分隔的作为主索引项和次索引项的两个词语。

在图 10-48 所示的表格中输入了要标记的索引项以及各索引项之间的层级关系，此处虽然以 4 个词语为例，但是包含更多词语的表格的制作方法与此类似。

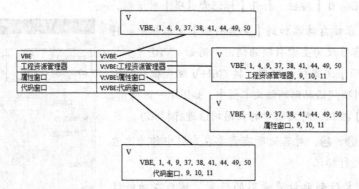

图 10-48　在表格中设置的主索引项、次索引项与实际创建的索引之间的对应关系

制作好自动标记索引文件之后，就可以使用该文件自动完成索引项的标记工作并创建索引，操作步骤如下。

❶ 打开要创建索引的文档，在功能区的【引用】选项卡中单击【插入索引】按钮，打开【索引】对话框，然后单击【自动标记】按钮，如图 10-49 所示。

❷ 打开【打开索引自动标记文件】对话框，双击制作好的自动标记索引文件，如图 10-50 所示。

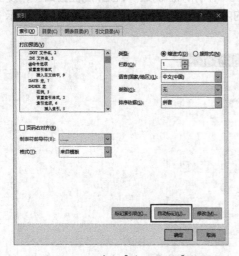

图 10-49　单击【自动标记】按钮

图 10-50　双击自动标记索引文件

❸ 双击自动标记索引文件之后，Word 会自动关闭【打开索引自动标记文件】对话框，并自动完成词语的标记，然后在文档中创建索引即可，如图 10-51 所示。

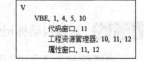

图 10-51　使用自动标记索引文件创建的多级索引

10.3.4　创建表示页面范围的索引

有的词语可能会在连续的页面中频繁出现，如果在索引中将该词语出现的所有页码都列出来，会显得烦琐，此时可以在索引中为该词语的页码指定范围。如需创建表示页面范围的索引，

需要先为范围中的所有内容创建一个书签，然后在标记索引项时使用该书签，操作步骤如下。

❶ 选择一个页面范围中的内容，然后在功能区的【插入】选项卡中单击【书签】按钮。

❷ 打开【书签】对话框，在【书签名】文本框中输入"范围索引"，然后单击【添加】按钮，如图 10-52 所示。

❸ 选择范围内要标记的某个词，在功能区的【引用】选项卡中单击【标记条目】按钮，在打开的【标记索引项】对话框中选中【页面范围】单选按钮，然后在【书签】下拉列表中选择上一步创建的书签，最后单击【标记】按钮，如图 10-53 所示。

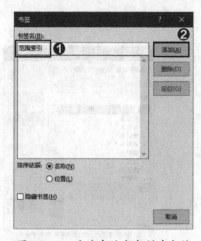

图 10-52　为选中的内容创建书签

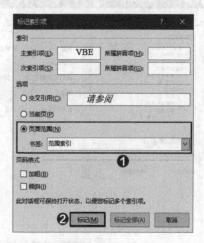

图 10-53　使用书签标记索引项的范围

❹ 重复执行步骤❸，直到完成范围内所有词语的标记，单击【关闭】按钮，关闭【标记索引项】对话框。然后创建索引，在索引中的词语右侧显示的是一个页码范围，如图 10-54 所示。

VBE, 10-12
工程资源管理器, 10-12
属性窗口, 10-12

图 10-54　创建显示
页码范围的索引

10.3.5　在一个文档中创建多个索引

与在一个文档中创建多个目录类似，也可以在一个文档中创建多个索引。创建好一个索引后，当创建第二个索引时，会显示图 10-55 所示的信息，单击【否】按钮，即可在保留第一个索引的情况下创建第二个索引。创建更多个索引的方法与此类似。

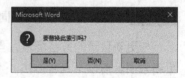

图 10-55　创建多个索引时显示
的信息

10.4 ▶ 管理索引和索引项

创建索引后，可以随时修改索引的格式，或者在文档内容发生变化时，使索引保持同步更新。除了以上两种操作之外，本节还将介绍快速删除已标记的索引项的 XE 域代码的方法。

10.4.1　修改索引格式

可以在创建索引时或创建索引后修改索引的格式，类似于修改任何一种样式的格式。索引的格式由名为"索引1"～"索引9"的9个样式控制，它们与索引的各个级别——对应。修改索引格式的操作步骤如下。

❶ 在功能区的【引用】选项卡中单击【插入索引】按钮，然后在打开的对话框中单击【修改】按钮，如图10-56所示。

❷ 打开【样式】对话框，选择要修改的与索引级别对应的样式，然后单击【修改】按钮，如图10-57所示。

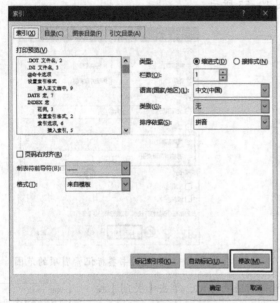

图10-56　单击【修改】按钮

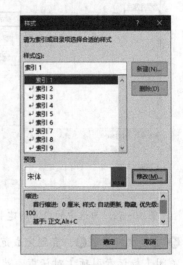

图10-57　修改索引的格式

❸ 打开【修改样式】对话框，对索引的格式进行修改，操作方法与第3章介绍的修改任何一种样式的方法类似。

10.4.2　使索引与文档内容同步更新

与更新目录的方法类似，当文档中的内容发生变化时，为了使索引与文档保持一致，需要更新索引，有以下几种方法。

- 在索引的范围内单击，然后按F9键。
- 在索引的范围内右击，然后在弹出的菜单中选择【更新域】命令。
- 在索引的范围内单击，然后在功能区的【引用】选项卡中单击【更新索引】按钮，如图10-58所示。

图10-58　单击【更新索引】按钮

注 意

　　更新索引后，由用户手动设置的格式会自动消失，因此，建议用户确定好索引各个方面的内容之后，再为索引手动设置所需的格式。

10.4.3　取消索引项的标记状态

　　如果标记了错误的索引项，可以按 Ctrl+Z 组合键取消标记操作。如果当前显示格式编辑标记，可以选中索引项右侧的 XE 域代码，然后按 Delete 键将其删除。

　　如需删除文档中已标记的所有索引项的 XE
域代码，可以打开【查找和替换】对话框的【替
换】选项卡，在【查找内容】文本框中输入"^d"，
如图 10-59 所示，【替换为】文本框中不输入任
何内容，然后单击【全部替换】按钮。

　　如果文档中还包含除了 XE 域之外的其他域，
则在单击【全部替换】按钮时，会删除所有域代
码。此时需要单击【查找下一处】按钮，每找到

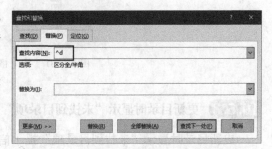

图 10-59　使用替换功能删除 XE 域代码

一个 XE 域时，单击【替换】按钮将其删除。重复此操作，直到删除所有的 XE 域代码。

10.5　排版常见问题解答

　　本节列举了一些在创建和编辑目录与索引方面的常见问题，并给出了相应的解决方法。

10.5.1　为标题设置大纲级别后无法创建目录

　　为文档中的正文标题设置大纲级别之后，创建目录时
未将这些标题提取到目录中。如需解决此问题，可以打开
【目录】对话框，在【目录】选项卡中单击【选项】按
钮，然后在打开的对话框中选中【大纲级别】复选框，如
图 10-60 所示，最后单击【确定】按钮。

10.5.2　目录无法对齐

　　如果创建的目录中的标题右侧的页码没有右对齐，则
可打开【目录】对话框，确保已选中【页码右对齐】复
选框，单击【确定】按钮后重新创建目录，并替换旧目录。
如果仍然无法解决问题，则可以在【目录】对话框的【格式】
下拉列表中选择【正式】选项，如图 10-61 所示。

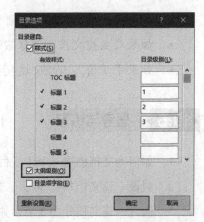

图 10-60　选中【大纲级别】复选框

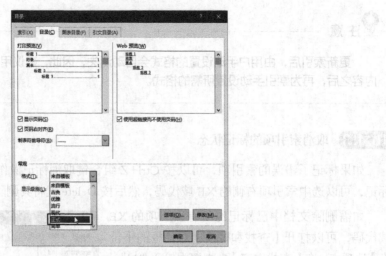

图 10-61　将【格式】设置为【正式】

10.5.3 更新目录时显示"未找到目录项"

更新目录时显示"未找到目录项"提示信息。出现此问题通常是由于之前创建目录时的标题后来被意外删除了。解决此问题有以下两种方法。

- 找回或重新输入已删除的标题。

- 重新创建目录。

10.5.4 已标记的索引项未出现在索引中

如果标记的某些索引项没有出现在创建的索引中，则需要检查以下几项。

- 创建多级索引项时，如果直接输入多级索引项，是否在主索引项和次索引项之间输入了一个冒号。

- 如果使用书签创建表示页面范围的索引，是否未将书签删除。

- 如果在主控文档中创建索引，所有子文档是否都已展开。

- 如果手动输入 Index 域代码，域代码的语法格式是否正确无误。

10.6　思考与练习

1. 如何为文档创建一个 4 级目录？

2. 假设一篇文档共有 36 页，如何为每 9 页内容创建一个 3 级目录，一共创建 4 个目录？

3. 假设一篇文档分为 3 节，如何只创建第 2 节内容的图表目录？

4. 为自己制作的文档创建一个目录，然后将目录转换为普通文本。

5. 为自己制作的文档标记索引项并创建索引。

W

第11章

主控文档和邮件合并——
轻松处理长文档和多文档

在使用 Word 排版文档的过程中，经常会遇到内容复杂、页数较多的文档，也会遇到需要对一系列相关文档进行排版的情况，Word 中的主控文档和邮件合并两个功能可以使长文档和多文档的排版工作变得简单高效。本章将介绍使用主控文档和邮件合并功能处理长文档和多文档的方法。

11.1 在长文档和多文档中导航

导航是指在文档中浏览和定位所需内容的方式。掌握正确的导航方法可以提高文档的排版效率，尤其对长文档而言更是如此。本节将介绍在长文档和多文档中导航的方法，以及快速保存和关闭多个文档的方法。

11.1.1 快速浏览文档页面

在 Word 中打开一个文档，在页面视图中每次只在屏幕上显示一个页面的内容，如果需要同时查看多个页面的内容，则可以在功能区的【视图】选项卡中单击【多页】按钮，如图 11-1 所示。

如果需要控制窗口中显示的页面数量，则可以在功能区的【视图】选项卡中单击【缩放】按钮，打开【缩放】对话框，单击【多页】单选按钮下方的按钮，然后在弹出的列表中选择表示页面的图标，选择时会显示页面的数量，如图 11-2 所示。单击【确定】按钮，将在 Word 窗口中显示指定数量的页面，如图 11-3 所示。

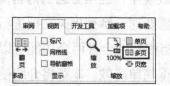

图 11-1　单击【多页】按钮　　　　图 11-2　控制显示的页面数量

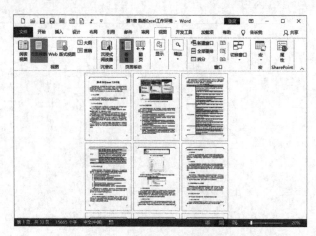

图 11-3　在窗口中同时显示多个页面

11.1.2　在窗口中查看文档的不同部分

在编辑长达几十页甚至上百页的文档时，有时需要对相距较远的两个位置上的内容进行移动、复制或参考。虽然可以滚动鼠标滚轮或拖动窗口中的垂直滚动条进行定位，但是操作不便，效率很低，此时可以使用以下两种方法。

1. 将文档窗口拆分为两部分

在功能区的【视图】选项卡中单击【拆分】按钮，如图 11-4 所示。此时，Word 窗口中将显示一条横线，窗口被分为上、下两个部分，可以在这两个部分中查看和编辑文档的不同部分，如图 11-5 所示。拖动横线可以调整两个部分的大小。

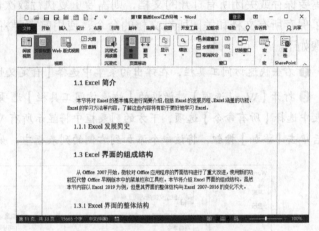

图 11-4　单击【拆分】按钮　　　　图 11-5　将 Word 窗口拆分为两部分

使用以下两种方法可以取消拆分窗口。

- 在功能区的【视图】选项卡中单击【取消拆分】按钮。
- 向上或向下拖动窗口中的横线，将其拖到窗口范围之外。

2. 为文档添加新的窗口

在 Word 中打开的每个文档都有各自的窗口，默认情况下，每个文档只显示在一个窗口中。可以为一个文档添加多个窗口，以便在不同的窗口中显示文档不同位置上的内容。激活要添加窗口的文档，然后在功能区的【视图】选项卡中单击【新建窗口】按钮，将为当前文档添加一个新的窗口。

当一个文档拥有两个或多个窗口时，可以通过窗口标题栏上显示的标题区分不同的窗口。无论为一个文档添加几个窗口，文档的名称都会显示在与该文档关联的每一个窗口中，但是每个窗口标题的后面包含一个冒号和一个表示窗口序号的数字，如图 11-6 所示。例如，文档的第一个窗口为 ×××:1，第二个窗口为 ×××:2，第三个窗口为 ×××:3，以此类推，××× 表示文档的名称。

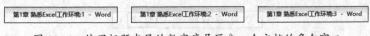

图 11-6　使用标题末尾的数字序号区分一个文档的多个窗口

11.1.3 在多个文档之间切换

在 Word 中打开多个文档之后，在功能区的【视图】选项卡中单击【切换窗口】按钮，然后在弹出的列表中选择要显示的文档名称，即可在屏幕上显示该文档，如图 11-7 所示。

图 11-7 使用【切换窗口】按钮切换文档

11.1.4 快速保存和关闭所有打开的文档

默认情况下，在 Word 中每次只能保存一个文档，每次也只能关闭一个文档。换言之，如果需要保存或关闭所有打开的文档，则需要重复执行数次保存或关闭操作。实际上，Word 提供了保存所有文档和关闭所有文档的命令，使用前需要将它们添加到快速访问工具栏，操作步骤如下。

❶ 右击快速访问工具栏，在弹出的菜单中选择【自定义快速访问工具栏】命令。

❷ 打开【Word 选项】对话框的【快速访问工具栏】选项卡，在【从下列位置选择命令】下拉列表中选择【所有命令】选项，下方的列表框中将显示所有 Word 命令。选择【全部保存】命令，然后单击【添加】按钮，将该命令添加到右侧的列表框中，如图 11-8 所示。

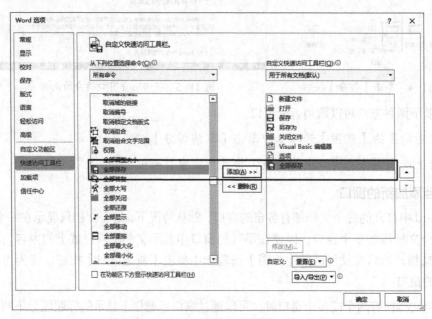

图 11-8 添加【全部保存】命令

❸ 使用类似的方法将【全部关闭】命令也添加到右侧的列表框中，然后单击【确定】按钮，即可将【全部保存】和【全部关闭】两个命令添加到快速访问工具栏，如图 11-9 所示。之后可以使用这两个命令一次性保存或关闭所有打开的文档。

图 11-9 添加【全部保存】和【全部关闭】两个命令

11.2 ▶ 使用主控文档功能组织多个文档

如果一个 Word 文档包含几十页或上百页，则在打开和编辑文档时，Word 性能会显著降低，主要表现在打开和保存文档时需要耗费更多的时间，有时可能还会出现 Word 无响应的情况。为了解决这个问题，可以使用 Word 中的主控文档功能，将一个大型文档拆分为相对独立但又存在关联的多个小文档。当需要为大型文档创建页码、目录和索引时，利用主控文档功能也能使这些操作变得简单高效。本节将介绍使用主控文档功能处理长文档和多文档的方法。

11.2.1 主控文档的工作方式

主控文档与普通文档的主要区别是在主控文档中并不包含实际的内容，而是只包含一些超链接，这些超链接指向一些包含实际内容的文档，这些文档中的内容构成一份文档的完整内容。每次打开主控文档时，Word 会自动查找主控文档中的超链接所指向的每个文档，将这些文档中的内容按照顺序进行加载并显示在主控文档中，主控文档之外的文档称为"子文档"。

主控文档主要有以下两个应用场景。

- 多个包含相关内容的文档，为了便于创建统一的页码、目录和索引，将这些文档中的内容以主控文档的形式合并到一起。

- 一个包含几十页或上百页的大型文档，为了提高文档的打开和编辑效率，将该文档按照指定的顺序拆分为多个独立的子文档。

11.2.2 主控文档和独立文档之间的合并与拆分

主控文档涉及的主要操作有两种。

（1）将多个文档合并到一起。

（2）将一个文档拆分为多个文档。

无论哪一种操作，最终都会包含一个主控文档和多个子文档。

创建主控文档时需要注意以下两点，否则很容易使文档中的格式变得混乱。

- 主控文档和子文档必须具有相同的页面布局。

- 主控文档和子文档中的对应内容必须应用相同的样式。

创建主控文档和子文档需要在大纲视图中操作。在功能区的【视图】选项卡中单击【大纲】按钮，切换到大纲视图，然后在功能区的【大纲显示】选项卡中单击【显示文档】按钮，显示图 11-10 所示的操作界面，其中包含用于主控文档操作的选项。

图 11-10　主控文档的操作界面

1. 将多个文档合并到一起

如果将内容的各个部分分别存储在多个文档中，当需要对这些文档中的内容进行统一操作时（例如创建目录或索引），则可以使用主控文档将这些独立文档合并到一起之后再进行操作。

例如，一个文档中共有 6 章内容，为了避免内容太多导致 Word 性能下降，可以将每章内

容分别存储在不同的文档中，并将这些文档置于同一个文件夹中，如图 11-11 所示。

为了确保创建的主控文档与子文档具有相同的页面布局和样式，可以复制其中的任意一个文档，然后将复制后的文档名称修改为所需的名称。接下来在复制的文档中将包含 6 章内容的 6 个文档合并到一起，操作步骤如下。

❶ 在 Word 中打开复制的文档，按 Ctrl+A 组合键后按 Delete 键，删除文档中的所有内容，然后在功能区的【视图】选项卡中单击【大纲】按钮，切换到大纲视图。

❷ 在功能区的【大纲显示】选项卡中单击【显示文档】按钮，然后单击【插入】按钮，如图 11-12 所示。

图 11-11　包含相关内容的多个文档　　　　图 11-12　单击【插入】按钮

❸ 打开【插入子文档】对话框，双击要添加到主控文档中的第一个子文档，如图 11-13 所示。需要注意的是，向主控文档中添加文档的先后顺序决定这些文档中的内容在主控文档中的显示顺序。

图 11-13　选择要添加到主控文档中的子文档

在主控文档中插入子文档时，可能会显示图 11-14 所示的提示信息，这是由于插入的子文档与主控文档具有相同的样式。为了确保子文档内容的完整性，建议不要对样式进行重命名操作，单击【全否】按钮即可。

图 11-14　主控文档和子文档包含相同样式时的提示信息

❹ 将选择的子文档插入主控文档中。重复步骤❷和❸中的操作，将其他文档依次插入主控文档中。

在功能区的【大纲显示】选项卡中的【显示级别】下拉列表中选择【1 级】，如图 11-15 所示，将在大纲视图中只显示大纲级别为 1 级的标题。由于本例中的每个子文档只有一个大纲级别为 1 级的标题，所以在将这些文档插入主控文档之后，每个 1 级标题就代表一个子文档，这样便于查看插入的子文档的数量和排列顺序。标题四周的灰色边框表示与标题所属的子文档的范围，如图 11-16 所示。边框的左上角有一个▦标记，单击该标记将选中标记对应的子文档中的所有内容。

图 11-15　设置子文档内容的显示级别　　　图 11-16　每一个子文档都被一个灰色边框包围

在功能区的【视图】选项卡中单击【页面视图】按钮，切换到页面视图，将在主控文档中显示所有子文档中的内容，各项编辑操作与在普通文档中的操作相同。

2. 将一个文档拆分为多个文档

可以将一个大型文档拆分为多个子文档，拆分后，该大型文档不再包含任何实际内容，而只包含指向这些子文档的超链接。例如，有一个包含 6 章内容共 200 多页的文档，文档中有 6 个表示各章名称的标题，它们都设置为"标题 1"样式。现在要将各章内容保存到相互独立的 6 个文档中，操作步骤如下。

❶ 在 Word 中打开要拆分的文档，然后在功能区的【视图】选项卡中单击【大纲】按钮，切换到大纲视图。

❷ 在功能区的【大纲显示】选项卡中单击【显示文档】按钮，然后在【大纲显示】选项卡中的【显示级别】下拉列表中选择【1 级】。

❸ 单击第一个标题左侧的⊕标记，选中该标题及其包含的所有内容，然后在功能区的【大纲显示】选项卡中单击【创建】按钮，如图 11-17 所示。Word 将在第一个标题的四周添加一个灰色边框，表示已将该标题及其下属内容标记为一个子文档，如图 11-18 所示。

图 11-17　单击【创建】按钮　　　　　图 11-18　在第一个标题的四周添加灰色边框

❹ 按 Ctrl+S 组合键，保存当前文档，然后打开该文档所在的文件夹，在其中可以看到已经将第一个标题及其下属内容创建为一个子文档，该文档的名称就是第一个标题的名称，如图 11-19 所示。

写在排版之前
主控文档

图 11-19 拆分出的第一个子文档

提示

拆分出的子文档的名称以原文档中拥有最高大纲级别的标题名称为准。如果标题名称不合适作为子文档名称，则可以先将标题修改为适用于文档名称的内容，在创建子文档之后，再将标题改为原来的内容。

❺ 重复步骤❷～❹，将文档中的其他 1 级标题及其下属内容拆分为独立的子文档。所有操作完成后，将在同一个文件夹中看到拆分后的所有子文档，如图 11-20 所示。此时的原文档已变为主控文档，其中只包含指向各个子文档的超链接，而不再包含任何内容。

模板
图片和SmartArt
文本
写在排版之前
样式
主控文档
字体格式和段落格式

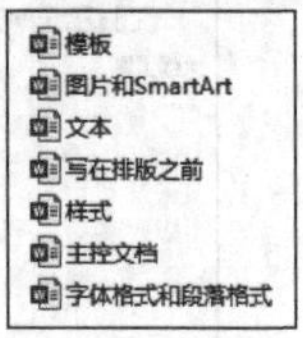

图 11-20 拆分后的所有子文档

提示

如果原文档中最高级别的标题使用了自动编号，则在拆分后的子文档的名称中不包含编号。

技巧

如需一次性将文档中的最高级别标题拆分为对应的子文档，则可以按住 Shift 键，然后依次单击每个最高级别标题左侧的⊕标记，再在功能区的【大纲显示】选项卡中单击【创建】按钮创建子文档。

11.2.3 在主控文档中编辑子文档

创建主控文档后，下次打开它时会显示类似图 11-21 所示的超链接，每个超链接显示了子文档的完整路径，各个超链接之间以分节符分隔。

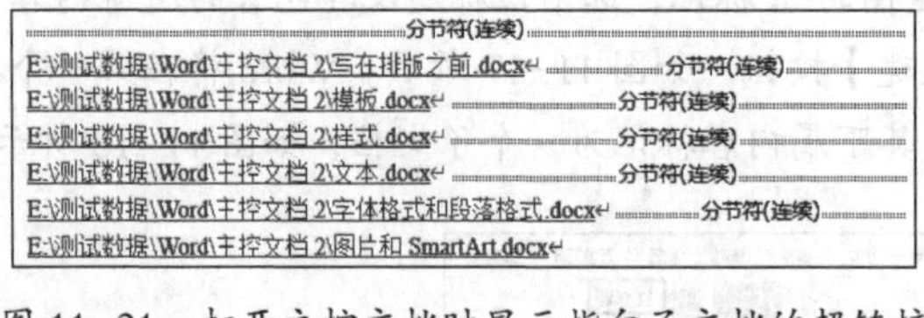

分节符(连续)
E:\测试数据\Word\主控文档 2\写在排版之前.docx
分节符(连续)
E:\测试数据\Word\主控文档 2\模板.docx
分节符(连续)
E:\测试数据\Word\主控文档 2\样式.docx
分节符(连续)
E:\测试数据\Word\主控文档 2\文本.docx
分节符(连续)
E:\测试数据\Word\主控文档 2\字体格式和段落格式.docx
分节符(连续)
E:\测试数据\Word\主控文档 2\图片和 SmartArt.docx

图 11-21 打开主控文档时显示指向子文档的超链接

注意

在主控文档中自动加入分节符是为了确保主控文档可以正常工作，将分节符删除可能会出现无法预料的问题。

如果需要显示子文档中的内容，可以切换到大纲视图，然后在功能区的【大纲显示】选项卡中单击【展开子文档】按钮，显示所有子文档中的内容。切换到页面视图后，可以像编辑普通文档那样编辑主控文档中的内容。在普通文档中可用的操作几乎都可以在主控文档中使用。

在主控文档中编辑子文档中的内容时，每次保存主控文档都会耗费一定的时间。为了避免此问题，可以在主控文档中打开要编辑的子文档，然后在独立的窗口中编辑和保存子文档。保存子文档后，Word 会自动将编辑结果反映到主控文档中，这样可以加快编辑和保存的速度。在 Word 中打开主控文档但是还未展开子文档中的内容之前，可以使用以下几种方法在独立的窗口中打开子文档。

* 在页面视图中，右击要单独打开的子文档的超链接，然后在弹出的菜单中选择【打开超链接】命令，如图 11-22 所示。

* 在页面视图中，单击要单独打开的子文档的超链接，然后按 Enter 键。

* 在大纲视图中，在功能区的【大纲显示】选项卡中单击【显示文档】按钮，然后双击要单独打开的子文档标题左侧的 ▦ 标记。

图 11-22 选择【打开超链接】命令

11.2.4 锁定子文档以防意外修改

如需避免由于误操作而对子文档的意外修改，可以将子文档设置为锁定状态。在大纲视图中将插入点定位到要锁定的子文档范围内，然后在功能区的【大纲显示】选项卡中单击【锁定文档】按钮，如图 11-23 所示，即可锁定该子文档。锁定后的子文档的标题左侧会显示锁定标记 🔒，如图 11-24 所示。

图 11-23 单击【锁定文档】按钮

图 11-24 锁定的子文档左侧会显示锁定标记

当子文档处于锁定状态时，在大纲视图或页面视图中将插入点定位到该文档的页面范围内，功能区中的所有编辑命令都变为不可用状态，以防止对子文档进行修改。如需解锁子文档，可以在大纲视图中将插入点定位到该子文档的范围内，然后在功能区的【大纲显示】选项卡中单击【锁定文档】按钮，使该按钮弹起。

11.2.5 将子文档中的内容写入主控文档

默认情况下，在创建的主控文档中只包含指向子文档的超链接，而不包含实际内容。如需使主控文档包含实际内容，在大纲视图中将插入点定位到所需的子文档的范围内，然后在功能区的【大纲显示】选项卡中单击【取消链接】按钮，即可断开该子文档与主控文档之间的关联，子文档的四周不再显示灰色边框。图 11-25 所示的第二个标题所属的子文档断开了与主控文档的关联。这样，保存主控文档时，系统会自动将该子文档中的内容写入主控文档。

图 11-25　断开关联后的子文档的四周不再显示灰色边框

11.2.6　删除子文档

可以随时从主控文档中删除不再需要的子文档。在展开要删除的子文档之前，选中该子文档对应的超链接，然后按 Delete 键，并保存主控文档，即可将该子文档删除。

11.3　使用邮件合并功能批量创建多个同类文档

Word 中的邮件合并功能具有广泛的应用价值，虽然该功能最初以批量编写和发送电子邮件为主要用途，但是邮件合并功能的应用范围并不局限于此，其还可用于批量创建通知书、邀请函、工资条、奖状、产品标签、信封等不同类型的文档。本节将介绍邮件合并功能的基础知识，以及使用邮件合并功能批量创建不同用途文档的方法。

11.3.1　邮件合并功能的原理和通用流程

使用邮件合并功能可以批量创建多种类型的文档，这些文档有一个共同特征：它们都由固定内容和可变内容组成。例如，发给每位应聘者的录用通知书，除了姓名、性别等关于应聘者的个人信息不同之外，其他内容都相同。应聘者的个人信息就是可变内容，而其他内容是固定不变的内容。邀请函、工资条、奖状、信封等类型的文档与录用通知书的结构和形式非常相似，这些文档都可以使用邮件合并功能批量创建。

主文档和数据源是邮件合并中使用的两类文档：主文档包含固定不变的内容，即最终创建的所有文档中包含的相同内容；数据源包含可变的内容，即最终创建的所有文档中包含的不同内容。可以将主文档看作空白信封，这些空白信封上的邮编栏和地址栏都是留空待填的，它们在信封上有预先指定好的位置。寄信人在将信件寄给不同的人时，在邮编栏和地址栏中填写的不同的邮政编码和地址就是数据源。

使用邮件合并功能批量创建文档需遵循以下通用流程。

> 创建主文档和数据源 ⇨ 建立主文档和数据源的关联 ⇨ 将数据源中的数据插入主文档中的对应位置 ⇨ 预览并完成合并

步骤 1：创建主文档和数据源

邮件合并的第一步需要创建主文档和数据源。在主文档中输入最终创建的所有文档中共有的内容，并为可变内容留出空位。在数据源中输入主文档使用的具有差异性的数据，需要以表的形式存储这些数据。用于邮件合并的主文档和数据源的文件类型请参考 11.3.2 小节内容。

步骤 2：建立主文档和数据源的关联

创建好主文档和数据源后，需要使用功能区中的【邮件】⇨【选择收件人】命令在主文档和数据源之间建立关联。

步骤 3：将数据源中的数据插入主文档中的对应位置

建立主文档和数据源的关联后，需要将数据源中每条记录的各项数据插入主文档中的对应位置，该操作在邮件合并中称为"插入合并域"。

步骤 4：预览并完成合并

将数据源中的数据插入主文档中的对应位置之后，可以使用功能区中的【邮件】⇨【预览结果】命令预览合并后的效果。如果确认无误，则可以正式批量生成合并文档。根据步骤 1 中选择的主文档类型，创建后的所有记录可能位于同一页，也可能每条记录占用一页。例如，创建的每份录用通知书需要单独占用一页，而创建的工资条通常位于同一页中，一页排满后在下一页续排。

为了便于用户操作，Word 提供了邮件合并向导功能，引导用户逐步创建邮件合并文档。邮件合并向导一共包含 6 步，但是仍然遵循前面介绍的邮件合并的通用流程。如需使用邮件合并向导，可以在功能区的【邮件】选项卡中单击【开始邮件合并】按钮，然后在弹出的菜单中选择【邮件合并分步向导】命令，在打开的【邮件合并】窗格中按照提示逐步创建邮件合并文档，如图 11-26 所示。

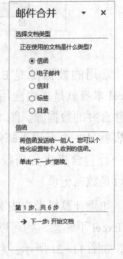

图 11-26　【邮件合并】窗格

11.3.2　邮件合并中的主文档和数据源类型

邮件合并中的主文档有 5 种类型，分别为信函、电子邮件、信封、标签、目录，选择哪种类型由最终创建的文档类型决定。在功能区的【邮件】选项卡中单击【开始邮件合并】按钮，在弹出的列表中显示了 5 种主文档类型，如图 11-27 所示。关于邮件合并中的主文档的说明如表 11-1 所示。

图 11-27　邮件合并中的主文档类型

表 11-1　邮件合并中的主文档的说明

主文档类型	功能	视图类型
信函	创建不同用途的信函，合并后的每条记录占用单独的一页	页面视图
电子邮件	为每个收件人创建电子邮件	Web 版式视图
信封	创建指定尺寸的信封	页面视图
标签	创建指定规格的标签，所有标签位于同一页	页面视图
目录	合并后的多条记录位于同一页	页面视图

在邮件合并中可以使用不同文件类型的数据源。在功能区的【邮件】选项卡中单击【选择收件人】按钮，然后在弹出的菜单中选择【使用现有列表】命令，如图 11-28 所示。打开【选取数据源】对话框，单击右下角的【所有数据源】，在弹出的菜单中显示了数据源的所有类型，如图 11-29 所示。

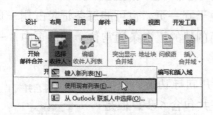

图 11-28 选择【使用现有列表】命令

图 11-29 邮件合并支持的数据源类型

常用的数据源是 Excel 文件，这是因为 Excel 本身就是表格应用程序，非常适合作为邮件合并的数据源。图 11-30 所示的 Excel 工作表就是一个可用于邮件合并的标准数据源，第一行包含描述各列数据的标题，其下的每一行是数据记录。

	A	B	C	D	E	F
1	姓名	性别	年龄	学历	成绩	
2	张艾	女	48	职高	89	
3	陈艾	男	28	大本	79	
4	郑迪	男	47	硕士	92	
5	刘昂	女	46	中专	61	
6	朱军	男	26	大专	75	
7	吴安	女	20	大本	90	
8						

图 11-30 使用 Excel 工作表作为邮件合并的数据源

如果计算机没有安装 Excel 程序或者用户对 Excel 不熟悉，则可以使用 Word 文档作为邮件合并的数据源。在 Word 文档中创建一个表格，如图 11-31 所示。为了使 Word 能够将表格正确识别为数据源，表格必须位于文档的顶部，即在表格上方不能包含任何内容。

除了 Excel 文件和 Word 文档之外，另一种常用的数据源类型是文本文件。文本文件中的各条记录之间以及每条记录中的各项数据之间必须使用相同的符号分隔，如图 11-32 所示。在主文档中关联文本文件类型的数据源时，Word 能够自动识别这些分隔符，以确定文本文件中的内容是如何分列的。如果 Word 无法识别内容之间的分隔符，则会显示【域名记录定界符】对话框，在其中用户可以手动选择分隔符。

姓名	性别	年龄	学历	成绩
张艾	女	48	职高	89
陈艾	男	28	大本	79
郑迪	男	47	硕士	92
刘昂	女	46	中专	61
朱军	男	26	大专	75
吴安	女	20	大本	90

图 11-31 使用 Word 文档作为邮件合并的数据源

文本文件数据源 - 记事本
文件(F) 编辑(E) 格式(O) 查看(V) 帮助(H)

姓名	性别	年龄	学历	成绩
张艾	女	48	职高	89
陈艾	男	28	大本	79
郑迪	男	47	硕士	92
刘昂	女	46	中专	61
朱军	男	26	大专	75
吴安	女	20	大本	90

图 11-32 使用文本文件作为邮件合并的数据源

除了以上 3 种常用的数据源类型之外，Word 邮件合并还支持 Access 数据库、SQL 数据库等类型的数据作为数据源。下面几节将介绍邮件合并功能在实际中的应用。

11.3.3 批量创建员工录用通知书

案例 11-1 批量创建员工录用通知书

案例目标 图 11-33 所示为创建员工录用通知书时需要使用的主文档和数据源，现在要为成绩在 85 分以上的人员创建员工录用通知书。

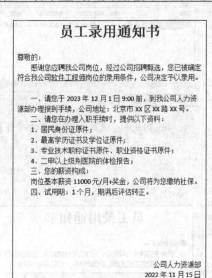

图 11-33 创建员工录用通知书时使用的主文档和数据源

案例实现

❶ 在 Word 中打开员工录用通知书主文档，然后在功能区的【邮件】选项卡中单击【开始邮件合并】按钮，在弹出的列表中选择【信函】命令。

提示

步骤❶不是必需的，这是因为在后续步骤中选择数据源之后，文档类型会自动变为信函。

❷ 在功能区的【邮件】选项卡中单击【选择收件人】按钮，然后在弹出的列表中选择【使用现有列表】命令。

❸ 打开【选取数据源】对话框，双击本例中作为数据源的 Excel 文件，如图 11-34 所示。

❹ 打开【选择表格】对话框，选择数据源中的数据所在的工作表。由于工作表中的第一行是标题，所以需要选中【数据首行包含列标题】复选框，然后单击【确定】按钮，如图 11-35 所示。

❺ 经过上述操作，系统在数据源和主文档之间建立关联。在主文档中单击要插入姓名的位置，然后在功能区的【邮件】选项卡中单击【插入合并域】按钮的下拉按钮，在弹出的列表中选择【姓名】命令，如图 11-36 所示。插入后的效果如图 11-37 所示。

图 11-34 双击作为数据源的 Excel 文件

图 11-35 选择数据所在的工作表

图 11-36 选择要插入的合并域

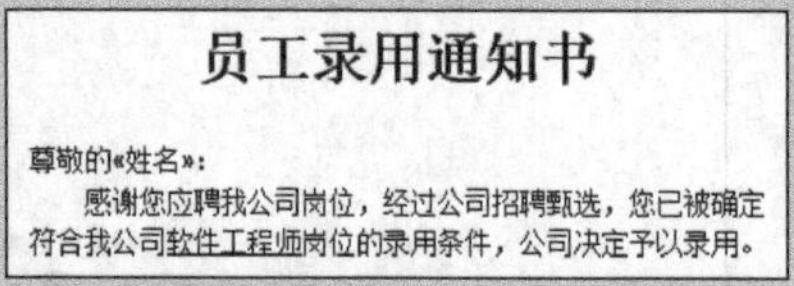

员工录用通知书

尊敬的《姓名》：
　　感谢您应聘我公司岗位，经过公司招聘甄选，您已被确定符合我公司软件工程师岗位的录用条件，公司决定予以录用。

图 11-37 在指定位置插入合并域

提示

为了清晰显示插入的数据，可以在功能区的【邮件】选项卡中单击【突出显示合并域】按钮，使这些数据显示灰色底纹。

❻ 为了根据员工的性别自动在姓名的右侧显示"先生"或"女士"，可以将插入点定位到步骤❺中插入的"《姓名》"的右侧，然后在功能区的【邮件】选项卡中单击【规则】按钮，在弹出的列表中选择【如果 ... 那么 ... 否则 ...】命令，如图 11-38 所示。

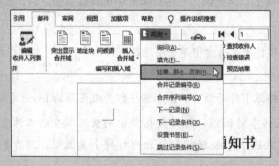

图 11-38 选择【如果 ... 那么 ... 否则 ...】命令

❼ 打开图 11-39 所示的对话框，进行以下几项设置，然后单击【确定】按钮。完成后，将在姓名右侧显示"先生"或"女士"，如图 11-40 所示。

• 域名：性别。

- 比较条件：等于。
- 比较对象：男。
- 则插入此文字：先生。
- 否则插入此文字：女士。

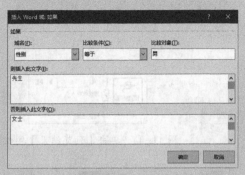

图 11-39　设置条件

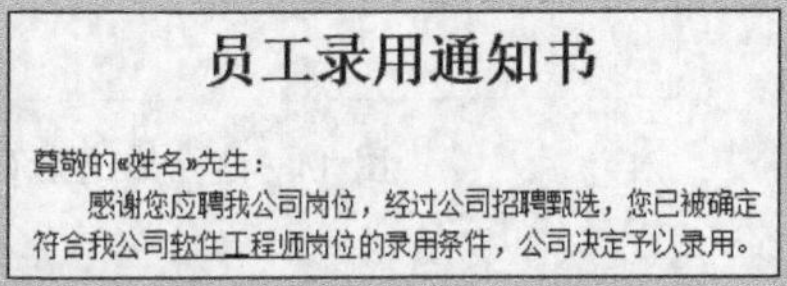

图 11-40　根据性别显示"先生"或"女士"

❽ 在功能区的【邮件】选项卡中单击【编辑收件人列表】按钮，打开【邮件合并收件人】对话框，然后单击【筛选】超链接，如图 11-41 所示。

❾ 打开【筛选和排序】对话框的【筛选记录】选项卡，在【域】下拉列表中选择【成绩】，在【比较关系】下拉列表中选择【大于或等于】，在【比较对象】文本框中输入"85"，然后单击【确定】按钮，如图 11-42 所示。

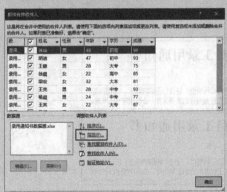

图 11-41　单击【筛选】超链接

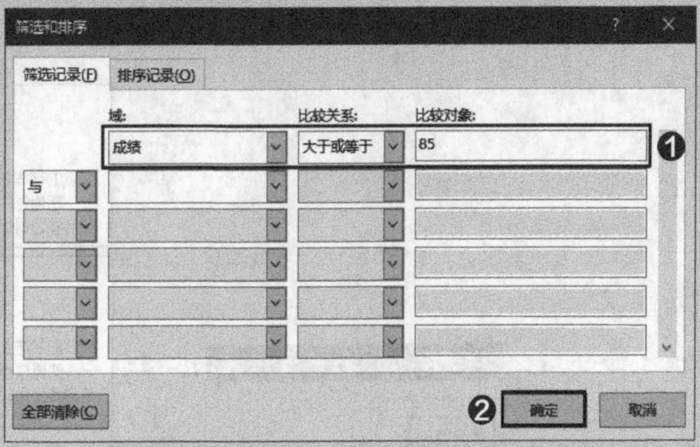

图 11-42　设置筛选条件

❿ 返回【邮件合并收件人】对话框，筛选后只保留成绩大于等于 85 分的数据记录，如图 11-43 所示。确认无误后单击【确定】按钮。

⓫ 在功能区的【邮件】选项卡中单击【预览结果】按钮，如图 11-44 所示，文档中将显示合并后的效果，此时使用数据源中的实际数据代替前几步插入的合并域，如图 11-45 所示。可以使用【预览结果】组中的导航按钮查看不同的合并记录。

⓬ 在功能区的【邮件】选项卡中单击【完成并合并】按钮，然后在弹出的列表中选择【编辑单个文档】命令，如图 11-46 所示。

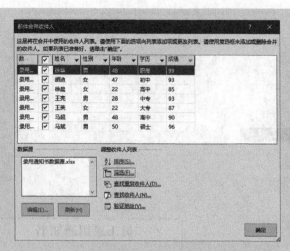

邮件合并收件人
这是将在合并中使用的收件人列表。请使用下面的选项向列表添加项或更改列表。请使用复选框来添加或删除合并的收件人。如果列表已准备好，请单击"确定"。
数… 姓名 性别 年龄 学历 成绩
录用… 徐华 男 48 职高 99
录用… 胡迪 女 47 初中 93
录用… 徐晨 女 22 高中 85
录用… 王亮 男 28 中专 93
录用… 王英 女 22 大专 87
录用… 马超 男 48 高中 90
录用… 马斌 男 50 硕士 96
数据源
录用通知书数据源.xlsx
调整收件人列表
排序(S)...
筛选(F)...
查找重复收件人(D)...
查找收件人(N)...
验证地址(V)...
编辑(E)...
刷新(H)
确定

图 11-43　筛选后的数据

预览结果
1
查找收件人
检查错误
预览结果

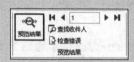

图 11-44　单击【预览结果】按钮

员工录用通知书
尊敬的徐华先生：
感谢您应聘我公司岗位，经过公司招聘甄选，您已被确定符合我公司软件工程师岗位的录用条件，公司决定予以录用。

图 11-45　预览合并后的效果

预览结果
1
查找收件人
检查错误
预览结果
完成并合并
编辑单个文档(E)...
打印文档(P)...
发送电子邮件(S)...

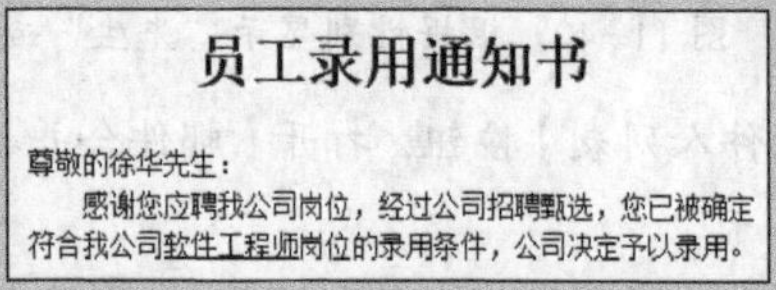

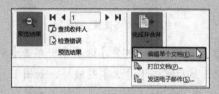

图 11-46　选择【编辑单个文档】命令

⓭ 打开【合并到新文档】对话框，选中【全部】单选按钮，如图 11-47 所示，然后单击【确定】按钮，将主文档中的内容分别与数据源中的每一条记录合并，并在一个新建的文档中自动创建出符合条件的多项合并内容，每项内容单独占用一页，如图 11-48 所示。最后保存该文档。

合并到新文档
合并记录
全部(A)
当前记录(E)
从(F):
到(T):
确定
取消

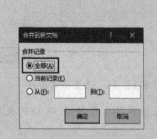

图 11-47　选中【全部】单选按钮

员工录用通知书
尊敬的徐华先生：
感谢您应聘我公司岗位，经过公司招聘甄选，您已被确定符合我公司软件工程师岗位的录用条件，公司决定予以录用。
员工录用通知书
尊敬的胡迪女士：
感谢您应聘我公司岗位，经过公司招聘甄选，您已被确定符合我公司软件工程师岗位的录用条件，公司决定予以录用。
员工录用通知书
尊敬的徐晨女士：
感谢您应聘我公司岗位，经过公司招聘甄选，您已被确定符合我公司软件工程师岗位的录用条件，公司决定予以录用。

图 11-48　合并后的员工录用通知书

11.3.4 批量创建员工工资条

案例 11-2 批量创建员工工资条

案例目标 图 11-49 所示为创建员工工资条时需要使用的主文档和数据源，数据源中

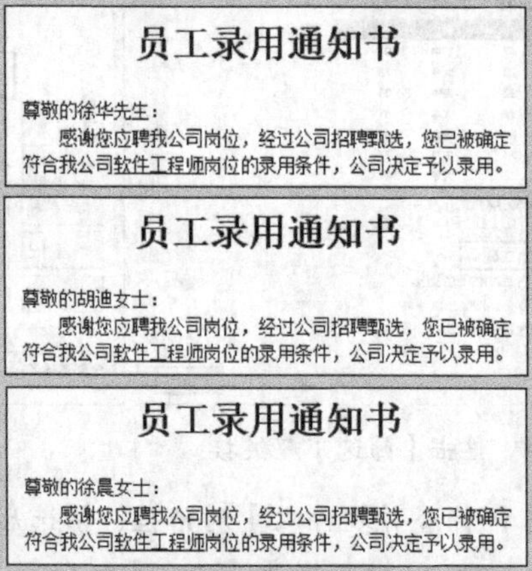

包含每个员工的姓名、部门和工资明细数据。由于工资条是表格形式的，因此，需要在主文档中插入一个表格，在其中输入工资条包含的项目。

姓名	部门	基本工资	补贴补助	奖金	应发工资	代缴保险	实发工资

▲	A	B	C	D	E	F	G	H	I
1	姓名	部门	基本工资	补贴补助	奖金	应发工资	代缴保险	实发工资	
2	唐华	信息部	9800	500	320	10620	218	10402	
3	周军	客服部	8600	500	379	9479	361	9118	
4	吴方	信息部	8500	500	555	9555	277	9278	
5	张宏	财务部	7300	500	459	8259	326	7933	
6	高佳	客服部	6600	500	569	7669	349	7320	
7	唐枫	信息部	8900	500	403	9803	304	9499	
8	高丹	人力部	6500	500	480	7480	382	7098	
9	马军	人力部	8200	500	358	9058	472	8586	
10	孙昂	信息部	7900	500	469	8869	155	8714	
11	唐波	客服部	7300	500	358	8158	467	7691	
12									

图 11-49　创建员工工资条时使用的主文档和数据源

案例实现

❶ 为了使每个员工的工资条之间有一定的间隔，需要在表格的上方或下方插入一个空白段落。

❷ 由于通常将所有工资条打印在一页，满一页后才会打印到下一页，因此，需要将邮件合并中的主文档的类型设置为目录。在 Word 中打开员工工资条主文档，然后在功能区的【邮件】选项卡中单击【开始邮件合并】按钮，在弹出的列表中选择【目录】命令，如图 11-50 所示。

❸ 在功能区的【邮件】选项卡中单击【选择收件人】按钮，然后在弹出的列表中选择【使用现有列表】命令，打开【选取数据源】对话框，双击本例中作为数据源的 Excel 文件，如图 11-51 所示。

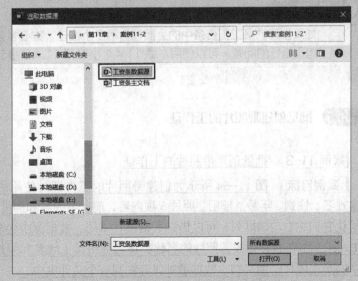

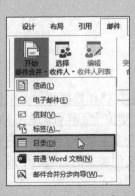

图 11-50　选择【目录】命令　　　　图 11-51　双击作为数据源的 Excel 文件

④ 打开【选择表格】对话框，由于其中只有一个工作表，因此直接单击【确定】按钮，在数据源和主文档之间建立关联。参照案例 11-1 中的操作，将数据源中的各项数据插入主文档中的对应单元格，效果如图 11-52 所示。

姓名	部门	基本工资	补贴补助	奖金	应发工资	代缴保险	实发工资
《姓名》	《部门》	《基本工资》	《补贴补助》	《奖金》	《应发工资》	《代缴保险》	《实发工资》

图 11-52　将数据源中的各项数据插入主文档中的对应单元格

⑤ 在功能区的【邮件】选项卡中单击【完成并合并】按钮，然后在弹出的菜单中选择【编辑单个文档】命令，在打开的对话框中选中【全部】单选按钮。最后单击【确定】按钮，将在一个新建的文档中创建工资条，各个工资条之间都有一个空白段落相间隔，如图 11-53 所示。

姓名	部门	基本工资	补贴补助	奖金	应发工资	代缴保险	实发工资
唐华	信息部	9800	500	320	10620	218	10402

姓名	部门	基本工资	补贴补助	奖金	应发工资	代缴保险	实发工资
周军	客服部	8600	500	379	9479	361	9118

姓名	部门	基本工资	补贴补助	奖金	应发工资	代缴保险	实发工资
吴方	信息部	8500	500	555	9555	277	9278

姓名	部门	基本工资	补贴补助	奖金	应发工资	代缴保险	实发工资
张宏	财务部	7300	500	459	8259	326	7933

姓名	部门	基本工资	补贴补助	奖金	应发工资	代缴保险	实发工资
高佳	客服部	6600	500	569	7669	349	7320

姓名	部门	基本工资	补贴补助	奖金	应发工资	代缴保险	实发工资
唐枫	信息部	8900	500	403	9803	304	9499

图 11-53　合并后的工资条

提示

如果创建的员工工资条中的金额包含很多小数位，或者多条工资记录在两页之间出现了跨页断行的问题，可以使用本章 11.4.1 小节和 11.4.2 小节介绍的方法解决。

11.3.5　批量创建带照片的工作证

案例 11-3　批量创建带照片的工作证

案例目标　图 11-54 所示为创建带照片的工作证时使用的主文档和数据源。主文档中包含姓名、性别、年龄、部门、照片 5 项内容，前 4 项内容和照片分别位于工作证的左右两侧，为了让它们左右均匀排列，可以借助表格进行布局。数据源中包含与主文档相同的 5 项内容，在 Excel 工作表的 E 列放置照片的名称，该名称由员工姓名和照片文件类型的扩展名组成。本例中的员工照片、主文档、数据源都保存在同一个文件夹中。

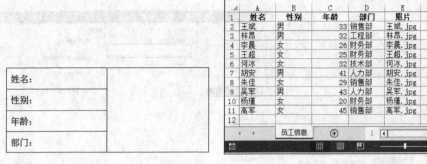

图 11-54 创建带照片的工作证时使用的主文档和数据源

案例实现

❶ 在 Word 中打开带照片的工作证主文档,然后在功能区的【邮件】选项卡中单击【开始邮件合并】按钮,在弹出的列表中选择【目录】命令,以便在一页中显示多个工作证。

❷ 在功能区的【邮件】选项卡中单击【选择收件人】按钮,然后在弹出的列表中选择【使用现有列表】命令,打开【选取数据源】对话框,双击本例中作为数据源的 Excel 文件,如图 11-55 所示。

❸ 打开【选择表格】对话框,由于其中只有一个工作表,因此直接单击【确定】按钮,在数据源和主文档之间建立关联。参照案例 11-1 中的操作,将数据源中的各项数据插入主文档中的对应单元格,效果如图 11-56 所示。

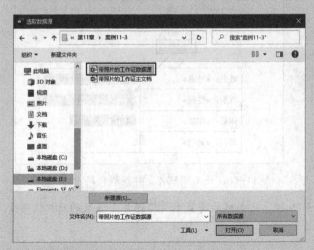

图 11-55 双击作为数据源的 Excel 工作簿

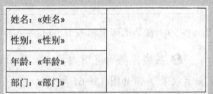

图 11-56 将数据源中的各项数据插入主文档中的对应单元格

❹ 在表格中单击要放置照片的单元格,然后在功能区的【插入】选项卡中单击【文档部件】按钮,在弹出的菜单中选择【域】命令,如图 11-57 所示。

❺ 打开【域】对话框,在【域名】列表框中选择【IncludePicture】域,然后在【文件名或 URL】文本框中输入任意一个名称,例如 "pic"(稍后会修改这个名称,此时可以输入任意内容),如图 11-58 所示。单击【确定】按钮,将在合并单元格中插入图 11-59 所示的内容。

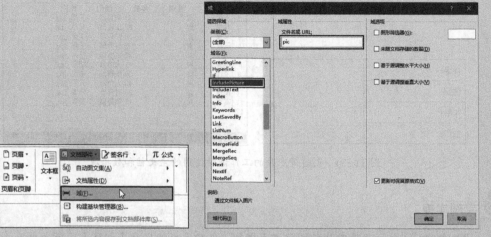

图 11-57　选择【域】命令　　　　　图 11-58　选择并设置 IncludePicture 域

❻ 单击步骤❺中插入的内容，然后按 Shift+F9 组合键，切换到域代码。选中域代码中的
"pic"，然后在功能区的【邮件】选项卡中单击【插入合并域】按钮，在弹出的列表中选择【照
片】命令，使用"照片"替换域代码中的"pic"，如图 11-60 所示。

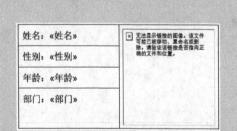

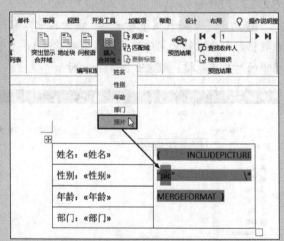

图 11-59　在单元格中插入 IncludePicture 域　　图 11-60　使用"照片"替换域代码中的"pic"

❼ 在域代码的范围内单击，然后按 F9 键，更新域后将显示员工照片（这里的照片仅用于
展示效果），如图 11-61 所示。

图 11-61　更新域后显示员工照片

❽ 在功能区的【邮件】选项卡中单击【完成并合并】按钮，然后在弹出的列表中选择【编辑单个文档】命令，在打开的对话框中选中【全部】单选按钮。最后单击【确定】按钮，将在一个新建的文档中创建多个工作证，但是每个员工的照片都是相同的，如图 11-62 所示。

❾ 将新建的文档保存到员工照片所在的文件夹，然后依次单击文档中的每张照片并按 F9 键，更新域后每个工作证中将显示正确的员工照片，如图 11-63 所示。

图 11-62 创建的所有工作证中包含相同的照片

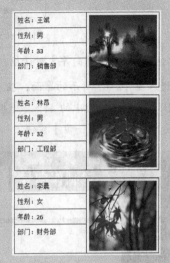

图 11-63 更新域后显示正确的员工照片

➕ **提示**

如果不想显示工作证的边框线，可以在批量生成文档之前，在主文档中选中整个表格，然后在功能区的【开始】选项卡中单击【边框】按钮的下拉按钮，在弹出的菜单中选择【无边框】命令，清除表格的所有边框。

11.3.6 批量创建通信地址不同的信封

案例 11-4 批量创建通信地址不同的信封

案例目标 图 11-64 所示为创建通信地址不同的信封时使用的数据源，其中包含收信人的 5 类信息：姓名、称谓、单位、地址、邮编。现在要为数据源中的每一个人创建一个信封，并在信封上自动填入每个人的相关信息。

图 11-64 创建通信地址不同的信封时使用的数据源

案例实现

❶ 新建一个 Word 文档,在功能区的【邮件】选项卡中单击【中文信封】按钮,如图 11-65 所示。

图 11-65　单击【中文信封】按钮

❷ 打开【信封制作向导】对话框,单击【下一步】按钮,如图 11-66 所示。

❸ 进入图 11-67 所示的界面,在【信封样式】下拉列表中选择信封的样式。还可以通过选中或取消选中该界面中的 4 个复选框来决定是否在信封上打印用于输入邮编或贴邮票的方框。设置好后单击【下一步】按钮。

图 11-66　【信封制作向导】对话框

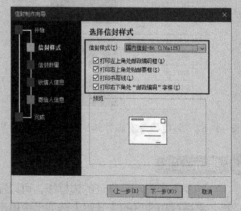

图 11-67　选择信封样式

❹ 进入图 11-68 所示的界面,选中【基于地址簿文件,生成批量信封】单选按钮,然后单击【下一步】按钮。

❺ 进入图 11-69 所示的界面,单击【选择地址簿】按钮。

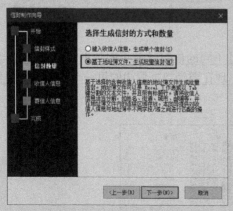

图 11-68　选中【基于地址簿文件,
生成批量信封】单选按钮

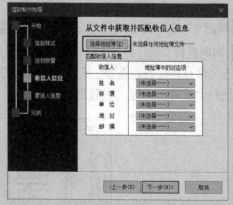

图 11-69　单击【选择地址簿】按钮

⑥ 打开【打开】对话框，将文件类型设置为【Excel】，然后双击本例中作为数据源的 Excel 文件，如图 11-70 所示。

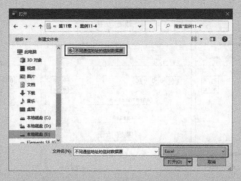

图 11-70　双击作为数据源的 Excel 文件

⑦ 返回步骤⑤中的界面，在【姓名】下拉列表中选择数据源中对应的项目，如图 11-71 所示。使用相同的方法在其他几个下拉列表中选择相应的项目，如图 11-72 所示。选择完成后单击【下一步】按钮。

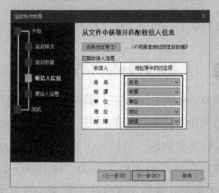

图 11-71　从数据源中选择对应的项目　　　　图 11-72　设置收信人的所有信息

⑧ 进入图 11-73 所示的界面，输入寄信人的相关信息，然后单击【下一步】按钮。

⑨ 进入图 11-74 所示的界面，单击【完成】按钮，将在一个新文档中创建多个信封，如图 11-75 所示。

图 11-73　输入寄信人的信息　　　　　　　图 11-74　单击【完成】按钮

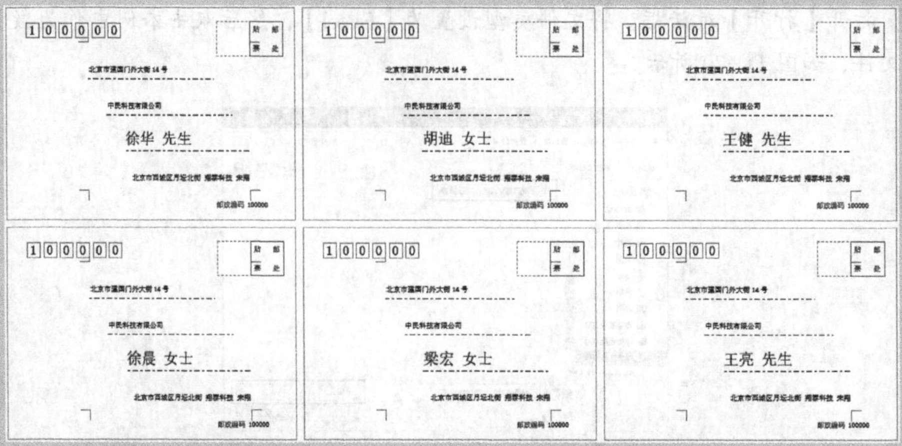

图 11-75　创建的信封

11.4 ▶ 排版常见问题解答

本节列举了一些在主控文档和邮件合并的应用方面的常见问题，并给出了相应的解决方法。

11.4.1 工资条中的金额的小数位数过多

由于 Word 和 Excel 在计算精度上存在差别，因此，在使用邮件合并功能生成工资条后，可能会出现小数位数过多的问题，如图 11-76 所示。

如需解决此问题，可以右击实发工资单元格中的域，在弹出的菜单中选择【切换域代码】命令，然后在域代码的结尾添加 "\# 0.00"，表示将数值保留两位小数，如图 11-77 所示。按 F9 键更新域。最后生成合并工资条，实发工资将只包含两位小数。

姓名	部门	基本工资	补贴补助	奖金	应发工资	代缴保险	实发工资
唐华	信息部	9800	500	320	10620	218	10402.00000016

图 11-76　生成的工资条中包含多位小数

{ MERGEFIELD 实发工资 \# 0.00 }

图 11-77　修改实发工资的域代码

11.4.2 工资条跨页断行

使用邮件合并功能创建的工资条超过一页时，可能会出现跨页断行问题，即工资条的标题位于上一页，数据位于下一页，如图 11-78 所示。可以使用下面的方法解决此问题。

❶ 在将数据源中的各项数据插入主文档中的对应位置之后，复制并粘贴主文档中的工资条表格，使工资条占满一整页，如图 11-79 所示。

❷ 将插入点定位到第一个工资条与第二个工资条之间的空行中，然后在功能区的【邮件】选项卡中单击【规则】按钮，在弹出的菜单中选择【下一记录】命令，如图 11-80 所示。

❸ 在两个工资条之间插入图 11-81 所示的内容，该内容是一个 NEXT 域。重复步骤❷中的操作，在其他工资条的上方空行中插入相同的内容，这样创建的工资条将不再出现跨页断行的问题。

姓名	部门	基本工资	补贴补助	奖金	应发工资	代缴保险	实发工资
马军	人力部	8200	500	358	9058	472	8586

姓名	部门	基本工资	补贴补助	奖金	应发工资	代缴保险	实发工资

姓名	部门	基本工资	补贴补助	奖金	应发工资	代缴保险	实发工资
孙昂	信息部	7900	500	469	8869	155	8714

姓名	部门	基本工资	补贴补助	奖金	应发工资	代缴保险	实发工资
唐波	客服部	7300	500	358	8158	467	7691

图 11-78　跨页断行的工资条　　　　　　图 11-79　在主文档中复制工资条使其占满一整页

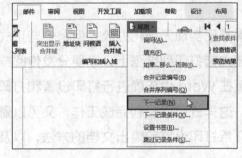

图 11-80　选择【下一记录】命令　　　　图 11-81　在两个工资条之间插入指定的域

姓名	部门	基本工资	补贴补助	奖金	应发工资	代缴保险	实发工资
《姓名》	《部门》	《基本工资》	《补贴补助》	《奖金》	《应发工资》	《代缴保险》	《实发工资》

《下一记录》

姓名	部门	基本工资	补贴补助	奖金	应发工资	代缴保险	实发工资
《姓名》	《部门》	《基本工资》	《补贴补助》	《奖金》	《应发工资》	《代缴保险》	《实发工资》

11.5　思考与练习

1. 如何并排查看并同步滚动两个文档？

2. 如果在编写一个大型文档时，将不同逻辑部分的内容分别放入了多个独立文档中，如何使用主控文档功能将这些独立文档合并到一起？

3. 如果已经将多个独立的文档通过主控文档功能合并到一起，那么如何将独立文档中的内容实际写入主控文档中？

4. 如何将一个大型文档拆分为多个独立文档？

5. 如何批量为成绩不低于 90 分的面试者制作录用通知书？

第12章

打印输出和文档安全

虽然现在很多工作场景都已实现无纸化办公，但是一些正式的场合仍然需要将文档内容打印到纸张上，以便分发传阅或记录存档。因此，掌握在 Word 中正确进行打印设置和打印文档的方法非常重要，这样既可以顺利完成工作，又可以避免纸张浪费。本章将介绍打印设置和输出文档的方法，以及保护文档安全的方法。

12.1 ▶ 小批量个人打印

在很多情况下，Word 主要用于个人、学校、公司等中小规模的打印任务，本节将介绍针对多种不同的个人打印需求进行打印设置的方法。

12.1.1 快速打印当前页或所有页

如果不进行特别设置，当执行打印操作时，Word 默认会打印文档每一页中的内容。在 Word 中打开要打印的文档，然后单击【文件】➡【打印】命令，进入图12-1所示的打印设置界面，左侧包含多个打印选项，右侧显示的是进入打印设置界面之前屏幕中显示的页面，单击打印设置界面下方的 ◀ 和 ▶ 按钮，可以在不同的页面之间切换。

➕ 提示

　　如果发现打印设置界面右侧的页面显示不完全，可以单击界面右下角的【缩放到页面】按钮▣，Word 将根据打印设置界面的大小，自动缩放页面的大小以使其完整显示。

【设置】组的第一项默认显示为【打印所有页】，表示打印文档中的所有页面。可以选择该项，然后在打开的下拉列表中选择【打印当前页面】选项，只打印当前页面，如图12-2所示。

图 12-1　打印设置界面

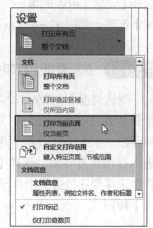

图 12-2　选择【打印当前页面】选项

在【打印机】下拉列表中选择已连接好的打印机，然后单击【打印】按钮，即可打印当前文档中的所有页面或当前页面。

12.1.2 灵活打印指定的多个页面

除了打印文档中的所有页面或当前页面之外，还可以打印指定的多个页面。单击【文件】➡【打印】命令，进入打印设置界面，在【页数】文本框中输入要打印的页面对应的页码，输入方式有以下几种情况。

- 打印连续的多个页面。使用"-"指定连续的页面范围。例如，打印第 2 ~ 5 页，可以输入"2-5"。

- 打印不连续的多个页面。使用","指定不连续的页面。例如，打印第 1、3、5 页，可以输入"1,3,5"。

- 打印连续和不连续的页面。可以同时使用"-"和","指定连续和不连续的页面。例如，打印第 1、3 页以及第 5 ~ 8 页，可以输入"1,3,5-8"，如图 12-3 所示。

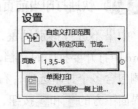

图 12-3　设置要打印的页面范围

- 打印包含节的页面。如果为文档设置了节，则可以使用字母设置打印页面。s 表示节，p 表示页，页在前，节在后，字母不区分大小写。例如，p3s2 表示第 2 节第 3 页。可以结合使用前几种方法指定包含节和页的打印范围，例如，打印第 2 节第 3 页到第 5 节第 6 页范围中的内容，可以输入"p3s2-p6s5"。

12.1.3　只打印选中的内容

除了以"页"为单位打印整页内容之外，还可以打印页面中选中的内容，这些内容可以是文本、表格、图片、图表等不同类型。在文档中选择要打印的内容，然后单击【文件】⇨【打印】命令，进入打印设置界面，选择【设置】组中的第一个选项，在打开的下拉列表中选择【打印选定区域】选项，如图 12-4 所示。最后单击【打印】按钮。

图 12-4　选择【打印选定区域】选项

12.1.4　在一页纸上打印多页内容

默认情况下，Word 会将文档中的每一页单独打印到一张纸上，有多少页面就打印多少张纸。为了节省纸张或满足特殊的打印要求，有时可能要在一张纸上打印多个页面中的内容。单击【文件】⇨【打印】命令，进入打印设置界面，选择【设置】组的最后一个选项，在打开的下拉列表中选择要在每张纸上打印的页面数量，如图 12-5 所示。最后单击【打印】按钮。

12.1.5　在 16 开纸上打印 A4 纸排版的内容

在 Word 中新建文档的页面尺寸默认为 A4（21 厘米 × 29.7 厘米）大小。如果内容的编写和排版是在 A4 纸大小下完成的，但是实际打印时只能使用 16 开（18.4 厘米 × 26 厘米）的纸，此时需要设置打印选项。单击【文件】⇨【打印】命令，进入打印设置界面，选择【设置】组的最后一个选项，在打开的下拉列表中选择【缩放至纸张大小】选项，然后在打开的子列表中选择 16 开纸张大小，如图 12-6 所示。最后单击【打印】按钮。

图 12-5　选择在一张纸上打印的页面数量

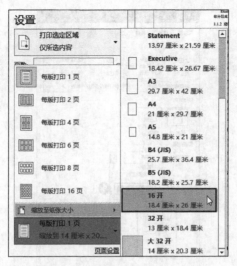

图 12-6　选择 16 开纸张大小

12.1.6 批量打印多份文档

默认情况下，在 Word 中打印文档时只打印一份，即文档中的每一页只打印一次。如需打印多份文档，可以单击【文件】⇨【打印】命令，进入打印设置界面，然后在【份数】文本框中输入打印的份数，如图 12-7 所示。最后单击【打印】按钮。

图 12-7　设置打印文档的份数

12.1.7 打印论文

利用 Word 中的折页功能，可以将论文页面按照图书的方式进行打印。查看图书的书脊切面，可以发现一本书是由 1 个或多个小册子组成的。例如，要将排版为 A4 纸的内容打印到 A5 纸的正反面并装订成书，可以进行以下设置。

❶ 在 Word 中打开要打印成小册子的论文，然后单击功能区中的【布局】⇨【页面设置】组右下角的对话框启动器。

❷ 打开【页面设置】对话框，在【页边距】选项卡的【多页】下拉列表中选择【书籍折页】选项，然后单击【确定】按钮，如图 12-8 所示。

图 12-8　选择【书籍折页】选项

提 示

选择【书籍折页】选项后，在【多页】下拉列表的下方将显示【每册中页数】选项，如图 12-9 所示，该选项决定最终的打印成品是由一个小册子组成还是由多个小册子组成。如果将该选项设置为【全部】，最终只创建一个小册子，否则将根据文档的总页数创建一个或多个小册子。

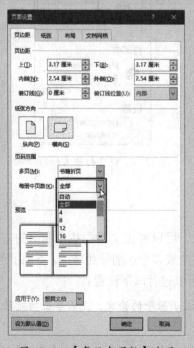

图 12-9　【每册中页数】选项

❸单击【文件】⇨【打印】命令，进入打印设置界面，在【设置】组中选择【单面打印】，然后在打开的下拉列表中选择【手动双面打印】选项，如图 12-10 所示。最后单击【打印】按钮。

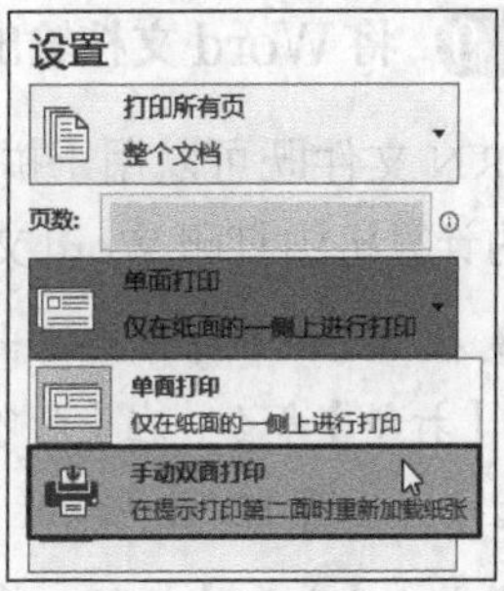

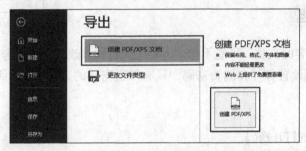

图 12-10　选择【手动双面打印】选项

12.1.8　将 Word 文档输出为 PDF 文件

从 Word 2010 开始，在 Word 中可以直接将 Word 文档转换为 PDF 文件，PDF 文件中的内容和格式在任何环境下都不会发生改变，最大限度地保证打印质量。将 Word 文档输出为 PDF 文件的操作方法如下。

❶在 Word 中打开要输出为 PDF 文件的文档，单击【文件】⇨【导出】命令，然后在打开的界面中双击右侧的【创建 PDF/XPS 文档】命令或者单击【创建 PDF/XPS】按钮，如图 12-11 所示。

图 12-11　双击【创建 PDF/XPS 文档】命令或者单击【创建 PDF/XPS】按钮

❷打开【发布为 PDF 或 XPS】对话框，选择保存位置并输入 PDF 文件的名称，单击【选项】按钮可以对转换选项进行设置，如图 12-12 所示。

图 12-12　发布设置

❸单击【发布】按钮，即可将当前 Word 文档输出为 PDF 文件。

12.1.9 将 Word 文档输出为 PRN 文件

PRN 文件既可以用于拼版，也可以用于在计算机未连接打印机的情况下，在其他连接打印机的计算机中打印 Word 文档。在 Word 中可以直接将文档转换为 PRN 文件，操作步骤如下。

❶ 在 Word 中打开要输出为 PRN 文件的文档，单击【文件】➩【打印】命令，在【打印机】下拉列表中选择【打印到文件】选项，如图 12-13 所示。

❷ 单击【打印】按钮，将文档输出为打印机文件类型，文件的扩展名是 .prn。

以后只要将该文件复制到其他连接有打印机的计算机中，无论计算机中是否安装了 Word 程序，都可以直接将 .prn 文件打印输出。

图 12-13　选择【打印到文件】选项

12.2　加密文档

对于包含重要内容的文档，可能不想让人随意查看和修改其中的内容，使用 Word 中的加密功能，可以为文档设置打开和编辑密码，只有知道密码的人才能打开和修改文档，从而保护文档的安全。

12.2.1　设置文档的打开密码

如果不想让其他人随意打开文档，可以为文档设置打开密码，以后只有输入正确的密码才能打开文档。设置文档的打开密码的操作步骤如下。

❶ 在 Word 中打开要设置打开密码的文档，单击【文件】➩【信息】命令，然后单击【保护文档】按钮，在弹出的列表中选择【用密码进行加密】命令，如图 12-14 所示。

❷ 打开【加密文档】对话框，在【密码】文本框中输入密码，然后单击【确定】按钮，如图 12-15 所示。

图 12-14 选择【用密码进行加密】命令

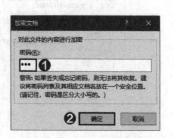

图 12-15　输入密码

❸ 打开【确认密码】对话框，在【重新输入密码】文本框中输入相同的密码，然后单击【确定】按钮，如图 12-16 所示。

❹ 按 Ctrl+S 组合键，将设置的密码保存到文档中。以后打开该文档时，将显示图 12-17 所示的对话框，输入正确的密码并单击【确定】按钮，即可打开该文档。

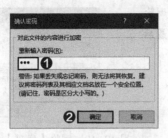

图 12-16　输入相同的密码

图 12-17　打开加密文档时显示的对话框

12.2.2　设置文档的修改密码

本书第 2 章介绍过为模板加密以防别人随意修改的方法。为普通文档设置修改密码的方法与此类似，只需在【另存为】对话框中单击【工具】按钮，然后在弹出的菜单中选择【常规选项】命令，打开【常规选项】对话框，在【修改文件时的密码】文本框中输入密码。最后单击【确定】按钮，如图 12-18 所示。

图 12-18　设置文档的修改密码

删除文档的修改密码与设置该密码的方法类似，只需在【常规选项】对话框中删除【修改文件时的密码】文本框中的密码，然后保存文档。

12.2.3　删除为文档设置的密码

删除文档的打开密码的操作步骤如下。

❶ 在 Word 中打开包含打开密码的文档，当显示输入密码对话框时，输入正确的密码并单击【确定】按钮，打开该文档。

❷ 单击【文件】⇨【信息】命令，然后单击【保护文档】按钮，在弹出的列表中选择【用密码进行加密】命令。

❸ 打开【加密文档】对话框，如图 12-19 所示。删除【密码】文本框中的密码，然后单击【确定】按钮，最后保存对文档的修改。

删除文档的修改密码的方法请参考 12.2.2 小节。

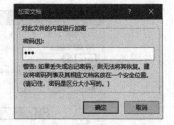

12.3 排版常见问题解答

图 12-19 删除【密码】文本框中的密码

本节列举了一些在 Word 文档打印输出方面的常见问题，并给出了相应的解决方法。

12.3.1 无法打印文档的背景和图形对象

打印文档时，没有将文档中的图形对象和文档背景打印出来。如需解决这个问题，可以单击【文件】⇨【选项】命令，打开【Word 选项】对话框，在左侧选择【显示】选项卡，然后在右侧选中【打印在 Word 中创建的图形】和【打印背景色和图像】两个复选框，最后单击【确定】按钮，如图 12-20 所示。

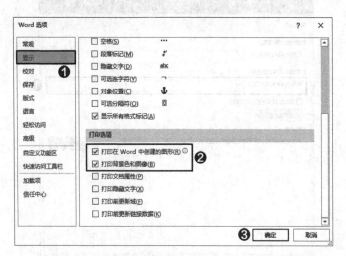

图 12-20 选中【打印在 Word 中创建的图形】和【打印背景色和图像】两个复选框

12.3.2 无法在打印前更新文档数据

将文档中的内容打印到纸张上之后，打印出来的内容没有使用最新数据，这种问题经常出现在目录、索引或链接的外部数据中。如需解决这个问题，可以单击【文件】⇨【选项】命令，打开【Word 选项】对话框，在左侧选择【显示】选项卡，然后在右侧选中【打印前更新域】和【打印前更新链接数据】两个复选框，最后单击【确定】按钮，如图 12-21 所示。

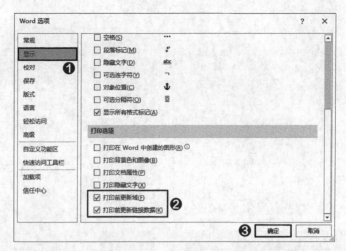

图 12-21 选中【打印前更新域】和【打印前更新链接数据】两个复选框

12.4 ▶ 思考与练习

1. 如果将一篇文档分为 6 节，每一节的页数都不少于 20 页，如何只打印第 3 节第 6 页到第 5 节第 18 页的内容？

2. 如何将自己制作好的一个文档输出为 PDF 格式？

3. 如何将自己制作好的一个文档输出为 PRN 格式？

4. 如何为自己制作的一个文档同时设置打开密码和修改密码？

附录 **1**

Word 快捷键

本附录列出了 Word 中可以使用的快捷键，不止一个按键时，各按键之间以"+"相连。

1. 文档基本操作

文档基本操作的快捷键及功能说明如表附 1-1 所示。

表附 1-1 文档基本操作的快捷键及功能说明

快捷键	功能
F1	显示帮助
Ctrl+F1	隐藏或显示功能区
Ctrl+N	新建文档
Ctrl+O、Ctrl+F12 或 Ctrl+Alt+F2	打开文档
Ctrl+S、Shift+F12 或 Alt+Shift+F2	保存文档
F12	另存文档
Ctrl+W	关闭文档
Ctrl+P 或 Ctrl+Shift+F12	打印文档
Alt+F4	退出 Word 程序
Alt+Ctrl+P	切换到页面视图
Alt+Ctrl+O	切换到大纲视图
Alt+Ctrl+N	切换到草稿视图
Alt+Ctrl+S	拆分文档窗口
Alt+Shift+C	取消拆分的文档窗口
Esc	关闭当前打开的对话框
Ctrl+*	显示或隐藏编辑标记

2. 定位光标位置

定位光标位置的快捷键及功能说明如表附 1-2 所示。

表附 1-2 定位光标位置的快捷键及功能说明

快捷键	功能
左方向键	左移一个字符
右方向键	右移一个字符
上方向键	上移一行
下方向键	下移一行
Ctrl+ 左方向键	左移一个单词
Ctrl+ 右方向键	右移一个单词
Ctrl+ 上方向键	上移一段

续表

快捷键	功能
Ctrl+ 下方向键	下移一段
End	移至行尾
Home	移至行首
Alt+Ctrl+PageUp	移至窗口顶端
Alt+Ctrl+PageDown	移至窗口结尾
PageUp	上移一屏
PageDown	下移一屏
Ctrl+PageDown	移至下页顶端
Ctrl+PageUp	移至上页顶端
Ctrl+End	移至文档结尾
Ctrl+Home	移至文档开头
Shift+F5	移至上一次关闭时进行操作的位置

 选择文本

选择文本的快捷键及功能说明如表附 1–3 所示。

表附 1-3　选择文本的快捷键及功能说明

快捷键	功能
Shift+ 右方向键	将所选内容向右扩展一个字符
Shift+ 左方向键	将所选内容向左扩展一个字符
Shift+ 下方向键	将所选内容向下扩展一行
Shift+ 上方向键	将所选内容向上扩展一行
Ctrl+Shift+ 右方向键	将所选内容扩展到字词的末尾
Ctrl+Shift+ 左方向键	将所选内容扩展到字词的开头
Ctrl+Shift+ 下方向键	将所选内容扩展到段落的末尾
Ctrl+Shift+ 上方向键	将所选内容扩展到段落的开头
Shift+End	将所选内容扩展到一行的末尾
Shift+Home	将所选内容扩展到一行的开头
Shift+PageDown	将所选内容向下扩展一屏
Shift+PageUp	将所选内容向上扩展一屏
Ctrl+Shift+Home	将所选内容扩展到文档的开头
Ctrl+Shift+End	将所选内容扩展到文档的末尾
Alt+Ctrl+Shift+PageDown	将所选内容扩展到窗口的末尾

快捷键	功能
Alt+Ctrl+Shift+PageUp	将所选内容扩展到窗口的开头
Ctrl+A	选择文档内所有内容
F8	使用扩展模式选择
Esc	关闭扩展模式
按住 Alt 键拖动鼠标	纵向选择内容

4. 编辑文本

编辑文本的快捷键及功能说明如表附 1-4 所示。

表附 1-4　编辑文本的快捷键及功能说明

快捷键	功能
Ctrl+C	复制所选内容
Ctrl+X	剪切所选内容
Ctrl+V	粘贴内容
Ctrl+Alt+V	选择性粘贴
Ctrl+Shift+C	仅复制格式
Ctrl+Shift+V	仅粘贴格式
BackSpace	删除光标左侧的一个字符
Ctrl+BackSpace	删除光标左侧的一个单词
Delete	删除光标右侧的一个字符
Ctrl+Delete	删除光标右侧的一个单词
Ctrl+F	打开【导航】窗格中的【搜索】选项卡
Ctrl+H	打开【查找和替换】对话框的【替换】选项卡
Ctrl+G	打开【查找和替换】对话框的【定位】选项卡
Alt+F3	选中内容后将打开【新建构建基块】对话框
Alt+Ctrl+Y	打开【查找和替换】对话框的【查找】选项卡
Ctrl+Z	撤销上一步操作
Ctrl+Y	恢复或重复上一步操作
F4	重复上一步操作
Shift+F5 或 Alt+Ctrl+Z	在最后 4 个已编辑过的位置间切换

5. 设置字体格式

设置字体格式的快捷键及功能说明如表附 1-5 所示。

表附 1-5　设置字体格式的快捷键及功能说明

快捷键	功能
Ctrl+Shift+>	增大字号
Ctrl+Shift+<	减小字号
Ctrl+]	逐磅增大字号
Ctrl+[	逐磅减小字号
Ctrl+B	使文字加粗
Ctrl+I	使文字倾斜
Ctrl+U	给文字加下划线
Ctrl+Shift+D	给文字加双下划线
Ctrl+ 等号键	应用下标格式
Ctrl+Shift+ 等号键	应用上标格式
Ctrl+D	打开【字体】对话框

6. 设置段落格式

设置段落格式的快捷键及功能说明如表附 1-6 所示。

表附 1-6　设置段落格式的快捷键及功能说明

快捷键	功能
Ctrl+1	单倍行距
Ctrl+2	双倍行距
Ctrl+5	1.5 倍行距
Ctrl+0	在段前添加或删除一行间距
Ctrl+L	左对齐
Ctrl+R	右对齐
Ctrl+E	居中对齐
Ctrl+J	两端对齐
Ctrl+Shift+J	分散对齐
Ctrl+M	左缩进
Ctrl+Shift+M	取消左缩进
Ctrl+T	悬挂缩进
Ctrl+Shift+T	减小悬挂缩进量
Ctrl+Tab	插入制表符
Alt+Ctrl+Shift+S	打开【样式】任务窗格
Ctrl+Shift+S	打开【应用样式】任务窗格

续表

快捷键	功能
Ctrl+Shift+N	应用【正文】样式
Alt+Ctrl+1	应用【标题1】样式
Alt+Ctrl+2	应用【标题2】样式
Alt+Ctrl+3	应用【标题3】样式
Alt+Shift+ 左方向键	提升段落级别
Alt+Shift+ 右方向键	降低段落级别
Alt+Shift+ 上方向键	上移所选段落
Alt+Shift+ 下方向键	下移所选段落
Alt+Shift+ 加号键	展开标题下的文本（仅限大纲视图）
Alt+Shift+ 减号键	折叠标题下的文本（仅限大纲视图）
Alt+Shift+A	展开或折叠所有文本或标题（仅限大纲视图）
Alt+Shift+L	显示首行正文或所有正文（仅限大纲视图）
Alt+Shift+1	显示所有具有【标题1】样式的标题（仅限大纲视图）
Alt+Shift+n	显示从【标题1】到【标题 n 】的所有标题（仅限大纲视图）

7. 操作表格

操作表格的快捷键及功能说明如表附 1-7 所示。

表附 1-7　操作表格的快捷键及功能说明

快捷键	功能
Tab	定位到一行中的下一个单元格（或选择下一个单元格的内容）
Shift+Tab	定位到一行中的上一个单元格（或选择上一个单元格的内容）
Alt+Home	定位到一行中的第一个单元格
Alt+End	定位到一行中的最后一个单元格
Alt+PageUp	定位到一列中的第一个单元格
Alt+PageDown	定位到一列中的最后一个单元格
向上键	定位到上一行
向下键	定位到下一行
Shift+ 上方向键	向上选择一行
Shift+ 下方向键	向下选择一行
Alt+Shift+PapeDown	从上到下选择光标所在的列
Alt+Shift+PageUp	从下到上选择光标所在的列

续表

快捷键	功能
Alt+ 数字键盘上的 5（需关闭 NumLock）	选定整张表格
Alt+Shift+ 上方向键	将当前内容上移一行
Alt+Shift+ 下方向键	将当前内容下移一行
Ctrl+Tab	在单元格中插入制表符

8. 域和宏

域和宏的快捷键及功能说明如表附 1-8 所示。

表附 1-8　域和宏的快捷键及功能说明

快捷键	功能
Ctrl+F9	插入空白域
F9	更新选定的域
Shift+F9	在当前选择的域代码及域结果间切换
Alt+F9	在文档内所有域代码及域结果间切换
Shift+F11 或 Alt+Shift+F1	定位到上一个域
F11 或 Alt+F1	定位到下一个域
Ctrl+F11	锁定域
Ctrl+Shift+F11	解除锁定域
Ctrl+Shift+F9	取消域的链接
Alt+F8	运行宏
Alt+F11	打开代码编辑窗口

附录 2

Word 字号大小对照表

本附录列出了 Word 中常用字号的大小对照效果，便于用户直观地选择合适的字号。

字号	毫米	字样	字号	毫米	字样
72	25.40	羊	14 （四号）	4.94	羊
48	16.93	羊	12 （小四）	4.23	羊
42 （初号）	14.82	羊	11	3.88	羊
36 （小初）	12.70	羊	10.5 （五号）	3.70	羊
28	9.88	羊	10	3.53	羊
26 （一号）	9.17	羊	9 （小五）	3.18	羊
24 （小一）	8.47	羊	8	2.82	羊
22 （二号）	7.76	羊	7.5 （六号）	2.65	羊
20	7.05	羊	6.5 （小六）	2.29	羊
18 （小二）	6.35	羊	5.5 （七号）	1.94	羊
16 （三号）	5.64	羊	5 （八号）	1.76	羊
15 （小三）	5.29	羊			

附录 **3**

Word 查找和替换中的
特殊字符

本附录列出了在【查找和替换】对话框中可以使用的特殊字符以及 ASCII 字符集代码，是否选中【使用通配符】复选框决定了在【查找内容】和【替换为】两个文本框中可以使用的特殊字符。

在【查找内容】文本框中可以使用的特殊字符如表附 3-1 所示。

表附 3-1　可以在【查找内容】文本框中使用的特殊字符

选中【使用通配符】复选框		不选中【使用通配符】复选框	
字符代码	含义	字符代码	含义
？	任意单个字符	^？	任意字符
＊	0 个或多个字符	^#	任意数字
@	重复前一字符至少一次	^$	任意字母
{m,n}	重复前一个字符 m~n 次	^e	尾注标记
()	创建表达式	^f	脚注标记
[-]	指定包含的字符或数字	^d	域
！	非，即取反、不包含	^w	空白区域
＜	单词开头	^b	分节符
＞	单词结尾	^v	段落符号
^13	段落标记	^p	段落标记
^t	制表符	^t	制表符
^n	分栏符	^n	分栏符
^m	分页符 / 分节符	^%	分节符
^i	省略号	^i	省略号
^j	全角省略号	^j	全角省略号
^g	图形	^g	图形
^l	手动换行符	^l	手动换行符
^s	不间断空格	^s	不间断空格
^~	不间断连字符	^~	不间断连字符
^_	可选连字符	^_	可选连字符
^^	脱字号	^^	脱字号
^+	长划线	^+	长划线
^q	1/4 长划线	^q	1/4 长划线
^=	短划线	^=	短划线
^x	无宽可选分隔符	^x	无宽可选分隔符
^z	无宽非分隔符	^z	无宽非分隔符
		^m	手动分页符

【替换为】文本框中可以使用的特殊字符如表附 3-2 所示。

表附 3-2　【替换为】文本框中可以使用的特殊字符

选中【使用通配符】复选框		不选中【使用通配符】复选框	
字符代码	含义	字符代码	含义
^p	段落标记	^p	段落标记
\n，n 表示表达式的序号	要查找的表达式	^c	剪贴板中的内容
^c	剪贴板中的内容	^&	【查找内容】中的内容
^&	【查找内容】中的内容	^t	制表符
^t	制表符	^%	分节符
^%	分节符	^v	段落符号

续表

选中【使用通配符】复选框		不选中【使用通配符】复选框	
字符代码	含义	字符代码	含义
^v	段落符号	^n	分栏符
^n	分栏符	^i	省略号
^i	省略号	^j	全角省略号
^j	全角省略号	^l	手动换行符
^l	手动换行符	^m	手动分页符
^m	手动分页符	^s	不间断空格
^s	不间断空格	^~	不间断连字符
^~	不间断连字符	^_	可选连字符
^_	可选连字符	^^	脱字号
^^	脱字号	^+	长划线
^+	长划线	^q	1/4 长划线
^q	1/4 长划线	^=	短划线
^=	短划线	^x	无宽可选分隔符
^x	无宽可选分隔符	^z	无宽非分隔符
^z	无宽非分隔符		

ASCII 字符集代码如表附 3-3 所示。表附 3-3 列出的所有符号需要在英文半角状态下输入。如果在 Word 查找和替换中输入此表中的字符代码，必须在字符代码之前添加一个 "^" 符号，如段落标记表示为 "^13"。

表附 3-3　ASCII 字符集代码

字符代码	字符	字符代码	字符
1	嵌入式图形对象	22	
2	脚注标记	23	
3		24	
4		25	
5		26	
6		27	
7	表格竖线	28	
8	Backspace 键	29	
9	制表符	30	
10	换行符	31	
11	手动换行符	32	半角空格
12	分页符或分节符	33	!
13	回车符（段落标记）	34	"
14	分栏符	35	#
15		36	$
16		37	%
17		38	&
18		39	'
19	域的左侧大括号	40	(
20		41	)
21	域的右侧大括号	42	*

字符代码	字符	字符代码	字符
43	+	86	V
44	,	87	W
45	–	88	X
46	.	89	Y
47	/	90	Z
48	0	91	[
49	1	92	\
50	2	93	]
51	3	94	^
52	4	95	_
53	5	96	`
54	6	97	a
55	7	98	b
56	8	99	c
57	9	100	d
58	:	101	e
59	;	102	f
60	<	103	g
61	=	104	h
62	>	105	i
63	?	106	j
64	@	107	k
65	A	108	l
66	B	109	m
67	C	110	n
68	D	111	o
69	E	112	p
70	F	113	q
71	G	114	r
72	H	115	s
73	I	116	t
74	J	117	u
75	K	118	v
76	L	119	w
77	M	120	x
78	N	121	y
79	O	122	z
80	P	123	{
81	Q	124		
82	R	125	}
83	S	126	~
84	T	127	
85	U		